Leitfäden der angewandten Informatik

Puchan / Stucky / Wolff von Gudenberg
Programmieren mit Modula-2

Leitfäden der angewandten Informatik

Herausgegeben von

Prof. Dr. Hans-Jürgen Appelrath, Oldenburg
Prof. Dr. Lutz Richter, Zürich
Prof. Dr. Wolffried Stucky, Karlsruhe

Die Bände dieser Reihe sind allen Methoden und Ergebnissen der Informatik gewidmet, die für die praktische Anwendung von Bedeutung sind. Besonderer Wert wird dabei auf die Darstellung dieser Methoden und Ergebnisse in einer allgemein verständlichen, dennoch exakten und präzisen Form gelegt. Die Reihe soll einerseits dem Fachmann eines anderen Gebietes, der sich mit Problemen der Datenverarbeitung beschäftigen muß, selbst aber keine Fachinformatik-Ausbildung besitzt, das für seine Praxis relevante Informatikwissen vermitteln; andererseits soll dem Informatiker, der auf einem dieser Anwendungsgebiete tätig werden will, ein Überblick über die Anwendungen der Informatikmethoden in diesem Gebiet gegeben werden. Für Praktiker, wie Programmierer, Systemanalytiker, Organisatoren und andere, stellen die Bände Hilfsmittel zur Lösung von Problemen der täglichen Praxis bereit; darüber hinaus sind die Veröffentlichungen zur Weiterbildung gedacht.

W. Stucky (Hrsg.)

Grundkurs Angewandte Informatik I

Programmieren mit Modula-2

Von Dr. rer. pol. Jörg Puchan, Bausparkasse Schwäbisch Hall
Prof. Dr. rer nat. Wolffried Stucky, Universität Karlsruhe
und Prof. Dr. rer. nat. Jürgen Frhr. Wolff von Gudenberg
Universität Würzburg

2., überarbeitete Auflage

B. G. Teubner Stuttgart 1994

Dr. rer. pol. Jörg Puchan

1963 geboren in Lauf a.d. Pegnitz. 1983 bis 1988 Studium des Wirtschaftsingenieurwesens, Fachrichtung Informatik/Operations Research an der Fakultät für Wirtschaftswissenschaften der Universität Karlsruhe. 1988 Diplom-Wirtschaftsingenieur. 1988 bis 1993 wissenschaftlicher Mitarbeiter am Institut für Angewandte Informatik und Formale Beschreibungsverfahren der Universität Fridericiana Karlsruhe (TH). 1993 Promotion bei W. Stucky. Seit 1993 Mitarbeiter der Bausparkasse Schwäbisch Hall AG.

Prof. Dr. rer. nat. Wolffried Stucky

1939 geboren in Bad Kreuznach. 1959 bis 1965 Studium der Mathematik an der Universität des Saarlandes. 1965 Diplom in Mathematik. 1965 bis 1970 wissenschaftlicher Mitarbeiter und Assistent am Institut für Angewandte Mathematik der Universität des Saarlandes. 1970 Promotion bei G. Hotz. 1970 bis 1975 wissenschaftlicher Mitarbeiter in der pharmazeutischen Industrie. 1971 bis 1975 Inhaber des Stiftungslehrstuhls für Organisationstheorie und Datenverarbeitung (Mittlere Datentechnik) der Universität Karlsruhe. Seit 1976 ordentlicher Professor für Angewandte Informatik an der Fakultät für Wirtschaftswissenschaften der Universität Karlsruhe.

Prof. Dr. rer. nat. Jürgen Frhr. Wolff von Gudenberg

1952 geboren in Goslar. Studium der Mathematik in Clausthal und in Karlsruhe. 1976 Diplom in Mathematik, 1980 Promotion bei U. Kulisch, 1988 Habilitation. 1977–1990 wissenschaftlicher Mitarbeiter, Hochschulassistent bzw. Lehrstuhlvertreter an der Universität Karlsruhe (Fakultät für Mathematik bzw. Wirtschaftswissenschaften). Seit 1990 Universitätsprofessor für Infomatik an der Universität Würzburg.

Die Deutsche Bibliothek – CIP-Einheitsaufnahme

Grundkurs angewandte Informatik / W. Stucky (Hrsg.). –
Stuttgart : Teubner.
  (Leitfäden der angewandten Informatik)
NE: Stucky, Wolffried [Hrsg.]
1. Puchan, Jörg: Programmieren mit Modula-2. – 2., überarb.
Aufl. – 1994
Puchan, Jörg:
Programmieren mit Modula-2 / von Jörg Puchan, Wolffried
Stucky und Jürgen Frhr. Wolff von Gudenberg. – 2., überarb.
Aufl. – Stuttgart : Teubner, 1994
  (Grundkurs angewandte Informatik ; 1)
  (Leitfäden der angewandten Informatik)
  ISBN-13:978-3-519-12934-9   e-ISBN-13:978-3-322-84872-7

  DOI: 10.1007/978-3-322-84872-7

NE: Stucky, Wolffried:; Wolff von Gudenberg, Jürgen Frhr.:

Gesamtherstellung: Zechnersche Buchdruckerei GmbH, Speyer

Vorwort zum gesamten Werk

Ziel dieses vierbändigen *Grundkurses Angewandte Informatik* ist die Vermittlung eines umfassenden und fundierten Grundwissens der Informatik. Bei der Abfassung der Bände wurde besonderer Wert auf eine verständliche und anwendungsorientierte, aber dennoch präzise Darstellung gelegt; die präsentierten Methoden und Verfahren werden durch konkrete Problemstellungen motiviert und anhand zahlreicher Beispiele veranschaulicht. Das Werk richtet sich somit sowohl an Studierende aller Fachrichtungen als auch an Praktiker, die an den methodischen Grundlagen der Informatik interessiert sind. Nach dem Durcharbeiten der vier Bände soll der Leser in der Lage sein, auch weiterführende Bücher über spezielle Teilgebiete der Informatik und ihrer Anwendungen ohne Schwierigkeiten lesen zu können und insbesondere Hintergründe besser zu verstehen.

Zum Inhalt des *Grundkurses Angewandte Informatik*: Im ersten Band *Programmieren mit Modula-2* wird der Leser gezielt an die Entwicklung von Programmen mit der Programmiersprache Modula-2 herangeführt; neben dem „Wirthschen" Standard wird dabei auch der zur Normung vorliegende neue Standard von Modula-2 (gemäß dem ISO-Working-Draft von 1990) behandelt. Im zweiten Band *Problem – Algorithmus – Programm* werden – ausgehend von konkreten Problemstellungen – die allgemeinen Konzepte und Prinzipien zur Entwicklung von Algorithmen vorgestellt; neben der Spezifikation von Problemen wird dabei insbesondere auf Eigenschaften und auf die Darstellung von Algorithmen eingegangen. Der dritte Band *Der Rechner als System – Organisation, Daten, Programme* beschreibt den Aufbau von Rechnern, die systemnahe Programmierung und die Verarbeitung von Programmen auf den verschiedenen Sprachebenen; ferner wird die Verwaltung und Darstellung von Daten im Rechner behandelt. Der vierte Band *Automaten, Sprachen, Berechenbarkeit* schließlich beinhaltet die grundlegenden Konzepte der Automaten und formalen Sprachen; daneben werden innerhalb der Berechenbarkeitstheorie die prinzipiellen Möglichkeiten und Grenzen der Informationsverarbeitung aufgezeigt.

Der *Grundkurs Angewandte Informatik* basiert auf einem viersemestrigen Vorlesungszyklus, der seit vielen Jahren – unter ständiger Anpassung an neue Entwicklungen und Konzepte – an der Universität Karlsruhe als Informatik-Grundausbildung für Wirtschaftsingenieure und Wirtschaftsmathematiker gehalten wird. Insoweit haben auch ehemalige Kollegen in Karlsruhe, die an der

Durchführung dieser Lehrveranstaltungen ebenfalls beteiligt waren, zu der inhaltlichen Ausgestaltung dieses Werkes beigetragen, auch wenn sie jetzt nicht als Koautoren erscheinen. Insbesondere möchte ich hier Hans Kleine Büning (jetzt Universität Duisburg[*]), Thomas Ottmann und Peter Widmayer (beide jetzt Universität Freiburg[+]) erwähnen. Für positive Anregungen sei allen Dreien an dieser Stelle herzlich gedankt. Kritik an dem Werk sollte sich aber lediglich an die jeweiligen Autoren alleine richten.

In der Grundausbildung Informatik verfolgen wir zuallererst das Ziel, die Studenten mit einem Rechner vertraut zu machen. Dies soll so geschehen, daß die Studenten – etwa unter Anleitung durch Band I dieses Grundkurses – mit einer höheren Programmiersprache an den Rechner herangeführt werden, in der die wesentlichen Konzepte der modernen Informatik realisiert sind. Diese Konzepte sowie die allgemeine Vorgehensweise zur Erstellung von Programmen sollen dabei exemplarisch durch „gutes Vorbild" geübt werden; die Konzepte selbst werden dann in den nachfolgenden Bänden jeweils ausführlich erläutert.

Karlsruhe, im September 1991

Wolffried Stucky (für die Autoren des Gesamtwerkes)

---

[*]   Bei Erscheinen der 2. Auflage von Band I: Hans Kleine Büning ist inzwischen an der Universität Paderborn.

[+]   Bei Erscheinen der 2. Auflage von Band I: Peter Widmayer ist inzwischen an der ETH Zürich.

Vorwort zum Band I

In diesem ersten Band des *Grundkurses Angewandte Informatik* wird eine Einführung in das *Programmieren mit Modula-2* gegeben. Nach einem allgemein gehaltenen Überblick über die systematische Entwicklung von Algorithmen wird ein relativ umfassendes Beispiel vorgestellt, dessen Verwirklichung in Modula-2 sich wie ein roter Faden durch das ganze Buch zieht. Die einzelnen Sprachkonstrukte werden als brauchbare Hilfsmittel zur Programmierung dargestellt. So wird das Erlernen der Programmiersprache nicht als Selbstzweck, sondern als Werkzeug zur Problemlösung betrachtet. Entsprechend dieser Maxime werden die jeweiligen neuen Konzepte – wie z.B. strukturierte Datentypen, Prozeduren und Module – zunächst durch Beispiele motiviert und erläutert. Danach erfolgen die genaue Definition in Form von Syntaxdiagrammen sowie die Beschreibung der Semantik.

Das Buch ist so gegliedert, daß mit einfachen Sprachelementen begonnen wird und umfassendere Konzepte erst später folgen; dabei wurde besonderer Wert darauf gelegt, daß bereits in einem frühen Stadium vollständige Programme formuliert werden können. Es ist aus einer Vorlesung entstanden, die von den Verfassern mehrfach an der Universität Karlsruhe gehalten wurde. Es eignet sich daher gut zum Erlernen der Programmierung mit Modula-2. Vorkenntnisse in anderen Programmiersprachen oder anderen Gebieten der Informatik oder Mathematik sind nicht nötig.

Für die Mitarbeit bei der Erstellung des Buches bedanken sich die Autoren bei Dietmar Ferring, Johannes Kühl, Heike Puchan und Gabi Scherrer, die die Manuskripte in „elektronische Form" gebracht haben. Heike Puchan übernahm darüber hinaus die Schlußkorrektur.

Karlsruhe, im September 1991

Jörg Puchan   Wolffried Stucky   Jürgen Wolff von Gudenberg

Vorwort zur 2. Auflage

Die vorliegende Einführung in das *Programmieren mit Modula-2* wurde so gut aufgenommen, daß bereits nach 2 Jahren eine neue Auflage fällig wurde. Wir danken den interessierten Lesern.

In den vergangenen 2 Jahren haben sich aber einige – wenn auch kleinere – Änderungen bzw. Ergänzungen am Standardisierungsvorschlag für die Sprache Modula-2 ergeben. Der 1990 vorgelegte Standardisierungsvorschlag wurde inzwischen mit diesen Änderungen und Ergänzungen als "Draft Standard" verabschiedet. Auch wenn er damit noch keine offizielle Norm ist, sind neuerliche Änderungen doch sehr unwahrscheinlich geworden.

Die Änderungen und Ergänzungen betreffen insbesondere die folgenden Punkte: Im Sprachkern wurde die Funktionalität durch die Einführung von Datentypen für komplexe Zahlen und gepackte Mengen etwas erhöht. Analog zum Initialisierungsteil eines Moduls kann jetzt auch ein Finalisierungsteil angegeben werden. Die Behandlung von Ausnahmen (Laufzeitfehlern) wurde in die Sprache eingebaut. Darüber hinaus wurden die zum Standard gehörenden Erweiterungsmodule verändert.

Da die neu eingeführten Konzepte nichts wesentlich Neues bringen (komplexe Zahlen) oder sich vor allem an fortgeschrittene Programmierer wenden (Ausnahmebehandlung), behandeln wir sie in diesem Buch nur relativ kurz. Die Syntaxbeschreibung wurde jedoch erweitert und dem neuen Standard angepaßt.

Inzwischen gibt es auch erste Compiler, die den neuen Sprachstandard implementieren. So wurden dann auch alle Beispiele umgeschrieben und mit dem p1-Compiler Version 5.0 ausgetestet.

Schließlich möchten wir allen unseren Lesern für Verbesserungsvorschläge und Hinweise danken. Wertvolle Mitarbeit bei der Erstellung der 2. Auflage leisteten Gabriele Bergmann (Redaktion und Layout) sowie Christoph Wißmann (Test).

Schwäbisch Hall / Karlsruhe / Würzburg, im September 1993

Jörg Puchan   Wolffried Stucky   Jürgen Wolff von Gudenberg

Inhaltsverzeichnis

1   Darstellung und Entwurf von Algorithmen[1]

1.1   Programmierzyklus

Von N. Wirth, dem Autor von Modula-2, stammt der Ausspruch:

> Programm = Algorithmus + Datenstruktur

„Programmieren" im Sinne von Wirth bedeutet also das Entwickeln von Algorithmen und geeigneten Datenstrukturen. Dabei ist – kurz ausgedrückt – ein Algorithmus ein systematisches Problemlösungsverfahren. Der Weg vom Problem zum Algorithmus und zum Programm ist ein Spezialfall einer generellen Aufgabenstellung der Informatik (und nicht nur dieser):

> *Finde zu gegebenen Problemen eine Lösung.*
> Allgemeiner: *Gib zu einer Problemklasse einen Lösungsweg an.*

Eine typische Vorgehensweise zur Findung dieses Lösungswegs ist die Zerlegung in mehrere Schritte, die wir im folgenden kurz skizzieren. Der Ausgangspunkt ist das gegebene Problem.

> *Schritt 1:*   Analyse des Problems, ggf. genauere Darstellung
> („Spezifikation")

Daraus erhält man die (exakte) Problemspezifikation.

> *Schritt 2:*   Herausfinden eines Lösungswegs,
> Entwicklung eines Algorithmus'

Das Ergebnis dieses Schritts ist ein Algorithmus in (halb-)formaler Darstellung.

---

[1]   Der Inhalt dieses Kapitels wird im Grundkurs Angewandte Informatik Band II [RSS93a] vertieft. Die hier gewählte Darstellung stimmt in Teilen mit der dortigen Darstellung überein.

> *Schritt 3:*   Übersetzung des Algorithmus' in eine
> computerverständliche Sprache

Erst jetzt liegt ein Programm in einer geeigneten Programmiersprache vor.

> *Schritt 4:*   Einsatz des Computers zur Erstellung der Lösung

Wenn schließlich ein lauffähiges Programm vorliegt, kann mit konkreten Eingabedaten ein spezielles Problem gelöst werden.

Schritt 1: Die Aufgabenstellung, d.h. die Spezifikation des Problems sollte vollständig und klar verständlich sein. Sie umfaßt die Beschreibung von:

- Eingabedaten
- Ausgabedaten
- Normalfällen, Sonderfällen
- Transformationsvorschriften (Aktionen),
  also der zur Verfügung stehenden Grundoperationen
- Rahmenbedingungen

Sie entspricht dem Pflichtenheft eines Ingenieurs.

Schritt 2: Anschließend wird ein Lösungsverfahren (Algorithmus) entwickelt. Diese beiden Schritte erfordern das Verständnis des Problems und eine geschulte, systematische Vorgehensweise.

Die Entwicklung von Algorithmen ist ein kreativer Prozeß, trotzdem gibt es allgemeingültige Prinzipien und Konzepte für den Algorithmenentwurf. Diese unterstützen eine ingenieursmäßige Erstellung von „guter" Software („gut" = lesbar, wartungsfreundlich, ...).

Definition „Algorithmus":
> Ein Algorithmus ist ein mit endlich langem Text beschriebenes Problemlösungsverfahren. Es enthält Objekte und Aktionen, wobei jede Aktion eindeutig ausführbar und die Reihenfolge der Aktionen eindeutig festgelegt ist. Aktionen sind Steuerungsaktionen oder Zuweisungsaktionen, die eine Zustandsänderung der Objekte bewirken.   ♦

Schritt 3: Die Entwicklung des Algorithmus' wird üblicherweise in mehreren Schritten vollzogen. Der Algorithmus muß die Rahmenbedingungen einhalten und darf nur bekannte Elementaroperationen (Anweisungen) benutzen. Die Rahmenbedingungen und verwendbaren Aktionen können von Schritt zu Schritt ebenfalls verfeinert werden. Am Ende des Verfeinerungsprozesses wird der Algorithmus als Modula-2-Programm vorliegen.

Schritt 4: Das in einer höheren Programmiersprache vorliegende Programm kann nach dem Eintippen (Editieren) nicht sofort ausgeführt werden, sondern muß zuerst in Maschinensprache übersetzt werden (Compilieren). Es ist unwahrscheinlich, daß ein Programm auf Anhieb läuft. Deshalb sind umfangreiche Tests nötig. Diese Tests können Fehler in allen Entwicklungsschritten aufdecken.

Der Weg **Problem** → **Algorithmus** → **Programm** wird deshalb üblicherweise ein Zyklus sein (s. Abbildung 1-1).

Beachte:

Ein Test kann nie die Korrektheit eines Programms beweisen, sondern nur Fehler finden.

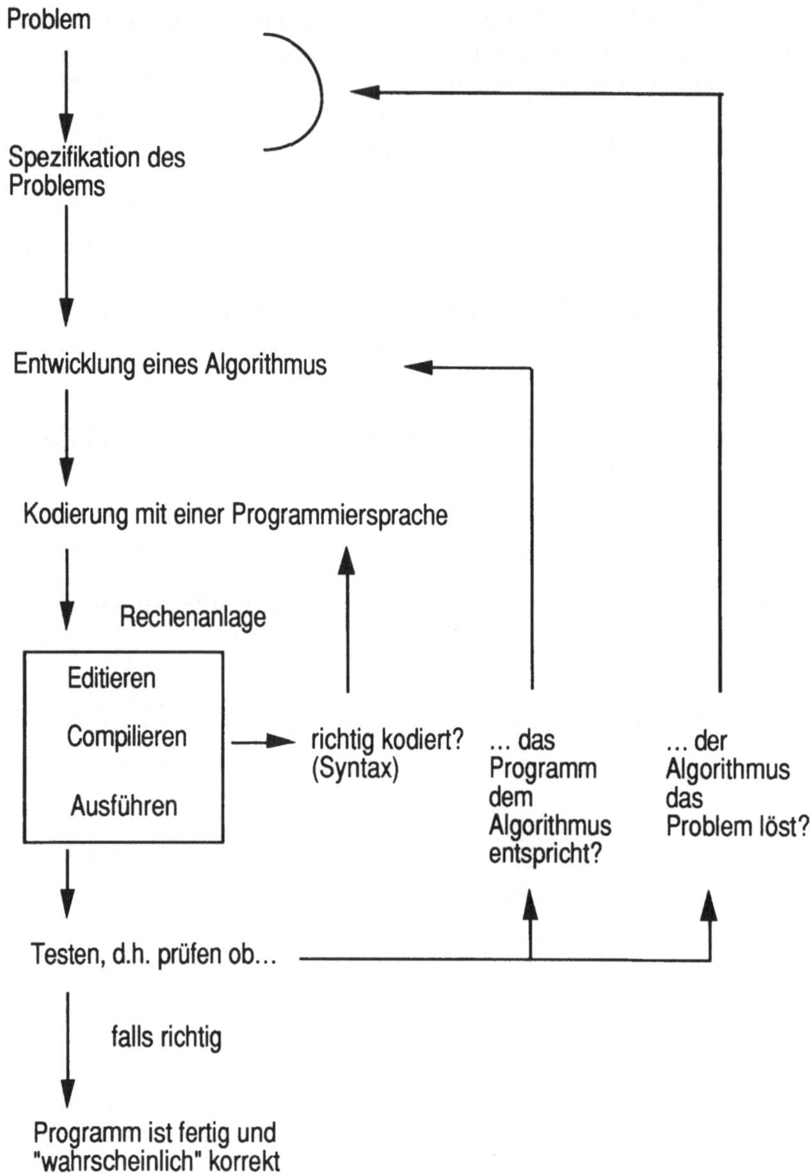

Abbildung 1-1:   Programmierzyklus

1.2   Entwurfsprinzipien für Algorithmen

Wir wollen die für Modula-2 wichtigsten drei Konzepte für den Algorithmenentwurf hier kurz skizzieren. Diese Konzepte sind:

- schrittweise Verfeinerung
- Modularisierung
- Strukturierung

Diese Prinzipien schließen sich nicht gegenseitig aus, sondern wirken im Gegenteil teilweise überlappend bzw. ineinandergreifend. Im weiteren Verlauf werden sie unser Vorgehen insofern beeinflussen, als wir sie nicht nur in Beispielen beherzigen, sondern auch versuchen, neue Sprachelemente nach diesen Prinzipien vorzustellen.

1.2.1   Schrittweise Verfeinerung (Top-down-Entwurf)

Unter Verfeinerung verstehen wir die Konkretisierung bzw. genauere Beschreibung der Aktionen und den Übergang zu immer elementareren Strukturen und Operationen.

Beispiel 1-1:   Schrittweise Verfeinerung:
Beschreibung eines Fahrrads

In einem ersten Schritt wird beschrieben, aus welchen Komponenten (grob) sich ein Fahrrad zusammensetzt:

Ein **Fahrrad** besteht aus zwei **Laufrädern**, dem **Rahmen**, den **Bremsen** und dem **Antrieb.**

In einem zweiten Schritt werden die bisher erarbeiteten Komponenten weiter untersucht. Wir betrachten als Beispiel den Antrieb:

Der *Antrieb* besteht aus einem **vorderen Teil**, einem **hinteren Teil** und einer **Kette,** die den vorderen und hinteren Teil miteinander verbindet.

Dasselbe macht man mit den Laufrädern, dem Rahmen etc.

Im nächsten Schritt werden die Komponenten, die noch nicht genau beschrieben sind, weiter detailliert. Man erhält so z.B.:

> Der *vordere Teil* besteht aus den **Pedalen, 2–3 Kettenblättern** (Zahnrädern), dem **Tretlager** und dem **Umwerfer** als vorderem Teil der Schaltung.

Eine geeignete Zusammenfassung aller Komponenten und der Zusammenhänge zwischen diesen zeigt dann die folgende Abbildung:

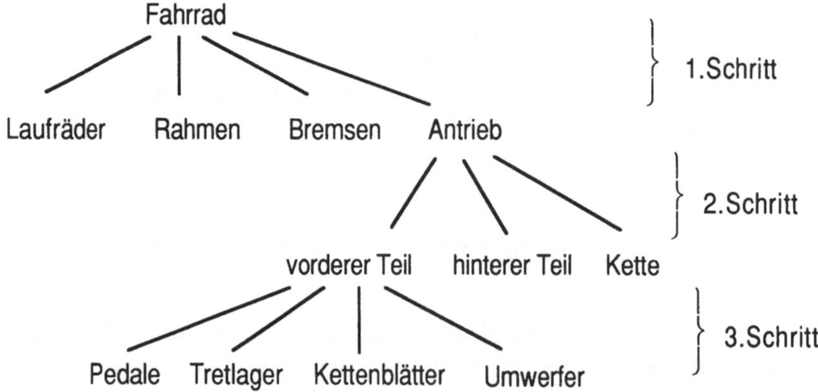

Wenden wir nun das Prinzip der schrittweisen Verfeinerung auf den Algorithmenentwurf an, so führen wir neben der Konkretisierung der Daten auch eine Verfeinerung der funktionalen Beschreibung eines Problems durch, bis alle Funktionen elementar, d.h. durch die Elementaroperationen (gemäß der vorgegebenen Rahmenbedingungen) realisierbar sind. Damit erhält man eine baumartige Hierarchie; Blätter dieses Baumes sind Elementaroperationen.

Beispiel 1-2:   Sortieren durch direktes Einfügen

Eine Folge von n natürlichen Zahlen $k_1, ..., k_n$ soll aufsteigend sortiert werden. Die erste Version wiederholt nochmals die Problemstellung.

Version 1: `Sortiere (`k_1`, .., `k_n`);`

Nun überlegen wir uns einen Algorithmus, der diese Aufgabe löst. Es ist klar, daß jede einelementige Folge sortiert ist. Ferner erhält man aus einer sortierten Folge mit i-1 Elementen eine solche mit i Elementen, falls das i-te Element an die passende Stelle einsortiert wird.

Version 2: Für i von 2 bis n führe aus
```
"füge i-te Zahl k_i in (k_1,  .., k_{i-1})
an der richtigen Stelle ein".
Numeriere die sortierte Folge neu, so
daß die neue Folge (k_1, …, k_i) heißt.
```

Die Wiederholung einer festen Anzahl gleicher Aktionen wird hier als eine elementare Operation angesehen. Das Einfügen an der passenden Stelle soll hingegen weiter verfeinert werden.

Da die Folge $(k_1, .., k_{i-1})$ sortiert ist, läßt sich die passende Stelle für k_i durch sukzessiven Vergleich mit k_j (j= i-1, i-2, ...) ermitteln. Der Vergleich wird solange durchgeführt, bis k_i größer oder gleich k_j ist; k_i muß dann an die (j+1)-te Stelle eingefügt werden. Ist k_i kleiner als k_1, so wird der Vergleich auch abgebrochen und k_i an erster Stelle eingefügt. Durch Abfrage, ob j gleich 0 ist, läßt sich dieser Sonderfall abfangen.

Version 3: Für i von 2 bis n führe aus
```
j := i - 1;
solange wie j > 0 und k_i < k_j
wiederhole:
     j := j - 1;
"füge k_i an (j+1)-ter Stelle ein";
```

Das Einfügen an der (j+1)-ten Stelle läßt sich in der gleichen Wiederholungsschleife wie der Vergleich vornehmen, wenn wir uns folgendes vergegenwärtigen: Die resultierende Folge hat i Elemente. Ist das zu prüfende Element $p := k_i$ kleiner als das (i-1)-te Element, so steht dieses nachher an i-ter Stelle. Dadurch wird der (i-1)-te Platz frei; auf diesen rückt k_{i-2}, falls der nächste Vergleich zeigt, daß $p < k_{i-2}$ ist usw. Alle Elemente, die größer als das einzufügende sind, können also direkt nach dem Vergleich auf ihren Platz in der sortierten Folge gesetzt werden. Der letzte freigewordene Platz hat den Index j+1 und wird anschließend von p eingenommen.

Version 4:

```
Für i von 2 bis n führe aus
      j := i - 1;
      p := k_i;
      solange wie j > 0 und p < k_j;
      wiederhole:
          k_{j+1} := k_j;
          j := j - 1;
          (* jetzt ist entweder j = 0 oder p ≥ k_j! *)
  k_{j+1} := p;
```
◆

Um zu einem fertigen Programm zu kommen, müssen auch geeignete Datenstrukturen eingeführt werden. Dies kann ebenfalls durch schrittweises Verfeinern unterstützt werden. Das Top-down-Vorgehen erfordert gleichzeitige **Verfeinerung** und Konkretisierung von **Operationen, Kontrollflüssen** und **Daten(typen)** auf möglichst gleichem Niveau. Durch diese Vorgehensweise wird der strukturierte Programmentwurf unterstützt.

Eine Alternative bildet der **Bottom-up-Entwurf**, bei dem zuerst abgeschlossene Teilaufgaben gelöst und dann zu einer größeren Lösung zusammengefügt werden. Diese Vorgehensweise bietet sich etwa im Rahmen von mathematischen Aufgabenstellungen an, bei denen zuerst einfache arithmetische Operationen, z.B. für Matrizenrechnung, bereitgestellt werden, die dann zusammen ein umfassenderes Programm bilden. Bei diesem Verfahren ist darauf zu achten, daß die erstellten Komponenten "zusammenpassen" und übergeordnete Anforderungen für das Gesamtsystem erfüllt sein müssen.

1.2.2   Modularisierung

In der Praxis treten meist komplexe Probleme auf, deren Bewältigung als Ganzes unübersehbar, wenn nicht unmöglich ist. Naheliegend ist deshalb die Forderung:

Zerlege das Problem in Teilprobleme, die
- klar abgegrenzt sind,
- getrennt bearbeitet werden können,
- weitgehend unabhängig voneinander sind und damit
- Teamarbeit ermöglichen sowie
- Lösungen aufweisen, die nebenwirkungsfrei austauschbar sind (keine Seiteneffekte).

Der Prozeß des Zerlegens der Gesamtlösung heißt **Modularisierung**, einzelne Lösungsbausteine heißen **Module**.

Beispiel 1-3:   Modulstruktur eines Programms zur Telegrammabrechnung

Problem: Nach dem Einlesen eines Telegramms soll das Tripel (Identifikations-Code, Wortzahl, Preis) berechnet und in eine Abrechnungstabelle eingetragen werden. Ferner sollen die Größen „Gesamtwortzahl" und „Gesamtpreis" berechnet werden. Schließlich soll die Ausgabe der aktualisierten Tabelle erfolgen.

Wir analysieren das Problem genauer und legen die wichtigsten Bestandteile für Telegramm, Preis und Abrechnungstabelle fest.

- Telegramm:
  — sechsstelliger Identifikations-Code
  — Menge von Wörtern (durch Leerzeichen getrennt)

- Preis:
  — pro angefangene zwölf Zeichen eines Wortes: -,60 DM
  — Mindestpreis 4,20 DM

- Erstellung einer Abrechnungstabelle. Diese enthält:
  — Für jedes einzelne Telegramm: Ident.-Code, Wortzahl, Preis
  — insgesamt: Gesamtwortzahl, Gesamtpreis

Lösung:

Zerlegung in Module
(orientiert sich an zeitlicher Verarbeitungsfolge)

- Modul **Eingabe:**
  — Einlesen des Telegramms

- Modul **Auswertung:**
  — Wortzahl z feststellen
  — Preis p berechnen
  — Bereitstellung des Tripels (Ident.-Code, z, p)

- Modul **Tabelleneintrag:**
  — Eintragung des Tripels in eine geordnete Tabelle
  — Aktualisierung von Gesamtwortzahl und -preis

- Modul **Ausgabe:**
  Ausgabe Tabelle

- Modul **Ablaufkontrolle:**
  — Aufruf der einzelnen Module in der richtigen Reihenfolge
  — Fehlerbehandlung

Ablauf: Ablaufkontrolle

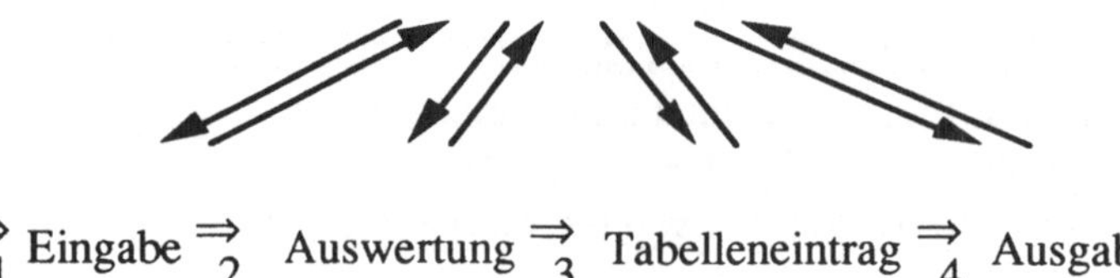

$\underset{1}{\Rightarrow}$ Eingabe $\underset{2}{\Rightarrow}$ Auswertung $\underset{3}{\Rightarrow}$ Tabelleneintrag $\underset{4}{\Rightarrow}$ Ausgabe $\underset{5}{\Rightarrow}$

Dabei bezeichnen einfache Pfeile ($\rightarrow$) den Wechsel der Ausführung und doppelte Pfeile ($\Rightarrow$) den Datenfluß, wobei von einem Modul zum anderen folgende Daten transportiert werden:

1:    Telegramm in externer Darstellung
2:    Telegramm in interner Darstellung
3:    Abrechnungstripel
4:    Tabelle in interner Darstellung
5:    Tabelle in externer Darstellung

Die einzelnen Module können jetzt schrittweise verfeinert werden.   ◆

1.2.3   Strukturierung

Man unterscheidet zwischen der algorithmischen Struktur und der Datenstruktur.

Unter der **algorithmischen Strukturierung** verstehen wir die strukturierte Darstellung des logischen Ablaufs durch:
*   Sequenzen, d.h. die lineare Abfolge einzelner Anweisungen
*   Verzweigungen, d.h. Unterscheidung des Anweisungsablaufs aufgrund von Bedingungen
*   Wiederholungen von gleichen Anweisungsfolgen

Als **Datenstrukturierung** bezeichnen wir die Darstellung der logischen Eigenschaften und Beziehungen zwischen den zu bearbeitenden Objekten durch:
*   einfache bzw. zusammengesetzte Datentypen
*   statische bzw. dynamische Datentypen

1.3   Beispiel: Telefonverzeichnis

Wir wollen nun anhand eines ausführlichen Beispiels die Anwendung der Entwurfsprinzipien zeigen. Das fertige Programm wird nahezu alle Sprachelemente von Modula-2 enthalten, es ist am Schluß des Buches in Kapitel 7.5.4 vollständig aufgelistet. Einzelne Teile werden an den entsprechenden Stellen im Buch näher erläutert werden.

Beispiel 1-4 a[2]: Telefonverzeichnis

Problem:
Es soll ein Verzeichnis von Namen und zugehörigen Telefonnummern aufgebaut werden. Um dabei später nicht zu lange suchen zu müssen, ist für jeden Ort eine eigene Liste anzulegen. Diese Listen sind alphabetisch zu sortieren. Die Eingabe soll interaktiv erfolgen. Menügesteuert soll ein Eintrag in eine Ortsliste vorgenommen, eine bereits eingetragene Nummer anhand des Namens gefunden oder eine vollständige Ortsliste ausgedruckt werden.

Eingabedaten: Datensätze der Form *Ort, Name, Nummer*

Ausgabedaten: Datensatz für einen Teilnehmer oder alle Teilnehmer eines Ortes

Nebenbedingungen:
- Es kommen nur die Orte Karlsruhe, Worms, Würzburg vor.
- Die Anzahl der Namen ist nicht beschränkt.
- Die Steuerung des Ablaufs soll über ein Eingabemenü erfolgen.
- Die einzelnen Eingaben sind vom Benutzer zu bestätigen, um Fehleingaben zu verhindern.

Folgender **Algorithmus** löst dieses Problem:
    (I)   Initialisiere Verzeichnis.
    (II) Bearbeite Verzeichnis menügesteuert.

Die Verfeinerung von (II) lautet:
    (i)   Zeige Menü an.
    (ii) Lies Kennbuchstaben für auszuführende Aktion.
    (iii) Führe entsprechende Anweisung aus.
    (iv) Falls Anweisung in (iii) nicht „Beende Programm",
        wiederhole (i) - (iv).

Die eigentlichen Aktionen finden in (iii) statt:
    (1) Falls Kennbuchstabe = z: Zeige Liste.

---

[2]   Dieses Beispiel werden wir an vielen Stellen des Buches wieder verwenden und jeweils interessierende Aspekte beleuchten. Die Nummer wird stets 1-4 sein, gefolgt von einem Buchstaben.

(2)   Falls Kennbuchstabe = h: Füge Eintrag hinzu.
(3)   Falls Kennbuchstabe = f: Finde Nummer.
(4)   Falls Kennbuchstabe = b: Beende Programm.

Eine erste Verfeinerung von (2) ist:
(2a)   Lies Stadt.
(2b)   Lies Name.
(2c)   Lies Telefonnummer.
(2d)   Füge Eintrag in Liste ein.

Schauen wir uns nun die benötigten Datenstrukturen an:

Ein Eintrag ist ein Datensatz, der die Bestandteile *Name* und *Nummer* hat. Diese Datensätze werden für jeden Ort in einer eigenen dynamischen Liste gesammelt, d.h. einer Struktur, für die die Gesamtanzahl ihrer Elemente erst während des Programmlaufs bestimmt wird. Alle Elemente sind vom selben Typ. Das gewünschte Telefonverzeichnis entsteht durch Zusammenfassen der Ortslisten. Da laut Aufgabenstellung nur 3 Orte zu berücksichtigen sind, kann eine Datenstruktur mit fester Elementanzahl gewählt werden, auch wenn die einzelnen Elemente dynamische Listen sind.

Die benötigte Datenstruktur für den Namen ist offensichtlich eine Aneinanderreihung von Buchstaben („Zeichenkette" / „string" (engl.)) und für die Telefonnummer eine ganze Zahl. Auch für die Stadt könnten wir ein Textfeld wählen, da wir aber nur drei Städte betrachten wollen, werden wir einen eigenen Typ vereinbaren.

(2b) und (2c) können direkt in Modula-2-Anweisungen umgesetzt werden. Für (2a) müssen wir ein eigenes Programmstück (eine Prozedur) schreiben, da wir einen selbstdefinierten Typ verwenden wollen. Die Operationen zum Aufbau der Datenstruktur *dynamische Liste* sind keine Standardoperationen. Sie beschreiben jedoch eine logisch zusammenhängende, abgeschlossene Programmeinheit. Wir lagern sie deshalb in ein Modul aus. Die Schnittstelle dieses Moduls stellt die Datentypen `Liste`, `Textfeld` und `Elementtyp` sowie die Operationen `FindeNummer`, `FuegeElementEin` und `ZeigeElemente` zur Verfügung.

In Modula-2 sieht das so aus:

```
DEFINITION MODULE Listen;
TYPE
  Liste;
  Elementtyp = … (* Datentyp für Listenelement *);
  Textfeld = ARRAY [0..19] OF CHAR;
          (*Aneinanderreihung von 20 Buchstaben*)
```

```
PROCEDURE FindeNummer
  (l:Liste; gesName: ARRAY OF CHAR): CARDINAL;
                             (*natürliche Zahl*)

PROCEDURE FuegeElementEin(l:Liste; x:Elementtyp);

PROCEDURE ZeigeElemente (l:Liste);
...

END Listen.
```

Wir wollen dieses Modul hier nicht weiter verfeinern und verschieben die Einzelheiten auf später.

Das Hauptprogramm kann nun die von diesem Modul bereitgestellten Prozeduren und Typen „importieren" und verwenden.

Diese Programmstruktur – ein Hauptprogramm, welches von mehreren Modulen Datentypen und Operationen importiert – ist typisch für Modula-2. Das geht sogar so weit, daß die gesamte Ein-/Ausgabe nicht im eigentlichen Sprachkern, sondern in Form von vordefinierten Standardmodulen (z.B. SWholeIO) bereitgestellt wird (siehe Abbildung 1-2).

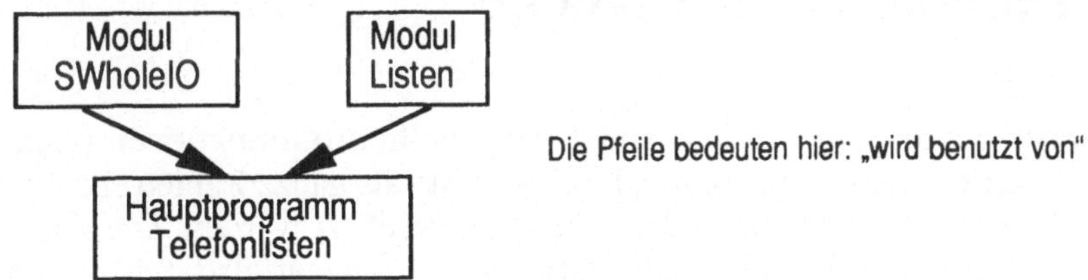

Abbildung 1-2:   Programmstruktur Beispiel 1-4

Als erstes vollständiges Programmbeispiel formulieren wir Teil (2b) unseres Algorithmus' als Modula-2 Programm:

```
MODULE EinAusgabe;

FROM STextIO IMPORT
  ReadString, WriteString, WriteLn, SkipLine;

TYPE Textfeld = ARRAY[0..19] OF CHAR;

VAR  Text: Textfeld;
```

```
BEGIN
  WriteString ("Eingabe (nur die ersten zwanzig Buchstaben
               werden akzeptiert):");
  WriteLn;
  ReadString (Text);
  SkipLine;
  WriteLn;
  WriteString ("Die Eingabe lautet: ");
  WriteString (Text);
  WriteLn
END EinAusgabe.
```

◆

Dieses Programm erfüllt allerdings noch nicht die Nebenbedingung, daß die Eingaben vom Benutzer auf Korrektheit überprüft werden können.

Wir sehen an diesem ersten Beispiel, daß alle verwendeten Namen bekannt sein müssen, entweder weil sie Standardnamen (z.B. CHAR) sind oder indem sie aus Modulen importiert (z.B. ReadString) oder im Programm vereinbart (z.B. Text) werden.

1.4   Datentyp und Variable

Die im Rechner durch Folgen von 0 und 1 dargestellten Informationen können durchaus unterschiedlicher Natur sein, z.B. können sie als ganze Zahlen, Zeichenketten oder Wahrheitswerte (*wahr* oder *falsch*) interpretiert werden. Die Art der Interpretation wird durch Angabe eines **Datentyps** festgelegt, dadurch wird ein Wertebereich für mögliche Daten dieses Typs bestimmt. Eine **Variable** dieses Datentyps enthält zu jedem Zeitpunkt einen Wert des Wertebereichs, oder sie ist undefiniert.

Am Anfang des Programms müssen die neuen Datentypen und alle Variablen vereinbart werden. Dabei können sowohl vorgegebene Standarddatentypen wie z.B. INTEGER für einen Teilbereich der ganzen Zahlen oder BOOLEAN für die Wahrheitswerte (TRUE oder FALSE) als auch neudefinierte Datentypen verwendet werden.

Der Wert einer Variablen ändert sich durch Eingabe oder Zuweisung eines Werts. Dabei geht der alte Wert verloren, deshalb sind auch Zuweisungen wie x := x + 1 sinnvoll. Für den Tausch von 2 Werten wird eine Hilfsvariable benötigt:

Beispiel 1-5:   Algorithmus Tausch (x, y)

```
(1)  hilf   := x;
(2)  x      := y;
(3)  y      := hilf;
```

      ◆

1.5   Darstellung von Algorithmen

In diesem Abschnitt wollen wir einige Darstellungsarten für Algorithmen vorstellen. Diese dienen vor allem der klaren und unmißverständlichen Beschreibung. Graphische Darstellungsformen sind deshalb sehr hilfreich. Allen Arten ist gemeinsam, daß

1.   jeder Algorithmus einen Namen hat,
2.   alle Eingabedaten (Form etc.) beschrieben werden müssen und ebenso
3.   die gewünschten Ausgabedaten in ihrer (etwa funktionalen) Abhängigkeit von den Eingabedaten beschrieben werden müssen.

Die verwendeten Elementaroperationen werden im allgemeinen nicht beschrieben, sondern als bekannt vorausgesetzt.

1.5.1   Verbale Darstellung von Algorithmen

Der Ablauf der einzelnen Aktionen kann verbal beschrieben werden, wobei die Reihenfolge der Anweisungen durch Numerierung deutlich gemacht werden kann. Wiederholungen von Anweisungen werden explizit angegeben, ebenso werden Auswahlmöglichkeiten oder alternative Abläufe durch Konditionalsätze beschrieben. Eine verbale Darstellung eignet sich für grobstrukturierte Algorithmen. Üblicherweise werden auszuwertende Formeln nicht verfeinert. Mit zunehmender Routine werden die Sätze stichwortartig abgekürzt und verkümmern zu Fragmenten wie „(3) Wenn x > 0 mache weiter bei (7)“.

1.5.2   Pseudocode

Auf diese Weise wird der Übergang zu *Pseudocode* durchgeführt. Wir vereinbaren zur Darstellung von Pseudocode folgende Regeln:

- Die Numerierung der Anweisungen entfällt. Die Reihenfolge der Ausführung entspricht der des Aufschriebs (das sollte auch bei numerierten Anweisungen der Fall sein!).
- Anweisungen werden durch BEGIN ... END zusammengefaßt.
- Verzweigungen werden durch „IF-THEN-ELSE"- oder „CASE"-Konstrukte ausgedrückt.
- Bedingte Wiederholungen werden durch WHILE-/REPEAT-Schleifen formuliert.
- Für Wiederholungen fester Anzahl werden FOR-Schleifen verwendet.
- Zuweisungen haben dieselbe Semantik wie in Modula-2.

Wir führen also hier schon Modula-2-Ablaufsteuerungskonstrukte ein. Geschicktes Einrücken von Anweisungen erhöht die Übersichtlichkeit. Die Operationen sind noch nicht stark verfeinert und benutzen noch Formeln und Teilalgorithmen. Eine Algorithmusbeschreibung im Pseudocode eignet sich daher gut als Kommentar für das fertige Programm und sollte deshalb bereits am Rechner erstellt werden.

Beispiel 1-6:   Bestimmung des ggT zweier Zahlen mit dem euklidischen Algorithmus

- *verbale Formulierung*
  Algorithmus ggT: Eingabe $m, n \in$ I$\!$N – Ausgabe ggT (m, n)
      1. falls $m < n$, so tausche m und n
      2. $r := m \bmod n$
      3. Wiederhole 3a, 3b solange (noch) $r \neq 0$ (sonst gehe zu 4.)
          (a) $m := n; n := r$
          (b) $r := m \bmod n$
      4. $\mathrm{ggT} := n$

- *Pseudocode*
```
IF m < n THEN tausche (m,n)
r : = m mod n
WHILE r ≠ 0 DO
    m : = n; n : = r
    r : = m mod n
END WHILE
ggT : = n
```

1.5.3 Struktogramm, Programmablaufplan

Insbesondere bei Algorithmen mit vielen Verzweigungen erhöhen graphische Darstellungen die Übersichtlichkeit. Struktogramm bzw. Programmablaufplan sind graphische Beschreibungen von Algorithmen, die genormte Symbole für Anweisungen, Verzweigungen und Wiederholungen verwenden, um den Kontrollfluß zu verdeutlichen. Wir gehen auf diese Darstellungen nicht näher ein. Sie sind z.B. im Band II dieser Reihe Grundkurs Angewandte Informatik näher beschrieben.

1.6 Eigenschaften von Algorithmen

Eine halbformale Beschreibung von Algorithmen erleichtert nicht nur die Lesbarkeit, sondern unterstützt auch den Nachweis der **Korrektheit**. Ein Algorithmus ist dann korrekt, wenn er die Spezifikation erfüllt. Dazu gehört i.a., daß er in endlicher Zeit terminiert. Hat man die Korrektheit eines Algorithmus' bewiesen, so ist eine der Hauptfehlerquellen beseitigt; denn vom Algorithmus zum Programm ist es oft nur ein kleiner überschaubarer Schritt.

Korrektheitsbeweise sind jedoch in der Regel alles andere als einfach, und man begnügt sich oft mit Plausibilitätsbetrachtungen und testet die Algorithmen, d.h. die Programme, mit unterschiedlichen Daten. Diese Testdaten sind so zu wählen, daß sie alle Verzweigungen des Algorithmus' durchlaufen und daß alle Grenz- und Sonderfälle abgedeckt werden. Ein Test kann aber natürlich nicht die Korrektheit eines Algorithmus' beweisen, er kann nur Fehler aufdecken, bzw. – wenn keine Fehler mehr gefunden werden – den Algorithmus als „plausibel" oder „wahrscheinlich korrekt" einstufen.

In unserem einfachen Beispiel 1-6 folgt die Korrektheit aus dem Satz:

Falls $a \geq b$, so gilt:

$$ggT\,(a,b) = \begin{cases} b & \text{falls } a \bmod b = 0 \\ ggT\,(b,\, a \bmod b) & \text{sonst} \end{cases}$$

Dieser Satz gilt für *a mod b = 0* (d.h. „b teilt a") offensichtlich und für *a mod b ≠ 0*, weil wegen *a = b * (a div b) + (a mod b)* für jede ganze Zahl c gilt:

$$c \text{ teilt } a \textit{ und } c \text{ teilt } b$$
$$\text{gdw.} \qquad c \text{ teilt } b \textit{ und } c \text{ teilt } (a \bmod b).$$

Die Aussage des Satzes ist also, daß man keinen gemeinsamen Teiler von a und b übersieht, wenn man gemeinsame Teiler von b und (a mod b) bestimmt.

Die Terminierung des Algorithmus' ist ebenfalls klar, da m in jedem Schleifendurchlauf kleiner wird und nach unten durch 1 beschränkt ist.

Neben der Korrektheit eines Algorithmus' ist die **Robustheit** zu nennen. Ein Algorithmus heißt *robust*, wenn er unzulässige Eingaben abfängt, für alle zulässigen Eingaben korrekte Ergebnisse bringt und ansonsten klare Fehlermeldungen produziert.

Zum Vergleich von Algorithmen wird oft die **Effizienz**, d.h. die Laufzeit oder sparsame Verwendung von Betriebsmitteln herangezogen.

Zur Berechnung des ggT von a und b hätten wir auch folgenden Algorithmus verwenden können.

(1)   Falls a < b, so tausche a und b
(2)   Setze c := b
(3)   Wiederhole (3a), bis a mod c = 0 und b mod c = 0
      (3a) c := c-1
(4)   ggT := c

Hier ist nicht nur ein Schleifendurchlauf langsamer als im euklidischen Algorithmus, da jedesmal zwei Restbildungen vorgenommen werden, die Schleife wird auch viel häufiger durchlaufen, da sehr viele unnötige Versuche durchgeführt werden.

Wir wollen die Behandlung von Algorithmen hier nicht weiter vertiefen (näheres hierzu findet man z.B. im Band II dieser Reihe Grundkurs Angewandte Informatik) und fassen die wichtigsten Eigenschaften noch einmal zusammen:

Eigenschaften von Algorithmen:

- korrekt
  Algorithmus soll Problem lösen

- endlich
  — Beschreibung endlich
  — Ausführung jeder Elementaroperation endlich
  — Datendarstellung endlich
  — Ausführung endlich, d.h Terminierung wichtig

- **deterministisch**
  auszuführende Operation liegt zu jedem Zeitpunkt fest

- **robust**
  — Abfangen unzulässiger Eingaben,
  — zuverlässige, zutreffende, verständliche Fehlermeldungen

- **effizient**

2 Einfache Programme in Modula-2

2.1 Beschreibung durch Syntaxdiagramme

2.1.1 Die Grobstruktur eines Programms

Die Beschreibung einer Programmiersprache geschieht auf der Basis eines Alphabets (Zeichenvorrat) durch die Syntax und die Semantik. Als Alphabet werden die üblichen Zeichen (Buchstaben ohne Umlaute, Ziffern, Satzzeichen, Leerzeichen, ...) verwendet.

Die *Syntax* beschreibt die Regeln, nach denen aus diesen Zeichen ein gültiges Programm geformt wird. Wir beschreiben die Syntax von Modula-2-Programmen durch *Syntaxdiagramme*. Eine andere gebräuchliche Form der Beschreibung ist die *erweiterte Backus-Naur-Form*.

Für jedes Programmkonstrukt gibt es ein eigenes Syntaxdiagramm. Diese Diagramme werden ineinander eingesetzt, um so ein komplettes Programm zu beschreiben.

Jedem gültigen Programmkonstrukt wird durch die *Semantik* eine Bedeutung zugeordnet. Wir geben für die Semantik keine formale Beschreibung, sondern Regeln in umgangssprachlicher Form an.

Ein Programm – in Modula-2 als *Programmodul* bezeichnet – wird durch das Wort MODULE (als erstes Wort) als solches gekennzeichnet. Es hat einen *Namen* und besteht im wesentlichen aus einem *Block*, der nach dem Namen – von diesem durch Semikolon (;) getrennt – folgt. Das Programm wird durch seinen Namen gefolgt von einem Punkt (.) abgeschlossen. Vor dem Block können (bzw. müssen) in einem oder mehreren *Import*-Teilen die aus anderen Modulen importierten Objekte angegeben werden. Nach dem Modulnamen, vor dem ersten Semikolon, kann eine Priorität – durch eine ganze Zahl, die wir als *Konst A* bezeichnen wollen und die in eckige Klammern ([bzw.]) eingeschlossen ist – angegeben werden; diese

Priorität kennzeichnet die Stellung dieses Moduls innerhalb der Aufrufhierarchie aller Programme des Computers, wir werden sie aber in diesem Buch im weiteren Verlauf nicht mehr benutzen.

Der Block seinerseits besteht aus einem *Vereinbarungsteil* und einem Blockrumpf, der normalerweise nur aus einem *Anweisungsteil* besteht. Der Anweisungsteil enthält die einzelnen konkreten *Anweisungen* (durch Semikolon (;) voneinander getrennt), die durch das Programm ausgeführt werden sollen; diese Anweisungen werden durch die Worte BEGIN am Anfang und END am Schluß eingeschlossen. Der Vereinbarungsteil enthält die Definitionen von Konstanten und Typen, die Vereinbarung der benötigten Variablen sowie die Vereinbarung (bzw. Deklaration) der für dieses Programm (lokal) definierten Prozeduren und internen Module. Der Vereinbarungsteil kann entfallen, er wird aber im allgemeinen wenigstens eine Variablenvereinbarung enthalten. – All das, was eben wortreich geschildert wurde, läßt sich durch die beiden folgenden Syntaxdiagramme *2 Programmodul* und *4 Block* kürzer und präziser darstellen:

2 Programmodul

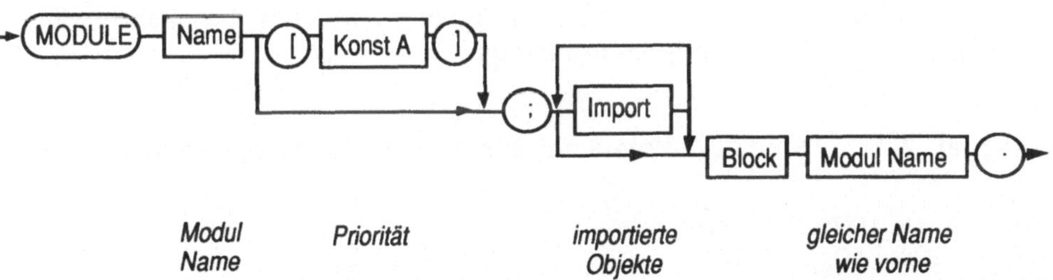

Ein nach diesem Diagramm durch Einsetzen und Verfeinern aller nach einem Durchlauf passierten Konstrukte, wie z.B. *Block*, entwickeltes Programm kann übersetzt und anschließend ausgeführt werden.

4 Block

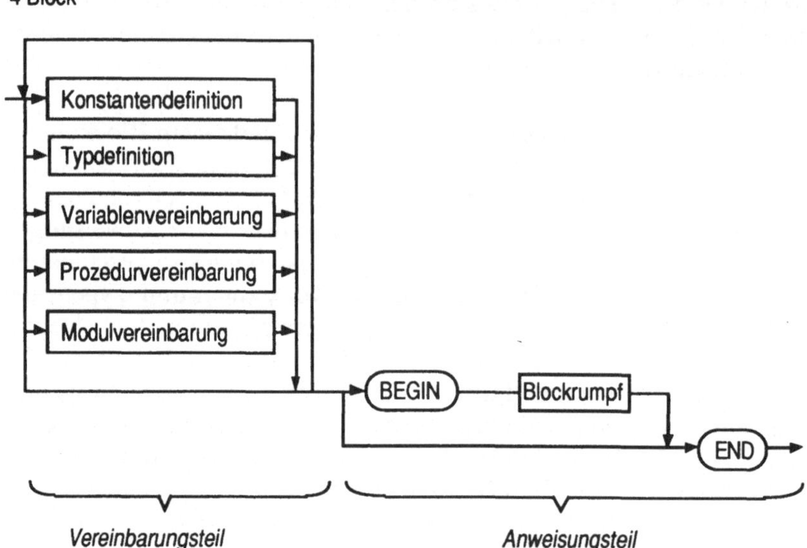

Es folgt nun ein komplettes Modula-2-Programm, welches die eben erwähnte Struktur im wesentlichen vollständig aufzeigt:

Beispiel 2-1:   Modula-2-Programm: Berechnung der Mehrwertsteuer

```
MODULE Mehrwertsteuer;
FROM SRealIO IMPORT ReadReal, WriteReal;
FROM STextIO IMPORT WriteString, WriteLn, SkipLine;

CONST MWStSatz = 0.15;
VAR Preis, MWSt: REAL;

BEGIN
   WriteString ("Geben Sie den Preis ein: ");
   ReadReal (Preis); SkipLine;
   MWSt:= Preis * MWStSatz;
   WriteLn;
   WriteString ("Die Mehrwertsteuer beträgt:");
   WriteReal (MWSt,9)
END Mehrwertsteuer.
```

        ◆

Bemerkung:

In diesem Beispiel wird die Mehrwertsteuer nicht auf zwei Stellen nach dem Dezimalpunkt gerundet.

Wir sehen hier den IMPORT von Ein-/Ausgabeprozeduren aus zwei Standardmodulen. Der Mehrwertsteuersatz (MWStSatz) ist für dieses Programm eine
Konstante, d.h. der Wert ändert sich nicht. Preis und Mehrwertsteuer (MWSt) hingegen sind Variable. Der Datentyp für alle drei Größen ist der Typ REAL, eine
Teilmenge der reellen Zahlen. Dieser Typ ist als Standardtyp bekannt.

2.1.2   Aufbau und Handhabung der Syntaxdiagramme

Wir wollen jetzt die Syntaxbeschreibung fortsetzen und erläutern dazu den Aufbau
und die Handhabung der Syntaxdiagramme ausführlicher:

- Jedes Diagramm besitzt eine Nummer und einen (grammatikalischen)
  Bezeichner, der links über das betreffende Diagramm gesetzt ist. Die Be-
  zeichner benennen das durch das Diagramm dargestellte Sprachelement.
- Ein Diagramm ist aufgebaut aus Bezeichnern von Diagrammen, Symbolen des
  Alphabets und durchgezogenen, mit Pfeilen versehenen Linien.
- Ein Symbol des Alphabets ist in einen Kreis, Folgen von Symbolen - also z.B.
  vordefinierte Namen - sind in ein Oval, Bezeichner von anderen Diagrammen
  sind in Rechtecke eingeschlossen.
- Die Verbindung von Bezeichnern und Symbolen bzw. Symbolfolgen des
  Alphabets geschieht durch durchgezogene Linien, wobei die Pfeile die
  Durchlaufrichtung angeben.
- Beim Durchlaufen einer Linie können in der Regel beliebig viele
  Trennzeichen (Leerzeichen, Kommentar, Zeilenwechsel) eingefügt werden.
  Ausgenommen hiervon sind fett gekennzeichnete Linien, bei deren Durchlauf
  kein Trennzeichen erzeugt werden darf.
- Im Programm bezeichnen Namen Größen unterschiedlicher Kategorien, z.B.
  Variablen und Typen. Alle Namen werden durch ein- und dasselbe Diagramm
  45 beschrieben.
- Am Definitionspunkt eines Namens steht in den Diagrammen nur *Name*, sonst
  wird in der Regel die bezeichnete Kategorie vorangestellt (z.B. *Modul Name*)
  (siehe Diagramm 2).
- In den Diagrammen ist die statische Semantik insofern eingearbeitet, als
  abkürzende Typbezeichnungen (z.B. B für BOOLEAN, A für ARRAY) den
  syntaktischen Konstrukten Ausdruck, Variable, Konstante, ... vorangestellt
  sind (siehe z.B. Diagramm 22).
- Für jeden Typ existiert ein eigenes Ausdrucksdiagramm. In diesem sind auch
  die konstanten Ausdrücke beschrieben.
- Das wird dadurch ausgedrückt, daß in der Überschrift das Wort KONST in
  eckige Klammern gesetzt wird und im Diagramm alle Zweige, die für einen

konstanten Ausdruck nicht durchlaufen werden dürfen, mit eckigen Klammern (][) blockiert sind (siehe z.B. Diagramm 23).
- Standardfunktionsaufrufe werden nicht durch ein Diagramm, sondern durch eine Tabelle beschrieben (siehe Tabelle 2-1).
- Die Diagramme sind mit erläuternden Kommentaren versehen. Sie sollen das semantische Erfassen des betreffenden Sprachelements erleichtern.

Die Bezeichner von Syntaxdiagrammen nennen wir auch *Syntaxvariable*, weil sie, wie wir nachfolgend sehen werden, wie Variable zur Programmkonstruktion verwendet werden:

- Der Durchlauf durch ein Diagramm beginnt am linken oberen Eingang.
- Die Durchlaufrichtung wird durch Pfeile angegeben.
- Der Durchlauf durch ein Diagramm ist beendet, wenn das Diagramm am rechten unteren Ende verlassen wird.
- Treten beim Durchlaufen eines Diagramms Symbole des Alphabets auf, so werden diese zum Zeitpunkt des Auftretens notiert und der Durchlauf fortgesetzt.
- Tritt beim Durchlaufen eines Diagramms U eine Syntaxvariable W auf (wobei W gleich U zulässig ist), so ist an dieser Stelle das Durchlaufen von U zu unterbrechen, das mit W bezeichnete Diagramm zu durchlaufen und danach der Durchlauf durch das Diagramm U an der Stelle fortzusetzen, an der er unterbrochen wurde.
- Zur Produktion eines Programms ist stets das mit dem Startbezeichner *Programmodul* versehene Diagramm zu durchlaufen.

2.2   Gestaltung von Programmen

Der Quelltext eines Programms ist nicht nur eine notwendige Zwischenstufe auf dem Weg zu einem ausführbaren Programm, sondern Arbeitsergebnis, Dokumentation und Unterlage für die spätere Wartung und Erweiterung des Programms in einem. Deshalb ist großer Wert auf eine übersichtliche, klar verständliche, ästhetisch ansprechende Gestaltung von Quelltexten zu legen. Wir wollen hier einige **Faustregeln** geben, die wir auch in unseren Beispielen einhalten werden:

- Ein Programm besteht aus mehreren Modulen.
- Jedes Modul ist ein eigenes Dokument.
- Der Quelltext ist zeilenweise organisiert.

- Im Quelltext treten auf:
  — Wortsymbole, z.B. BEGIN, VAR
  — Namen
  — Sonderzeichen wie Operatoren (+) oder Begrenzer (;)
  — Kommentare
  — Leerzeichen
- Zwischen zwei Namen oder zwischen Name und Wortsymbol muß ein Trennzeichen (Kommentar, Leerzeichen oder Zeilenwechsel) stehen.
- Innerhalb von Wortsymbolen, Namen und Konstanten darf kein Leerzeichen (Ausnahme: Stringkonstante) oder Zeilenwechsel stehen.

Kommentare sind in (* *) eingeschlossene Zeichenfolgen; sie dürfen geschachtelt werden und dienen zur Erläuterung des Programmtextes. Wir empfehlen, Kommentare unbedingt zu verwenden:

- am Modulanfang, für eine Kurzbeschreibung der Aufgabe des Programmstücks,
- zur Beschreibung der Ein- und Ausgabegrößen,
- zur Erläuterung des logischen Programmablaufs durch Angabe von gültigen Invarianten oder Bedingungen oder zur Verdeutlichung des grobstrukturierten Algorithmus',
- zur Erklärung von Variablen oder Typen, falls dies nicht schon durch den gewählten Namen klar ist,
- zur Kennzeichnung von END-Kommandos strukturierter Anweisungen.

Kommentare sollten hingegen *nicht* benutzt werden, um

- ohnehin klare, elementare Anweisungen zu erläutern oder
- schlecht strukturierte Programme dennoch verständlich zu machen. Hier sollte besser eine Umstrukturierung vorgenommen werden.

Die **optische Gestaltung** eines Programms trägt enorm viel zur Lesbarkeit bei. Deshalb empfehlen wir:

- nur eine Anweisung oder Vereinbarung pro Zeile,
- Leerzeilen zum Absetzen von Prozeduren oder zusammengehörigen Blöcken,
- Verdeutlichung von strukturierten Anweisungen durch geschicktes Einrücken,
- Kommentare am Zeilenende.

Beispiel 2-2:   Modula-2-Programm: schlechtes Beispiel

Unser Modul `Mehrwertsteuer` aus Beispiel 2-1 wird hier nochmals in sehr un-
übersichtlicher Form als *schlechtes Beispiel* wiedergegeben.

```
MODULE MS;
FROM SRealIO IMPORT ReadReal, WriteReal; FROM
STextIO IMPORT WriteString,WriteLn;SkipLine;
CONST M =0.15;VAR v1,v2:REAL;
BEGIN (* BEGIN-Anweisung:(*hier beginnt der Anwei-
sungsteil*)*)
(* hier folgt eine Bildschirmausgabe *) WriteString
("Geben Sie den Preis ein");
ReadReal(v1);SkipLine;v2:=v1*M;WriteLn;
(* hier folgt eine Bildschirmausgabe *) WriteString
("Die Mehrwertsteuer beträgt:");WriteReal(v2,9);END
MS.
```

2.3   Konstantendefinition und Variablenvereinbarung

2.3.1   Namen

Wir haben an unseren Beispielen schon gesehen, daß viele verwendete Größen –
Konstante, Variable, Typen, Prozeduren, Module – durch Namen bezeichnet
werden. Namen bestehen aus Buchstaben, Ziffern und Unterstrichen (_).

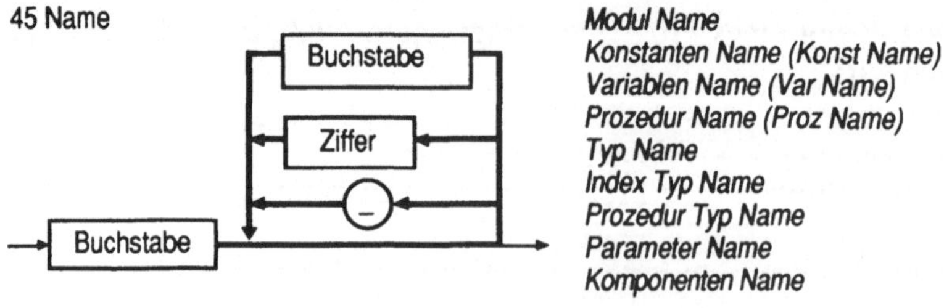

Namen dürfen keine Leerzeichen enthalten (daher die dicken Pfeile). Es wird
zwischen Groß- und Kleinbuchstaben unterschieden. Namen dürfen keine Schlüs-
selwörter überdecken (s. Anhang A) und sollten keine vordefinierten Standard-

namen verbergen (s. Anhang B). Alle Stellen eines Namens sind grundsätzlich
signifikant, doch sind Implementierungsbeschränkungen auf 8 oder 12 signifikante
Stellen möglich.

Beispiel 2-3:   gültige Namen

U, x, PSC_2, Personalnummer, Personalnummernzusatz

Vorsicht, zwischen den letzten beiden Namen wird u.U. nicht unterschieden.   ♦

Beispiel 2-4:   ungültige Namen

_a1, x&y, Englisch/Deutsch, BEGIN   ♦

Namen sollten so gewählt werden, daß sie einen Bezug zur bezeichneten Größe
herstellen, z.B. Preis, Studentendaten. Namen sind innerhalb eines Gültigkeits-
bereiches eindeutig zu wählen. Die Syntax für alle Namen ist identisch, in den
Syntaxdiagrammen sind allerdings oft Zusätze, die an die Bedeutung des Namens
erinnern, z.B. Modul Name, G Konst Name (Ganzzahl Konstanten Name), eingetragen.

Entsprechend der modularen Struktur der Sprache kann die Eindeutigkeit von
Namen nur innerhalb eines Moduls gewährt werden (da Module getrennt übersetzt
werden). Ein vollständiger Name besteht also aus Modulname und eigentlichem
Namen.

45a Vollständiger Name

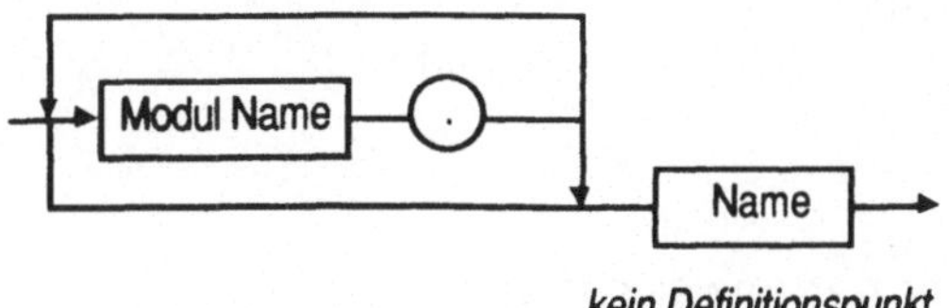

kein Definitionspunkt

In den Diagrammen kann an jeder Stelle, an der ein Name referenziert wird, auch
ein vollständiger Name stehen außer
- in Objektlisten bei Importen und Exporten sowie
- als Laufvariable in Laufanweisungen.

2.3.2   Konstantendefinitionen

Größen, die sich während der Laufzeit eines Programmes nicht ändern, wie z.B.
> mathematische oder physikalische Konstante
> der Zinssatz bei einer Darlehensberechnung
> Grenzen statischer Datenfelder
> feststehende Texte
> Prüfmengen,

sollten als Konstante vereinbart werden, d.h. ihnen wird ein Name zugeordnet, über den sie im Programm angesprochen werden, dessen Wert aber nicht geändert werden kann.

Dies bietet folgende Vorteile:
- erhöhte Lesbarkeit (suggestive Namen wählen!)
- leichte Programmwartung (bei Änderung des Wertes ist nur an einer Stelle eine Änderung des Programmtextes durchzuführen).
- Abkürzung von Texten

9 Konstantendefinition (Konst Def)

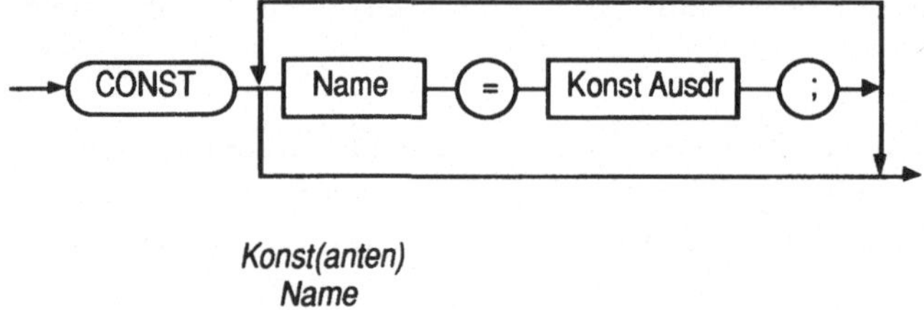

Beispiel 2-5:   Konstantendefinitionen

```
CONST
   Laenge      = 5;
   Flaeche     = Laenge * Laenge;
   pi          = 3.14159265358979323846264338;
   myconst     = pi / 3. * 11.;
   weiter      = "Bitte RETURN Taste drücken";
   Ort         = "76128 Karlsruhe";
   Strasse     = "Kaiserstraße 12";
   Adresse     = Strasse||Ort;
```

Die Zuordnung von Typen zu den Konstanten wird aufgrund der Schreibweise entschieden. Dabei wird zwischen ganzen und reellen Zahlen unterschieden. Die in Modula-2 sonst vorgenommene Unterscheidung zwischen CARDINAL und INTEGER oder zwischen REAL und LONGREAL unterbleibt. So sind im obigen Beispiel `Laenge` und `Flaeche` sowohl vom Typ CARDINAL als auch INTEGER und `pi` ist gleichzeitig REAL und LONGREAL (siehe Kap. 2.3.4 und 2.5).

Neben den Konstanten für einfache Standardtypen treten in einfachen Programmen auch häufig konstante Zeichenketten (Strings) auf. Das sind in Apostrophe oder Anführungszeichen eingeschlossene Zeichenketten, die hauptsächlich zur kommentierten Ausgabe dienen.

44 String (ST Konstante)

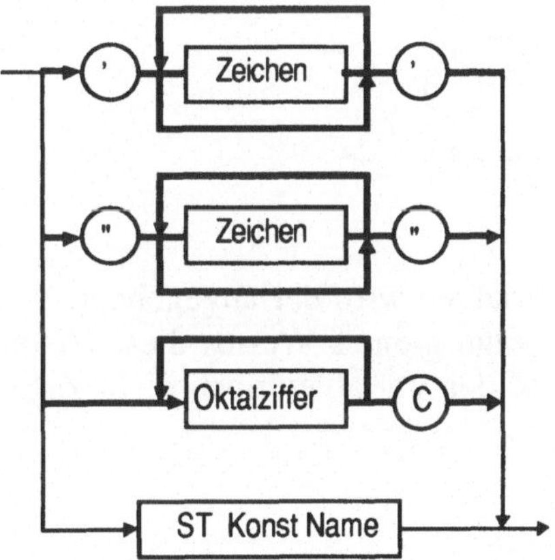

Beispiel 2-6:   Strings zur kommentierten Ausgabe

```
MODULE Quadrat;

VAR Laenge, Flaeche : REAL ;

BEGIN
  WriteString ("Länge eingeben: ");
  ReadReal (Laenge); SkipLine;
  WriteLn;
  Flaeche := Laenge * Laenge;
  WriteString (" Die Fläche des Quadrates ist: ");
  WriteReal (Flaeche, 9)
END Quadrat.
```

2.3.3   Variablenvereinbarung

Größen, die ihren Wert erst zur Laufzeit des Programms erhalten bzw. ihn auch während der Laufzeit ändern können, heißen Variable. Eine solche Variable erhält einen Namen, der in der Variablenvereinbarung bestimmt wird; dabei wird gleichzeitig der Typ der Variable festgelegt, d.h. es wird festgelegt, welche Werte diese Variable überhaupt annehmen kann. Diese Festlegung gilt für das gesamte Programm.

11 Variablenvereinbarung (Var Vereinb)

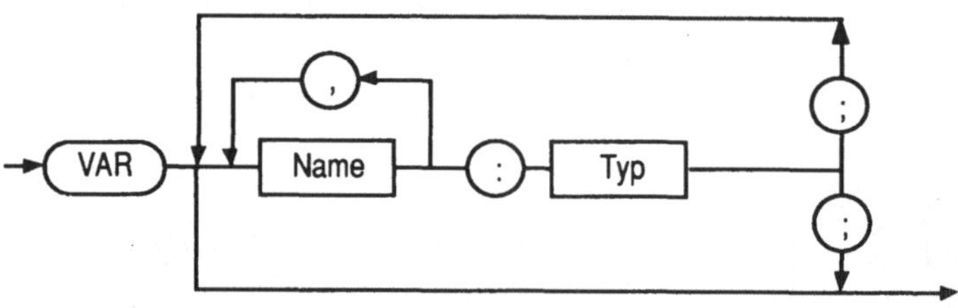

Var(iablen) Name

Allen durch Komma voneinander getrennten Variablen wird der angegebene Typ zugeordnet. Gleichzeitig wird der für die Darstellung eines Wertes dieses Typs benötigte Speicherplatz reserviert. Ein Wert wird der Variablen noch nicht zugewiesen.

Beispiel 2-7:   Variablenvereinbarungen

```
VAR x1, x2   : REAL;
    i ,j     : INTEGER;
    summe    : REAL;
    erfolg   : BOOLEAN;
```

2.3.4   Ausdrücke für einfache Datentypen

In Modula-2 gibt es folgende vordefinierte Standard-Datentypen:

Name	Wertebereich
CARDINAL	Teilbereich der natürlichen Zahlen
INTEGER	Teilbereich der ganzen Zahlen
REAL, LONGREAL	Teilbereiche der reellen Zahlen
CHAR	Zeichensatz; enthält Buchstaben, Ziffern, Leerzeichen, Sonderzeichen
BOOLEAN	logische Werte FALSE und TRUE

Mit Operanden numerischer Datentypen oder vom Typ BOOLEAN können Ausdrücke wie in der Mathematik üblich gebildet werden. Dabei gelten die bekannten Klammer- und Vorrangregeln. Alle Operanden in einem Ausdruck müssen vom gleichen Typ sein. Als Operanden können Variable, Konstante, Funktionsaufrufe oder geklammerte Ausdrücke auftreten. Wir geben in Kapitel 2.5 einen genauen Überblick, welche Ausdrücke für jeden dieser Typen wie gebildet werden können, wie Konstante notiert werden und welches die wichtigsten weiteren Operationen und Funktionen sind.

2.4   Anweisungen

2.4.1   Einfache Ein-/Ausgabeanweisungen

Bevor wir zu den eigentlichen Anweisungen kommen, müssen wir kurz über eine Form von speziellen Prozeduraufrufen sprechen, die im üblichen Sprachgebrauch jedoch Anweisungen genannt werden und unerläßlich zum Schreiben sinnvoller Programme sind: Anweisungen zur Ein- und Ausgabe. Wir werden sie in den späteren Beispielen ständig benötigen.

Es gibt sicherlich nur wenige sinnvolle Programme, die keine einzige Mitteilung nach außen von sich geben. Auch Programme zur Steuerung von Maschinen, zur Überwachung von Prozessen, zur Veränderung oder Sortierung von Datenbeständen kommunizieren mit ihrer Umwelt – nämlich mit den Maschinen oder mit Datenspeichern, von denen sie Daten erhalten und zu denen sie Daten senden. Aus diesem Grund muß jede höhere Programmiersprache Anweisungen zur Ein- und Ausgabe von Daten besitzen. Im Gegensatz zu den meisten üblichen Programmiersprachen wurden im Kern von Modula-2 keine derartigen Anweisungen festgelegt; früher gab es in Modula-2 lediglich Empfehlungen – im wesentlichen die von Wirth [Wir85] –, die eine gewisse Standardisierung der Ein- und Ausgabeanweisungen sicherstellten. Der Vorteil der Nichtstandardisierung dieser Anweisungen liegt darin begründet, daß die Sprache unabhängig bleibt von Rechnern und Peripheriegeräten, von der technologischen Entwicklung, die ständig neue Ein- und Ausgabegeräte hervorbringt und die regelmäßige Anpassung der Standards verlangen würde. Der Nachteil ist sicherlich, daß im Prinzip keine feste Vereinbarung über Syntax und Semantik der Anweisungen existiert und die Portabilität der Programme gering ist.

Ohne genauer auf das Modulkonzept eingehen zu wollen, das uns in den späteren Kapiteln noch beschäftigen wird, müssen wir an dieser Stelle kurz den Mechanismus beschreiben, der uns über das obengenannte Problem hinweghilft: In Modula-2 ist es möglich, aus anderen Programmen Teile zu importieren, die in unserem aktuellen Programm notwendig sind. So kann man den Programmieraufwand reduzieren, da man einmal Geschriebenes wiederverwendet, und man hat die Sicherheit, daß der importierte Programmteil zuverlässig funktioniert, wenn man sich einmal davon überzeugt hat. Um den Anwendungsprogrammierer noch weiter zu entlasten, bieten die meisten Hersteller von Programmentwicklungssystemen schon eine ganze Reihe solcher Programmteile an. Dabei handelt es sich meist um Prozeduren, die, nach Problemklassen in verschiedene Module sortiert, importiert werden können.

Im früheren Quasi-Standard waren das zum Beispiel die Module *InOut* (allgemeine Ein-/Ausgabe), *RealInOut* (Ein-/Ausgabe reeller Zahlen) und *Terminal* (Elementaroperationen zur Ein-/Ausgabe am Terminal). Auch andere, zum Beispiel von der Rechengenauigkeit des Systems abhängige Funktionen, wurden von solchen Modulen zur Verfügung gestellt (z.B. im Modul *MathLib* zahlreiche mathematische Funktionen).

Der neue Standard sieht nun eine viel größere Anzahl von Modulen und Funktionen vor, die vom Programmentwicklungssystem angeboten werden sollten. Diese werden in Kapitel 7 ausführlich besprochen. Eine Auswahl wichtiger Prozeduren wird hier vorweggenommen. Wir halten uns bei der Beschreibung der Module und

Funktionen an die Notationen im Standardi-sierungsvorschlag. Die Programm-beispiele in diesem Buch wurden in p1-Modula geschrieben, einer Implementation dieses Standards. Da sich p1-Modula nicht immer an die vorgegeben Namens-konventionen hält, kann es zu minimalen Änderungen kommen.

Nun zurück zu unserem eigentlichen Ziel, dem Kennenlernen einiger wichtiger Ein- und Ausgabeprozeduren. Diese werden im folgenden kurz charakterisiert:

• **Das Modul STextIO**

`ReadChar (ch)`	liest einen Buchstaben von der Tastatur, gibt ihn am Bildschirm aus und weist ihn der Variablen `ch` (Typ CHAR) zu;
`ReadString (text)`	liest eine Zeichenkette von der Tastatur, gibt sie am Bildschirm aus und weist sie der Variablen `text` (Typ ARRAY OF CHAR) zu; die Eingabe wird i.a. durch ein Steuerzeichen (z.B. das Zeilenende-Zeichen („Return"-Taste)) beendet;
`SkipLine`	überliest alle Zeichen bis zum Anfang der nächsten Zeile;
`WriteChar (ch)`	gibt den Inhalt der Variablen `ch` (Typ CHAR) am Bildschirm aus;
`WriteString (text)`	gibt den Inhalt der Variablen `text` (Typ ARRAY OF CHAR) am Bildschirm aus;
`WriteLn`	schreibt das Zeilenendezeichen ($\Rightarrow$ neue Zeile);

• Das Modul SWholeIO

`ReadCard` `(CardVar)`	liest eine CARDINAL-Zahl von der Tastatur, gibt sie am Bildschirm aus und weist sie der Variablen `CardVar` (Typ CARDINAL) zu;
`ReadInt (IntVar)`	liest eine INTEGER-Zahl von der Tastatur, gibt sie am Bildschirm aus und weist sie der Variablen `IntVar` (Typ INTEGER) zu;
`WriteCard` `  (CardVar, n)`	gibt den Inhalt der Variablen `CardVar` (Typ CARDI-NAL) am Bildschirm aus;
`WriteInt` `  (IntVar, n)`	gibt den Inhalt der Variablen `IntVar` (Typ INTEGER) am Bildschirm aus;

• Das Modul SRealIO

`ReadReal (x)`	liest eine reelle Zahl von der Tastatur, gibt sie am Bildschirm aus und weist sie der Variablen x (Typ REAL) zu;
`WriteReal (x, n)`	gibt den Inhalt der Variablen x als reelle Zahl mit n Druckpositionen aus (vgl. Kapitel 2.5.2);

Die Prozeduren werden folgendermaßen in ein Programm importiert: Nach dem Modulkopf (`MODULE Programmname;`) folgen beliebig viele Importlisten. Allgemein sieht ein IMPORT folgendermaßen aus:

6 Import

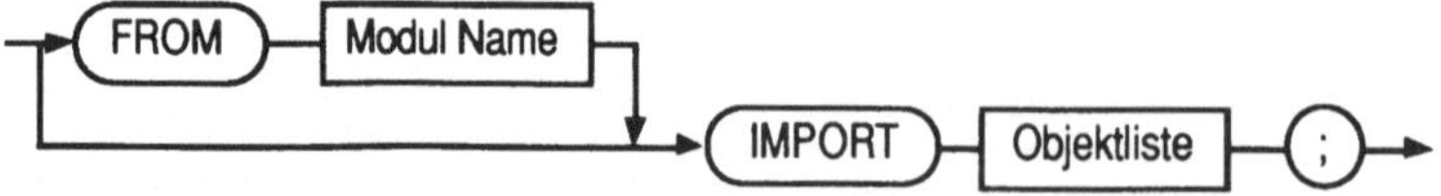

Möchte man also ins Programm `MeinProgramm` die Prozeduren `WriteLn` und `WriteString` des Moduls `STextIO` sowie die Funktionen `Sin` und `Cos` von `RealMath` importieren, so schreibt man:

```
MODULE MeinProgramm;

FROM STextIO IMPORT WriteLn, WriteString;
FROM RealMath IMPORT sin, cos;
```

Ein einfaches Programm, welches Ein-/Ausgabeanweisungen enthält, sahen wir schon in Beispiel 1-4 a.

2.4.2   Wertzuweisung

38-1 Wertzuweisung

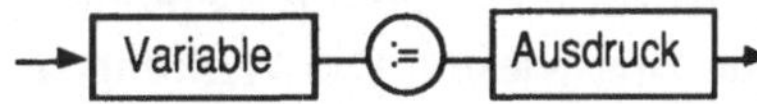

Durch die Wertzuweisung kann einer Variablen der Wert eines Ausdrucks zugewiesen werden. Die Syntax dieser Anweisung kann direkt dem obenstehenden Syntaxdiagramm entnommen werden. Variable und Ausdruck werden durch das Zuweisungssymbol : = voneinander getrennt.

Komplizierter hingegen sind die Regeln zur Bildung von Ausdrücken, die in Kapitel 2.5 besprochen werden. Beispiele sind:

*   arithmetische Ausdrücke:

    a + b + c   10 * (a + sin (b))   a / 100

*   boolesche (logische) Ausdrücke:

    TRUE   FALSE   a AND b   NOT p   (x AND y) OR z

*   Vergleichsausdrücke:

    x <= y   b > 10   (p AND q) = r   x = y

*   Zeichen(ketten)ausdrücke:

    'A'   'y'   ""   "Modula-2 von Wirth"

Beachte: "" ist eine leere Zeichenkette

Die obengenannten Ausdrucksarten unterscheiden sich im Typ des Ergebnisses des Ausdrucks, wobei bei den arithmetischen Ausdrücken noch weiter unterschieden wird. Für die Korrektheit einer Wertzuweisung müssen Variable und Ausdruck zuweisungskompatibel sein. Dieser Begriff wird in Kapitel 2.7 noch genauer definiert. Vereinfacht dargestellt heißt zuweisungskompatibel, daß Ausdruck und Variable vom gleichen Typ sind. Ausnahmen bilden INTEGER-, CARDINAL- und ARRAY OF CHAR-Variablen. Bei INTEGER- und CARDINAL-Variablen hat der Programmierer sicherzustellen, daß nicht eine negative Zahl einer CARDINAL-Variablen zugewiesen wird. ARRAY OF CHAR-Variablen dürfen konstante Zeichenketten zugewiesen werden (siehe Kapitel 3.2.6).

Eine Wertzuweisung wird dabei folgendermaßen abgearbeitet: Zunächst wird der Ausdruck der rechten Seite ausgewertet und das Ausdrucksergebnis berechnet, dann wird dieser Wert der Variablen der linken Seite zugewiesen. Die Wirkung sei an folgenden Beispielen veranschaulicht:

- `Volumen := Grundflaeche * Hoehe`
  Der ursprüngliche Wert von `Volumen` wird durch das Ergebnis der Berechnung von `Grundflaeche * Hoehe` ersetzt.

- `beta := beta * beta`
  Der ursprüngliche Wert von `beta` wird mit sich selbst multipliziert. Das Ergebnis wird der Variablen `beta` zugewiesen. Somit wurde `beta` quadriert.

2.4.3   Fallunterscheidungen

Aufgabe:
Es soll die Ergebnisliste einer Klausur ausgegeben werden. In einem Teil des Ausgabeprogramms muß aus der bekannten Punktezahl die Note ermittelt und ausgegeben werden (die Punktezahl sei immer ganzzahlig).

Schema:

Punktezahl	Note
>= 100	1
[80 – 100)	2
[60 – 80)	3
[40 – 60)	4
< 40	5

Algorithmus Benotung1:   Eingabe Punkte $\in$ IN; Ausgabe Note
  1. falls Punkte >= 100 schreibe ("Note 1")
    sonst: 2. falls Punkte >= 80 schreibe ("Note 2")
       sonst: 3. falls Punkte >= 60 schreibe ("Note 3")
          sonst: 4. falls Punkte >= 40 schreibe ("Note 4")
             sonst: schreibe ("Note 5")

Algorithmus Benotung2:   Eingabe Punkte $\in$ IN; Ausgabe Note
  1. falls 0 <= Punkte <= 39   schreibe ("Note 5")
  2. falls 40 <= Punkte <= 59   schreibe ("Note 4")
  3. falls 60 <= Punkte <= 79   schreibe ("Note 3")
  4. falls 80 <= Punkte <= 99   schreibe ("Note 2")
  5. sonst schreibe ("Note 1")

Es ist sofort ersichtlich, daß zur Bearbeitung dieser Aufgabenstellung „Fälle" zu unterscheiden sind. Zur Lösung bieten sich zwei Wege an. Der erste ist die Verwendung der IF-Anweisung, der zweite bedient sich der CASE-Anweisung.

• **Die IF-Anweisung**

Sie besitzt folgende Syntax:

38-2 IF-Anweisung

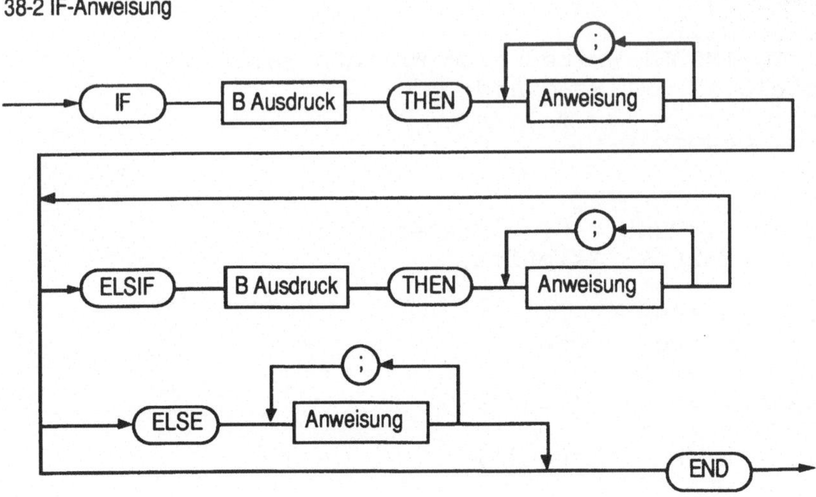

Bei der Verwendung der IF-Anweisung sind folgende Regeln zu beachten:

- Auf die Anweisungsfolge hinter THEN darf beliebig oft das Schlüsselwort ELSIF (wiederum gefolgt von einem auszuwertenden Ausdruck, dem Schlüsselwort THEN sowie einer Anweisungsfolge) angegeben werden.
- Nach dem IF/THEN-Zweig bzw. dem letzten ELSIF kann das Schlüsselwort ELSE, gefolgt von einer Anweisungsfolge angegeben werden.
- Das Ergebnis jedes Ausdrucks nach IF oder ELSIF muß vom Typ BOOLEAN sein.
- Der Ausdruck vom Typ BOOLEAN hinter IF wird ausgewertet. Ist der Wert TRUE, so wird die Anweisungsfolge hinter THEN ausgeführt. Ist der Wert FALSE, so wird, falls ein ELSIF-Zweig vorhanden ist, solange der jeweilige Ausdruck hinter dem folgenden ELSIF ausgewertet, bis einer den Wert TRUE liefert. Die auf dieses ELSIF folgende Anweisungsfolge wird ausgeführt. Liefern alle Ausdrücke den Wert FALSE oder ist kein ELSIF vorhanden, so wird, falls ein ELSE vorhanden ist, diese Anweisungsfolge ausgeführt.

Folgendes Programm löst somit die obige Aufgabenstellung:

Beispiel 2-8:   IF-Anweisung

```
MODULE Benotung1;
FROM STextIO IMPORT WriteString,WriteLn,SkipLine;
FROM SWholeIO IMPORT ReadCard;

VAR Punkte: CARDINAL;

BEGIN
  WriteString ("Punktzahl eingeben: ");
  ReadCard (Punkte); SkipLine;
  WriteLn;
  IF Punkte >= 100
  THEN WriteString ("Note 1")
  ELSIF Punkte >= 80
  THEN WriteString ("Note 2")
  ELSIF Punkte >= 60
  THEN WriteString ("Note 3")
  ELSIF Punkte >= 40
  THEN WriteString ("Note 4")
  ELSE WriteString ("Note 5")
  END (* IF *)
END Benotung1.
```

◆

Mit Hilfe der IF-Anweisung war es möglich, die obige Aufgabenstellung zu lösen, allerdings nicht ohne geringen Schreibaufwand. Die syntaktische Redundanz, die die Fallunterscheidungsäste `ELSIF Punkte >= xx THEN` verursachten, läßt sich durch die CASE-Anweisung vermeiden:

- **Die CASE-Anweisung**

Sie besitzt folgende Syntax:

38-3 CASE-Anweisung

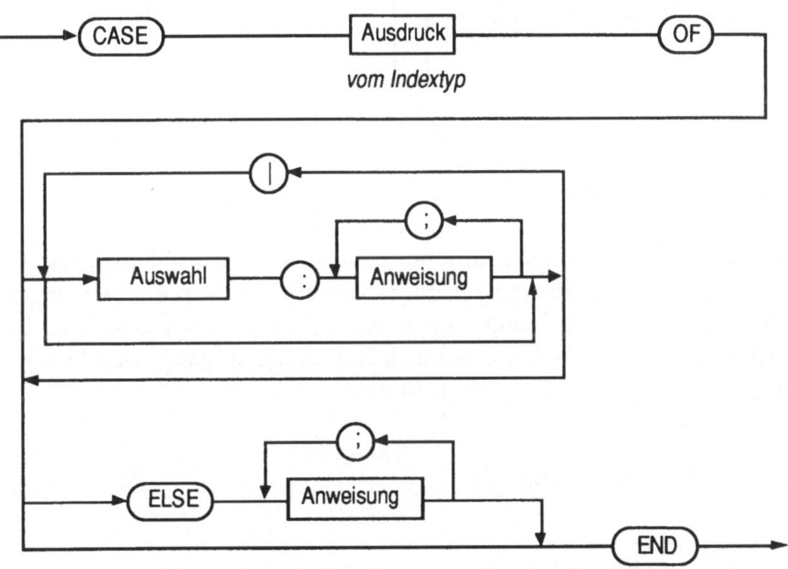

Bei der Verwendung einer CASE-Anweisung sind folgende Regeln zu beachten:
- Eine CASE-Anweisung beginnt mit dem Schlüsselwort CASE, dem ein Ausdruck und das Schlüsselwort OF folgen.
- Der Ausdruck darf von einem der Datentypen CARDINAL, INTEGER, BOOLEAN, CHAR, Unterbereichstyp oder Aufzählungstyp (siehe Kapitel 2.6) sein.
- Dem Schlüsselwort OF folgt eine Aufzählung aller Fälle, die in Abhängigkeit vom Wert des Ausdrucks ausgeführt werden sollen. Die Fälle werden durch das Zeichen „ | “ voneinander getrennt.
- Jeder Fall beginnt mit einer Liste von Konstanten oder Wertebereichen. Jeder darin vorkommende Konstantenausdruck muß mit dem CASE-Ausdruck ausdruckskompatibel sein (siehe Kapitel 2.7). Jeder Wert darf höchstens einmal in derselben CASE-Anweisung vorkommen.

- Im ELSE–Zweig können Aktionen angegeben werden, die ausgeführt werden sollen, wenn kein Fall eintritt (wenn kein Fall eintritt und ELSE nicht vorhanden ist, dann entsteht ein Laufzeitfehler).
- Jeder Auswahlmarke (Case Label) und dem ELSE (das auch wegfallen kann) dürfen beliebig viele Anweisungen (auch keine) folgen.
- Die CASE-Anweisung wird mit dem Schlüsselwort END abgeschlossen.

18 Auswahl

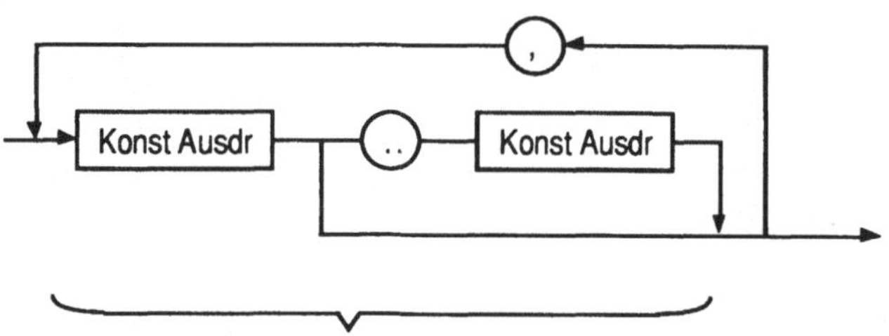

Auswahlmarken von einem Indextyp

Bei der Ausführung der CASE-Anweisung wird zuerst der Auswahlausdruck ausgewertet. Anschließend werden die Anweisungen des diesem Wert entsprechenden Falles ausgeführt. Ist kein ELSE-Zweig vorhanden und ist der Wert in keinem Fall enthalten, so erfolgt ein Fehlerabbruch. Somit läßt sich die eingangs beschriebene Problemstellung durch folgendes Programm lösen:

Beispiel 2-9:   CASE-Anweisung

```
MODULE Benotung2;
FROM STextIO IMPORT WriteString,WriteLn,SkipLine;
FROM SWholeIO IMPORT ReadCard;

VAR Punkte: CARDINAL;

BEGIN
  WriteString ("Punktzahl eingeben: ");
  ReadCard (Punkte); SkipLine;
  WriteLn;
  CASE Punkte OF
     0..39: WriteString ("Note 5")
  | 40..59: WriteString ("Note 4")
  | 60..79: WriteString ("Note 3")
  | 80..99: WriteString ("Note 2")
  ELSE WriteString ("Note 1")
  END (* CASE *)
END Benotung2.
```

Beispiel 1-4 b: Menüsteuerung mit CASE-Anweisung

Die Menüsteuerung in unserem Telefonbuchbeispiel wird mit Hilfe einer CASE-Anweisung gelöst.

```
. . .
ReadChar (c); SkipLine;
CASE c OF
   "Z","z"  : ListeHer (TBuch);
 | "H","h"  : EintragHinzu (TBuch);
 | "F","f"  : NummerHer (TBuch);
 | "B","b"  : (* leere Anweisung *)
ELSE WriteString ("Falsche Eingabe")
END; (* CASE *)
. . .
```

Für Z, H oder F oder die entsprechenden Kleinbuchstaben wird eine Prozedur aufgerufen (siehe Kapitel 4); falls B oder b eingegeben wird, wird keine Aktion ausgeführt (leere Anweisung); bei jedem anderen Zeichen erfolgt eine Fehlermeldung.

2.4.4 Wiederholungsanweisungen

Wiederholungsanweisungen dienen dazu, Anweisungsfolgen auszuführen, solange (oder bis) bestimmte Bedingungen erfüllt bzw. nicht erfüllt sind. Höhere Programmiersprachen besitzen hierzu meist Konstrukte für Wiederholungsanweisungen mit vorangestelltem Test (WHILE) bzw. nachgestelltem Test einer Bedingung (REPEAT) und mit einer festen, zur Laufzeit bestimmbaren Anzahl von Schleifendurchgängen (FOR). Darüberhinaus bietet Modula-2 die Möglichkeit einer einfachen Schleife (LOOP), in deren Anweisungsfolge mindestens eine Anweisung eingebettet sein muß, die zum Verlassen der Schleife führt (EXIT).

* **vorangestellter Test (WHILE)**

Die WHILE-Anweisung wird dazu verwendet, einen Algorithmus in Modula-2 zu implementieren, bei dem eine Folge von Anweisungen wiederholt ausgeführt werden soll. Dabei wird bereits vor der ersten Ausführung des Schleifenrumpfs geprüft, ob die Bedingung erfüllt ist. Daher bietet sich die WHILE-Schleife für solche Anwendungsfälle an, in denen der Schleifenrumpf nicht unbedingt ausgeführt werden muß.

Aufgabe:
Es ist der größte gemeinsame Teiler (ggT) zweier natürlicher Zahlen zu be-
stimmen. Verwendet werden soll der Euklidische Algorithmus, der bereits in
Beispiel 1-6 vorgestellt wurde:

Algorithmus ggT: Eingabe m, n $\in$ IN; Ausgabe ggT (m, n)
        1. falls m < n, so tausche m und n
        2. r := m mod n
        3. Wiederhole, solange r $\neq$ 0
            (a) m := n, n := r
            (b) r := m mod n
        4. ggT := n

Die Syntax der WHILE-Anweisung lautet:

38-4 WHILE-Anweisung

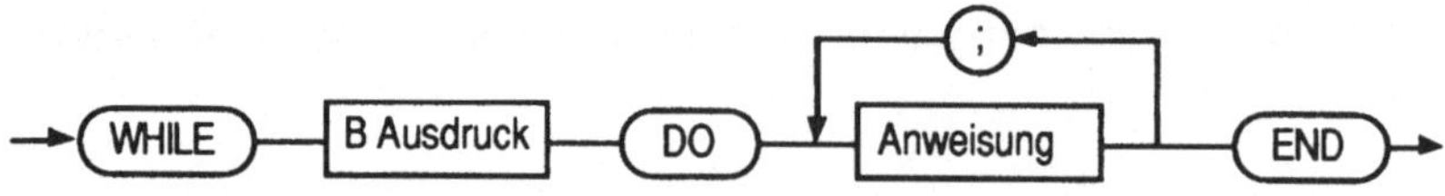

Ausführung der WHILE-Anweisung:
Der vorangestellte boolesche Ausdruck wird ausgewertet. Hat er den Wert TRUE,
wird die Anweisungsfolge im Schleifenrumpf abgearbeitet. Nach der letzten
Anweisung wird die WHILE-Anweisung erneut ausgeführt. Unser obiges
Problembeispiel läßt sich somit folgendermaßen lösen:

Beispiel 2-10: WHILE-Anweisung

```
MODULE BerechneGGT;

VAR     m,n, ggT  : CARDINAL;
        r, hilf   : CARDINAL;

BEGIN
  IF m < n
  THEN
    hilf    := m;
    m       := n;
    n       := hilf (* vertausche n und m *)
  END; (* IF *)
  r := m MOD n;
```

```
WHILE r <> 0 DO
   m := n;
   n := r;
   r := m MOD n
END; (* WHILE *)

   ggT := n
END BerechneGGT.
```

• nachgestellter Test (REPEAT)

Die REPEAT-Anweisung ermöglicht dem Programmierer die Implementation eines Algorithmus', bei dem eine Folge von Anweisungen solange ausgeführt werden soll, bis eine bestimmte Bedingung erfüllt ist.

Aufgabe:

In unserem Telefonbuchbeispiel wählt der Benutzer bekanntlich durch Eingabe eines bestimmten Buchstabens (Z(eigen), H(inzufügen), F(inden) oder B(eenden)) aus, welchen Menüpunkt er auswählen möchte. Dabei wird nicht zwischen Groß- und Kleinschreibung unterschieden. Es soll ein Programmabschnitt realisiert werden, der erst verlassen wird, wenn der Benutzer einen gültigen Buchstaben eingegeben hat. Falscheingaben sind mit einer Fehlermeldung zu quittieren.

Algorithmus Schleife:
1. setze ok
2. lies c
3. wenn c kein gültiger Buchstabe ist:
   - (a) setze ok zurück
   - (b) schreibe ("Unzulässige Auswahl")
4. wiederhole 1, 2, 3 solange, bis ok gesetzt ist

Die REPEAT-Anweisung hat folgende Syntax:

38-5 REPEAT-Anweisung

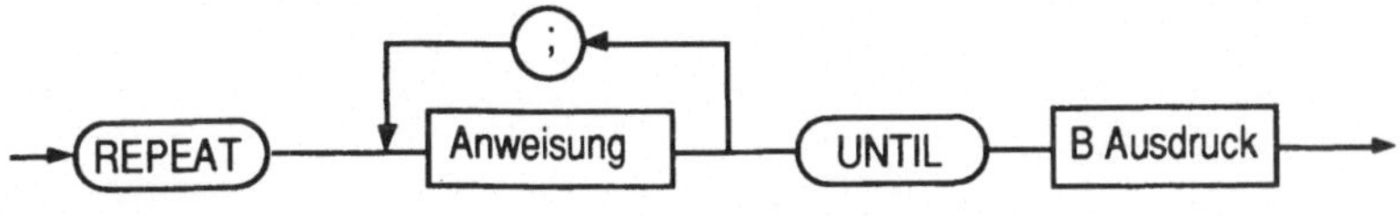

Ausführung der REPEAT-Anweisung:
Die Anweisungsfolge im Schleifenrumpf wird ausgeführt. Anschließend wird der boolesche Ausdruck ausgewertet. Ist das Ergebnis dieser Auswertung der Wert

TRUE, so ist die Abarbeitung der Schleife beendet, ist das Ergebnis der Wert
FALSE, so wird die Schleife erneut abgearbeitet. Die Schleife wird also auf jeden
Fall einmal durchlaufen.

Unser obiges Problem läßt sich somit folgendermaßen lösen:

Beispiel 1-4 c: REPEAT-Anweisung

```
REPEAT
  ok := TRUE;
  ReadChar (c); SkipLine;
  WriteLn;
  IF NOT    ((c = "Z") OR (c = "z") OR
            (c = "H") OR (c = "h") OR
            (c = "F") OR (c = "f") OR
            (c = "B") OR (c = "b"))
  (* Diese Abfrage wird später verbessert *)
  THEN
    ok := FALSE;
    WriteString ("Unzulässige Auswahl");
    WriteLn
  END (*IF*)
UNTIL ok;
```

Eine Transformation zwischen REPEAT- und WHILE-Schleife kann folgendermaßen vorgenommen werden:

*   **Umwandlung von WHILE nach REPEAT:**

    ```
    WHILE b DO s END
    ```

    $\Leftrightarrow$

    ```
    IF b THEN
        REPEAT s UNTIL NOT b
    END
    ```

- **Umwandlung von REPEAT nach WHILE:**

REPEAT s UNTIL b

$\Leftrightarrow$

 — Codeverdopplung:
```
s;
WHILE NOT b DO s END
```

 — Schaltervariable:
```
Looping := TRUE;
WHILE Looping DO
    s;
    Looping := NOT b
END
```

- **Schleife mit bestimmter Anzahl von Durchgängen (FOR)**

Die FOR-Anweisung dient dazu, einen Algorithmus darstellen zu können, in dem eine (spätestens zur Laufzeit des Programms) bekannte Anzahl von Schleifendurchläufen ausgeführt werden soll.

Aufgabe:
Es soll eine Liste der ersten n Quadratzahlen (ab 1) ausgegeben werden; n ist vom Benutzer zu erfragen.

Algorithmus Quadratzahlen: Eingabe $n \in \mathbb{N}$; Ausgabe $1^2 \dots n^2$
   1. lies n
   2. für i von 1 bis n führe aus:
    (a) schreibe i;
    (b) schreibe i*i;

Die FOR-Anweisung besitzt folgende Syntax:

38-7 FOR-Anweisung

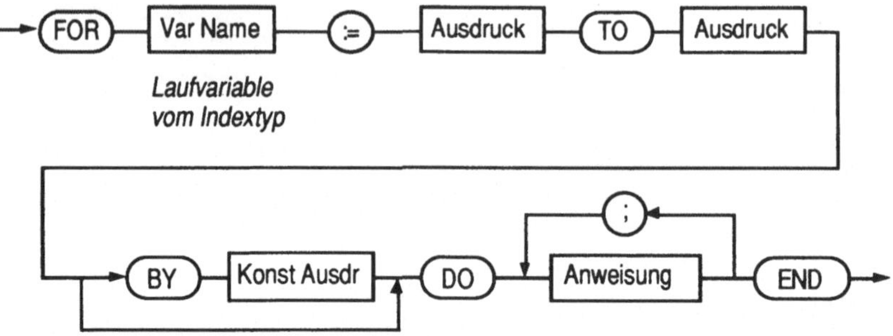

Die Ausdrücke nach : = und TO müssen mit der Laufvariablen ausdruckskompatibel sein (auch dieser Begriff wird in Kapitel 2.7 näher erläutert; grundsätzlich heißt ausdruckskompatibel, daß alle Operanden den gleichen Typ oder den gleichen Grundtyp besitzen). Die Schrittweite (positive oder negative Veränderung ($\neq 0$) des Wertes der Laufvariablen) wird durch den Ausdruck nach BY bestimmt; die Angabe der Schrittweite ist optional, Standard ist 1. Die Laufvariable darf im Rumpf verwendet, aber nicht verändert werden.

Die Wirkung der FOR-Anweisung kann durch die WHILE-Anweisung folgendermaßen simuliert werden:

```
FOR x := A TO E BY Konst DO
  S
END;
```

$\Longleftrightarrow$

```
x := A;
WHILE ((Konst > 0) AND (E >= A) AND (x <= E))
      OR ((Konst < 0) AND (E <= A) AND (x >= E)) DO
  S;
  x := x + Konst
END;
```

Diese WHILE-Schleife ist allerdings nicht äquivalent zu der FOR-Schleife, weil bei dieser nach Beendigung der Wert der Laufvariablen undefiniert ist und die Laufvariable nie einen Wert außerhalb des Bereiches von A bis E annimmt.

Mit Hilfe der FOR-Anweisung läßt sich unser obiges Problembeispiel folgendermaßen lösen:

Beispiel 2-11:   FOR-Anweisung

```
...
WriteString ("Geben Sie die höchste");
WriteString ("zu quadrierende Zahl ein: ");
ReadCard (n); (* ohne Eingabeprüfung *)
SkipLine;
WriteLn;

FOR i := 1 TO n DO
  WriteCard (i,3);
  WriteString ("    ");
  WriteCard (i * i, 5);
  WriteLn;
END (* FOR *)
...
```

- **einfache Schleife (LOOP)**

Die LOOP-Anweisung dient dazu, Anweisungen so lange wiederholen zu können,
bis eine bestimmte Bedingung erfüllt ist. Der Test, ob diese Bedingung erfüllt ist,
kann dabei (auch mehrfach) an beliebigen Stellen in der Schleife erfolgen. Das
Verlassen der Schleife geschieht durch die EXIT-Anweisung, die nur innerhalb der
LOOP-Anweisungsfolge verwendet werden darf und dort sinnvollerweise
mindestens einmal steht.

38-9 EXIT-Anweisung

Bedeutung: Beendigung der (innersten) LOOP-Schleife.

Aufgabe:
Der Computergroßhandel Peek & Poke möchte auf einer Messe zu Werbezwecken einen Computer laufen lassen. Dieser soll im 30-Sekunden-Takt zwei Werbeseiten anzeigen und jederzeit auf Tastendruck das Werbeprogramm verlassen können, damit er für andere Zwecke zur Verfügung steht.

Lösungsidee :
    Schleife
        zeige erste Seite
        falls Eingabe innerhalb von 30 Sekunden,
            dann verlasse Schleife
        zeige zweite Seite
        falls Eingabe innerhalb von 30 Sekunden,
            dann verlasse Schleife
    Schleifenende

Die Syntax der LOOP-Anweisung lautet:

38-6 LOOP-Anweisung

Beispiel 2-12:   LOOP-Anweisung

Es existiere die Funktion eingabein30s, die 30 Sekunden lang auf einen Tastendruck wartet und folgende Werte annehmen kann:

$$\text{eingabein30s} = \begin{cases} \text{TRUE} & \text{falls Tastendruck} \\ \text{FALSE} & \text{sonst} \end{cases}$$

```
MODULE Werbung;

FROM STextIO IMPORT Write, WriteString, WriteLn;
FROM NochzuSchreiben IMPORT eingabein30s,
                (* geeignete Warteroutine *)
                     CLS;
                (* löscht den Bildschirm *)
```

```
BEGIN
  LOOP
    (* Ausgabe 1. Bildschirmseite mit Werbung *)
    CLS();    (* Bildschirm löschen *)
    WriteString
      ("Schauen Sie sich diesen Rechner an.");
    WriteLn;
    WriteString
      ("Es gibt nichts, was der nicht kann.");
    WriteLn;
    IF eingabein30s() THEN
      EXIT
    END(*IF*);

    (* Ausgabe 2. Bildschirmseite mit Werbung *)
    CLS();
    WriteString
      ("Drum sollten Sie ihn rasch erwerben,");
    WriteLn;
    WriteString
      ("Dann freuen sich auch Ihre Erben!!");

    IF eingabein30s() THEN
      EXIT
    END(* IF *);
  END(* LOOP *)
END Werbung.
```

◆

2.4.5   Die leere Anweisung

Die leere Anweisung hat keine Wirkung. Sie dient nur dazu, Stellen im Programm
korrekt zu gestalten, an denen keine Aktion erwünscht ist, syntaktisch aber eine
Anweisung stehen muß (siehe Beispiel 1-4 b).

2.4.6   Ausnahmebehandlungsteil

Während der Programmausführung auftretende Laufzeitfehler führen in der Regel
zu einem Programmabbruch. Dies kann unter Umständen sehr unangenehm sein,
man denke z.B. an das Einlesen langer Zahlenkolonnen am Bildschirm. Entweder
ist der Einlesealgorithmus sehr sorgfältig zu entwerfen, so daß alle unzulässigen
Zeichen vorher abgefangen werden oder ein einziger Tippfehler führt zum Programmabbruch und die gesamte bisherige Eingabe muß wiederholt werden.

Um solchen Fällen vorzubeugen und dem Programmierer auch im Ausnahme-(oder Fehler-)fall die Kontrolle zu überlassen, kann ein Block am Schluß einen Ausnahmebehandlungsteil besitzen. Dieser ist eine durch das Wortsymbol EXCEPT eingeleitete Anweisungsfolge, zu der das Programm verzweigt, falls eine Ausnahme auftritt. Ein kontrolliertes Verlassen des Blocks oder auch eine erneute Ausführung des normalen Anweisungsteils kann hier spezifisch für jede Ausnahme vorgesehen werden.

Um diese Möglichkeit voll ausnutzen zu können, müssen einige Systemmodule importiert werden. Wir verzichten hier auf ein Beispiel. In Kapitel 7.2.3 vertiefen wir die Möglichkeit zur Ausnahmebehandlung.

2.5 Einfache Standardtypen

Zunächst wird hier ein kurzer Überblick über die einfachen Datentypen gezeigt:

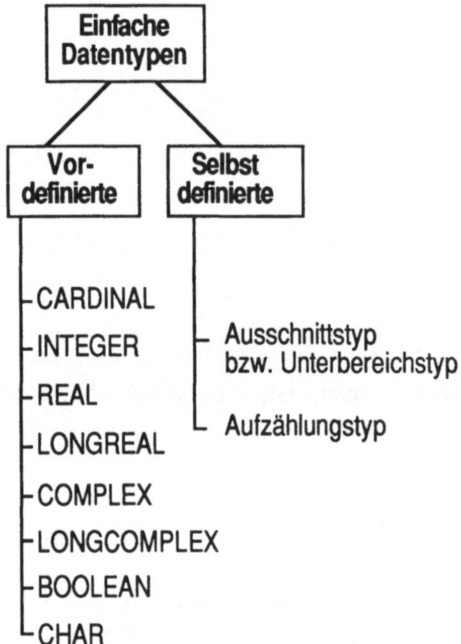

Abbildung 2-1:   Einfache Datentypen

In den folgenden Abschnitten stellen wir die Syntax und Semantik der Ausdrücke und Konstanten für die einfachen Standarddatentypen CARDINAL und INTEGER, REAL und LONGREAL sowie BOOLEAN und CHAR zusammen. Da die Standardprozeduren vieler dieser Typen ähnlich sind, werden sie gesondert in einem einzigen Abschnitt für alle Typen behandelt.

2.5.1   Die Typen CARDINAL und INTEGER

23 [Konst] Ganzzahliger Ausdruck (G Ausdr)

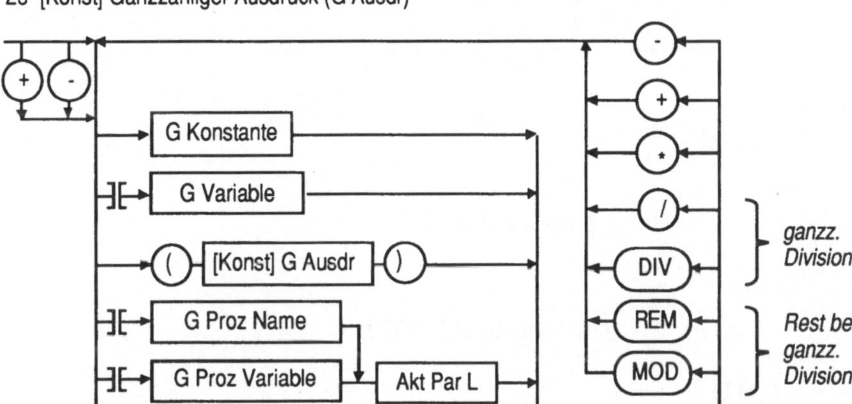

Die einzelnen Operanden (Konstante, Variable und Funktionsergebnisse) müssen auch in einem ganzzahligen Ausdruck vom gleichen Typ, d.h. entweder INTEGER oder CARDINAL sein. Ein CARDINAL-Ausdruck darf nicht mit „-" beginnen und muß als Ergebnis einen Wert größer oder gleich 0 liefern.

40 G Konstante

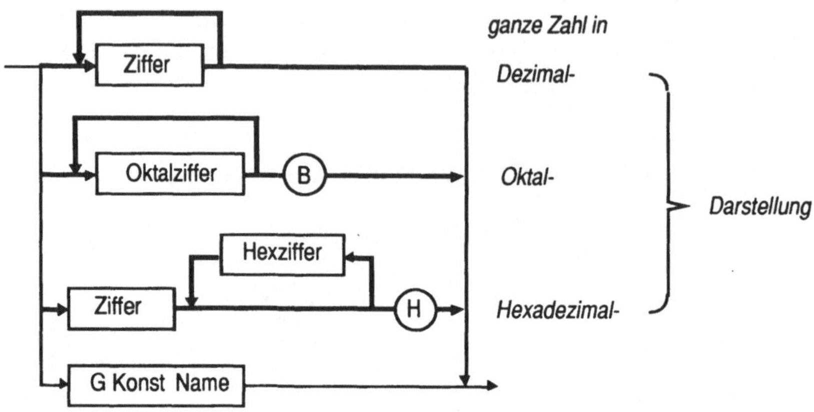

Beispiel 2-13:   ganzzahlige Konstanten

gültig   1715

              13AFH   (Hexadezimal $\triangleq$ 5039)

ungültig   100 D   ♦

Ganzzahlige Konstanten sind dabei sowohl vom Typ CARDINAL als auch vom Typ INTEGER.

Die Operatoren +, -, * berechnen die exakte mathematische Verknüpfung, falls das Ergebnis darstellbar ist. + und - trennen stärker als die übrigen Operatoren. Gleichrangige Operatoren werden von links nach rechts ausgewertet. DIV berechnet die ganzzahlige Division im mathematischen Sinn, d.h. es wird immer zur nächstkleineren Zahl gerundet. MOD bezeichnet den Rest bei der Division mit DIV. / dagegen entspricht den gängigen Divisionsalgorithmen, d.h. es wird zur betragsmäßig kleineren Zahl gerundet; REM bezeichnet den entsprechenden Rest.

Es gilt   x = y * (x / y) + x REM y
und   x = y * (x DIV y) + x MOD y.

Bei REM gilt: "x REM y" und "x" haben gleiches Vorzeichen; bei MOD ist "x MOD y" stets nicht-negativ, außerdem muß y größer 0 sein.

Der Unterschied zwischen DIV und / wird deutlich bei der Anwendung dieser Operatoren auf negative Zahlen:

op	31 op 10	31 op (-10)	(-31) op 10	(-31) op (-10)
/	3	-3	-3	3
REM	1	1	-1	-1
DIV	3	nicht möglich	-4	nicht möglich
MOD	1	nicht möglich	9	nicht möglich

Für die Ein- bzw. Ausgabe stehen im Modul *SWholeIO* folgende Prozeduren zur Verfügung:

`ReadInt (x)`	Liest INTEGER-Zahl x ein
`ReadCard (x)`	Liest CARDINAL-Zahl x ein
`WriteInt (x, n)`	schreibt eine INTEGER-Zahl rechtsbündig in ein Feld mit mindestens n Plätzen
`WriteCard (x, n)`	schreibt eine CARDINAL-Zahl rechtsbündig in ein Feld mit mindestens n Plätzen

Die Standardprozeduren

`INC (x, n)`	`x := x + n`
`INC (x)`	`x := x + 1`
`DEC (x, n)`	`x := x - n`
`DEC (x)`	`x := x - 1`

stehen wie bei den übrigen Indextypen zur Verfügung.

Außerdem gibt es die Funktionen

`ABS, MAX, MIN`	Absolutbetrag, Maximum, Minimum
`TRUNC, INT, FLOAT, LFLOAT`	Wandlung von und nach Datentypen REAL/LONGREAL
`ORD, CHAR`	Wandlung von und nach CHAR
`HIGH, LENGTH, SIZE, VAL`	siehe Kapitel 2.6.3

2.5.2   Die Typen REAL und LONGREAL

24 [Konst] R Ausdruck (R Ausdr)

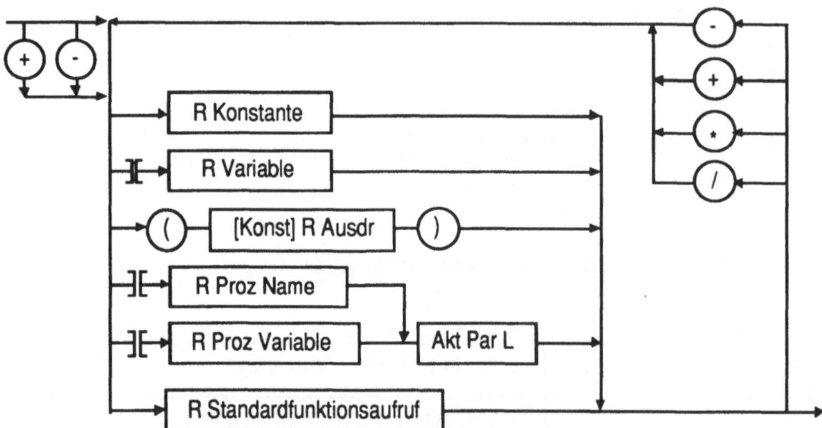

Die einzelnen Operanden müssen vom gleichen Typ sein, insbesondere dürfen keine ganzzahligen Konstanten auftreten! Bei der Auswertung von Ausdrücken gelten die üblichen Prioritätsregeln (Punkt vor Strich). Operatoren gleicher Priorität werden von links nach rechts ausgewertet. REAL- und LONGREAL-Zahlen stellen einen Teilbereich der reellen Zahlen dar.

41 R Konstante

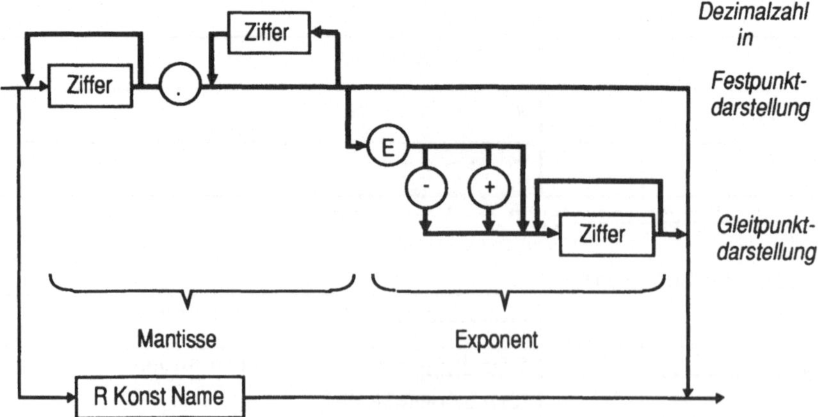

Konstante können dabei – je nach Bedarf – als vom Typ REAL oder LONGREAL angesehen werden. Bei der Angabe von Konstanten im Programm oder bei der

Eingabe wird das Dezimalsystem verwendet; die Zahl der signifikanten Ziffern, d.h. der Mantissenziffern außer führenden Nullen ist nicht beschränkt. Intern wird jedoch stets ein Zahlsystem mit fester, beschränkter Anzahl von signifikanten Mantissenziffern verwendet. Dadurch kommt es bei der Rechnung in der Regel zu sogenannten Rundungsfehlern. Die arithmetischen Operationen liefern also nur eine Approximation des entsprechenden reellen Ergebnisses. Da meist im Dual- oder Hexadezimalsystem gerechnet wird, treten auch bei der Ein- und Ausgabe Fehler auf.

Der Typ LONGREAL weist mehr signifikante Ziffern auf als der Typ REAL, und auch der Exponentenbereich kann größer sein. Liefert eine arithmetische Operation ein Ergebnis, dessen Exponent größer als der größte Exponent des Datentyps sein müßte, so wird ein Fehler (Exponentenüberlauf) ausgelöst. Ist der Exponent dagegen zu klein (Unterlauf), so wird – implementierungsabhängig – die betragskleinste Zahl oder 0 als Ergebnis gesetzt.

Beispiel 2-14:   gültige REAL Ausdrücke

```
mit: VAR x, y, z : REAL
     x + y * z
     2.05E7 - (z / (x + 0.11) - 0.0004)
     2. * y
```

Beispiel 2-15:   ungültige REAL Ausdrücke

```
2 * x       (2  ist ganzzahlig)
2.x         (*  fehlt)
2.* (x      ( ) fehlt)
```

Beispiel 2-16:   Rundungsfehler bei REAL-Zahlen

Nur für dieses Beispiel gelte ein 2-stelliges Dezimalsystem mit größtem Exponenten 10 und kleinstem -10.

```
0.45 + 0.44E-1 = 0.49    1.0/3.0       = 0.33
1.0E5 - 10.0   = 1.0E5   1.0/3.0 * 3.0 = 0.99
```

• Standardprozeduren und -funktionen

ABS(x)	|x|
TRUNC(x)	wandelt eine REAL-Zahl in eine CARDINAL-Zahl um; Nachkommastellen werden abgeschnitten; bei Bereichsüberschreitungen, also insbesondere bei negativen Zahlen, ist das Ergebnis nicht definiert. **Beispiel:** TRUNC(22.4/3.0) = 7 TRUNC(+17.7) = +17 TRUNC(17.3) = +17
FLOAT(x)	**wandelt** INTEGER **oder** CARDINAL **in** REAL **um**

• Standardfunktionen aus Modul RealMath

sqrt(x)	liefert die Quadratwurzel von x. **Beispiel:** sqrt(16.) = 4.0
exp(x)	liefert den Wert der Exponentialfunktion „e hoch x". **Beispiel:** exp(1.) = 2.7182818
ln(x)	liefert den natürlichen Logarithmus von x. **Beispiel:** ln(4.) = 1.3862943
sin(x)	liefert den Sinus des im Bogenmaß angegebenen Winkels x. **Beispiel:** sin(3.141592653589793/2.) = 1.0
cos(x)	liefert den Cosinus des im Bogenmaß angegebenen Winkels x. **Beispiel:** cos(3.141592653589793) = -1.0
arctan(x)	liefert den Winkel im Bogenmaß zum Tangenswert x. **Beispiel:** arctan(0.054886) = 0.05483

- **Prozeduren aus Modul SRealIO zur Ein-/Ausgabe**

`ReadReal(x)`	liest eine REAL-Zahl ein.
`WriteReal(x,n)`	schreibt eine REAL-Zahl in ein Feld mit n Stellen (s.u.).

Bedeutung von n bei `WriteReal(Zahl,n)`:

$n = 0$ die Zahl wird in wissenschaftlicher Schreibweise (mit Mantisse und Exponent) und mit einer implementationsabhängigen Anzahl von signifikanten Ziffern geschrieben.

$n > 0$ wenn die Zahl in Fließkommaschreibweise in einem n Stellen breiten Feld dargestellt werden kann, so wird sie (evtl. gerundet) in dieser Breite geschrieben. Andernfalls wird sie in wissenschaftlicher Schreibweise mit so vielen signifikanten Ziffern dargestellt, daß die gesamte Ausgabe maximal n Stellen umfaßt.

Beispiele:

```
(0.0003, 0)    →    3.0000E-4
(0.0003, 1)    →    0
(0.0003, 6)    →    0.0003
( 1.56, 2)     →    2.
( 1.56, 5)     →    1.560
(-1.56, 5)     →    -1.56
```

Entsprechende Standardfunktionen und -prozeduren stehen auch für den Typ LONGREAL zur Verfügung.

Beispiel 2-17:   Ausgabe von REAL-Werten

```
MODULE RealZahl;
(*  liest eine reelle Zahl ein und druckt
    die Quadratwurzel des Absolutwertes, den Sinus
    und den Cosinus der Zahl aus  *)

FROM STextIO IMPORT
  ReadChar, ReadString, WriteChar, WriteLn, WriteString,
  SkipLine;

FROM SWholeIO IMPORT
  ReadInt, ReadCard, WriteInt, WriteCard;

FROM SRealIO IMPORT ReadReal, WriteReal;
```

```
FROM RealMath IMPORT sqrt, sin, cos;

(* globale Deklarationen *)
VAR zahl : REAL;   (* eingelesene Zahl *)
    ch   : CHAR;

BEGIN
  (* Zahl einlesen *)
  WriteLn;
  WriteString ("Bitte geben Sie eine reelle Zahl ein: ");
  ReadReal(zahl); SkipLine;
  (* Zahl ausgeben *)
  WriteLn;
  WriteString("Die eingegebene Zahl lautet: ");
  WriteReal(zahl,13);
  (* Quadratwurzel des Absolutwertes ausgeben *)
  WriteLn;
  WriteString("Quadratwurzel des Absolutwertes:");
  WriteReal(sqrt(ABS(zahl)),13);
  (* Sinus der Zahl ausgeben *)
  WriteLn;
  WriteString("Sinus der Zahl: ");
  WriteReal(sin(zahl),13);
  WriteString("Cosinus der Zahl: ");
  WriteReal(cos(zahl),13);
  (* Programm anhalten, indem auf die Eingabe von RETURN
     gewartet wird *)
  SkipLine
END RealZahl.
```

◆

2.5.3   Die Typen COMPLEX und LONGCOMPLEX

Zusätzlich zu den Typen REAL und LONGREAL sind im neuen Standard die
Typen COMPLEX und LONGCOMPLEX zur Approximation von komplexen
Zahlen vorgesehen. Eine komplexe Zahl kann mittels der Standardfunktion
CMPLX aus zwei reellen Zahlen, die Real- und Imaginärteil angeben, zusammen-
gesetzt werden. Auf den Real- bzw. Imaginärteil kann durch die Standard-
funktionen RE bzw. IM zugegriffen werden.

Die vier mathematischen Grundverknüpfungen sind für komplexe Zahlen definiert, Standardfunktionen werden in den Modulen `ComplexMath` bzw. `Long-`
`ComplexMath` erklärt. Vergleich auf Gleichheit oder Ungleichheit ist möglich.

Wir behandeln in diesem Buch keine Beispiele mit den Standardtypen und -funk-
tionen zu komplexen Zahlen.

2.5.4 Der Typ BOOLEAN

Objekte vom Typ BOOLEAN können zwei verschiedene Werte annehmen: TRUE, FALSE. Boolesche Ausdrücke dienen als Schleifenkontrolle und steuern den Ablauf durch Verzweigungen.

• **Ausdrücke**

25 [Konst] B Ausdruck (B Ausdr)

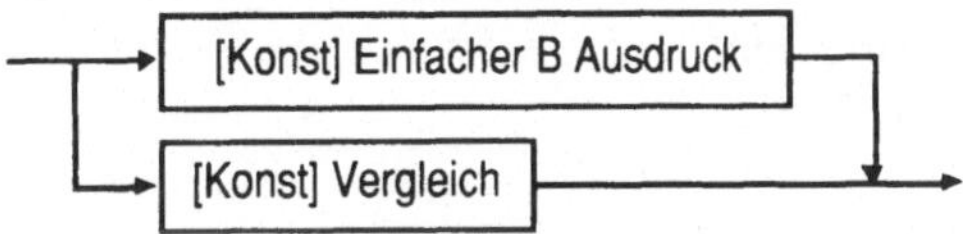

26 [Konst] Einfacher B Ausdruck

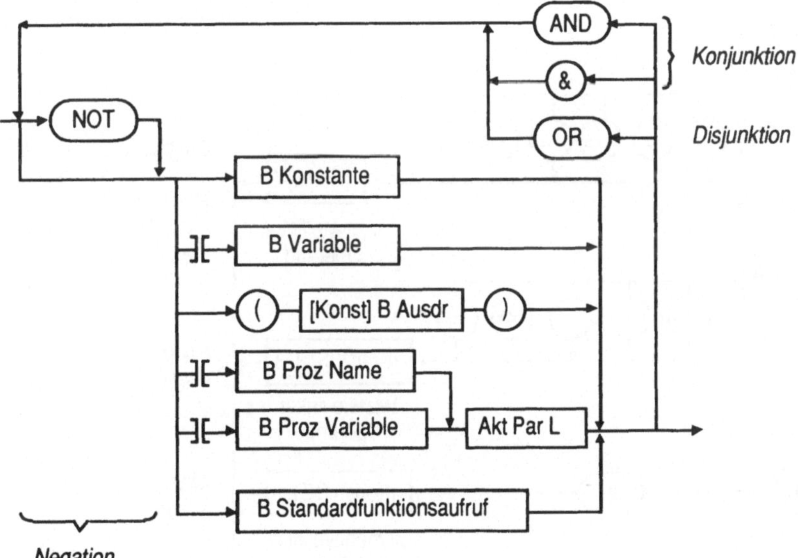

 — AND, & bezeichnen das logische Und:
   a & b ist nur wahr (TRUE), falls a wahr und b wahr
 OR bezeichnet das Oder:
   a OR b ist falsch (FALSE), falls a falsch und b falsch
 NOT bezeichnet die Negation:
   NOT a ist wahr, falls a falsch
 — Die Rangfolge des Auswertens ist NOT vor AND/& vor OR; ansonsten werden logische Ausdrücke von links nach rechts ausgewertet.

— Die Auswertung endet, sobald das Ergebnis feststeht. Das heißt: im Fall einer Konjunktion wird der rechte Operand nicht ausgewertet, falls der linke falsch ist, das Ergebnis ist *falsch*; im Fall einer Disjunktion wird der rechte Operand nicht ausgewertet, falls der linke wahr ist, das Ergebnis ist *wahr*.

Beispiel:
Bei der Auswertung des Ausdrucks

    (x / y < 1.0) OR (y = 0.0)

tritt ein Laufzeitfehler auf, wenn y = 0.0 ist. Dieser läßt sich durch Umstellung der Teilausdrücke vermeiden:

    (y = 0.0) OR (x / y < 1.0)

— Die Ein-/Ausgabe von Wahrheitswerten ist nicht möglich.

27 [Konst] Vergleich

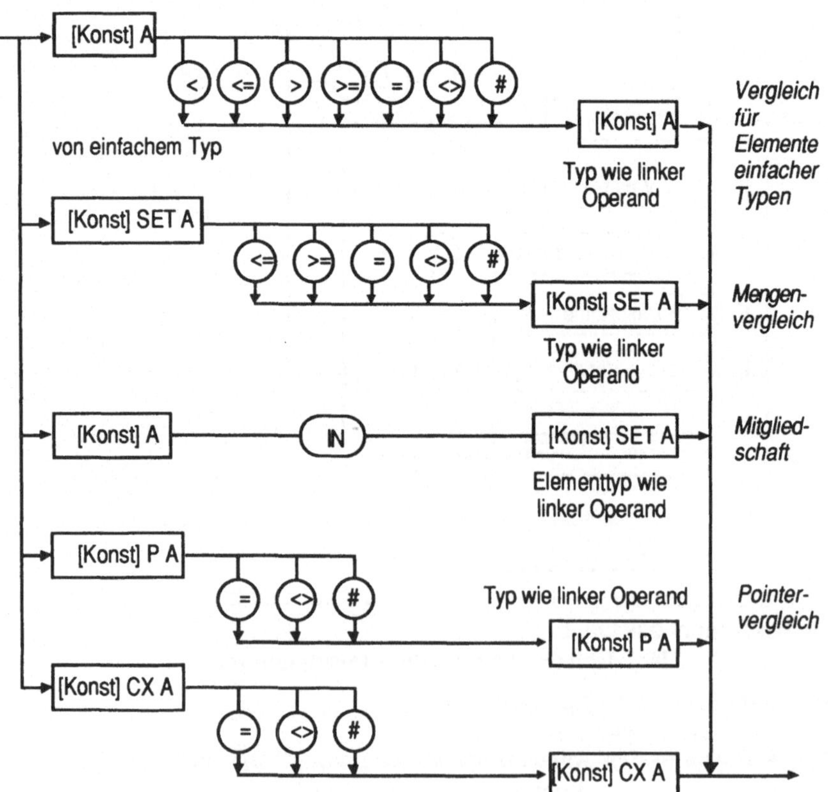

— Vergleiche liefern als Ergebnis einen Wahrheitswert, sind also Ausdrücke vom Typ BOOLEAN.

— Ein Vergleich ist konstant, wenn beide Operanden konstant sind.

— Im ersten, zweiten und vierten Zweig müssen beide Operanden ausdruckskompatibel sein.

— Für den ersten Zweig sind nur die einfachen Datentypen CARDINAL, INTEGER, REAL, LONGREAL, CHAR und BOOLEAN oder Aufzählungstypen zugelassen.

Beispiel 2-18:   gültige boolesche Ausdrücke

```
VAR x,y  :  REAL;
    b    :  BOOLEAN;
...
  NOT b
  TRUE OR b     (* immer wahr    *)
  FALSE AND b  (* immer falsch *)
  x > y
  (y <> 0.0) & (x/y < 10.0) (* kein Fehler "Division
       durch Null",auch wenn Y = 0.0 (s.o.) *)
```

2.5.5   Der Typ CHAR

28 [Konst] CH Ausdruck (CH Ausdr)

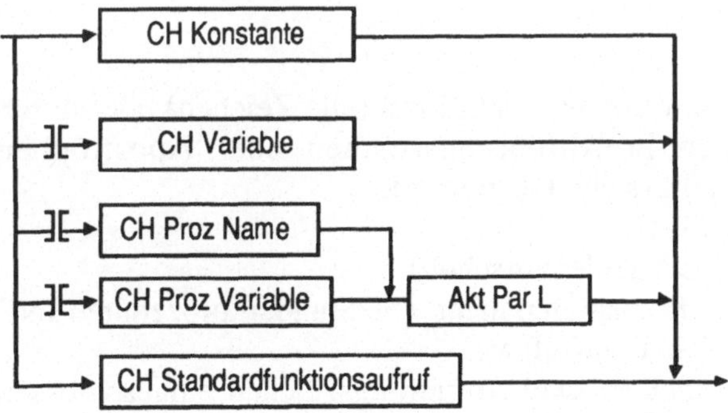

Der Typ CHAR enthält die Zeichen des Alphabets. CHAR steht also für *character* (Zeichen).

Es gibt üblicherweise druckbare Zeichen, die für die Ein- und Ausgabe von Text verwendet werden (z.B. „A", „7", „&") und nicht druckbare Steuerzeichen zur Steuerung oder für Graphikausgabe (z.B. **eol** (end of line, Zeilenendezeichen)).

Der Zeichensatz muß mindestens die Buchstaben (Groß- und Kleinschreibung)
sowie die Ziffern und alle in einem Programm auftretenden Sonderzeichen
enthalten. Gebräuchliche Zeichensätze sind **ASCII** (American Standard Code for
Information Interchange) und **EBCDIC** (Extended Binary Coded Decimal
Interchange Code). Alle Zeichen des Zeichensatzes sind angeordnet; dabei gelten
folgende Teilordnungen:

$$0 \; < \; 1 \; < \; .. \; < \; 9,$$
$$A \; < \; B \; < \; .. \; < \; Z,$$
$$a \; < \; b \; < \; .. \; < \; z.$$

Die einzelnen Bereiche für Ziffern, Groß- bzw. Kleinbuchstaben trennen sich und
liegen im ASCII-Zeichensatz dicht. Üblicherweise enthält der Zeichensatz 256
Zeichen, die von 0 bis 255 numeriert sind. Diese „Ordinalzahl" bestimmt die
Ordnung und kann zur Darstellung **aller** Zeichen im Oktalsystem verwendet
werden. So lassen sich auch nicht druckbare Zeichen einlesen bzw. ausgeben. Im
Anhang C befindet sich eine Tabelle aller Zeichen des ASCII-Codes mit der
zugehörigen Ordinalzahl.

43 CH Konstante

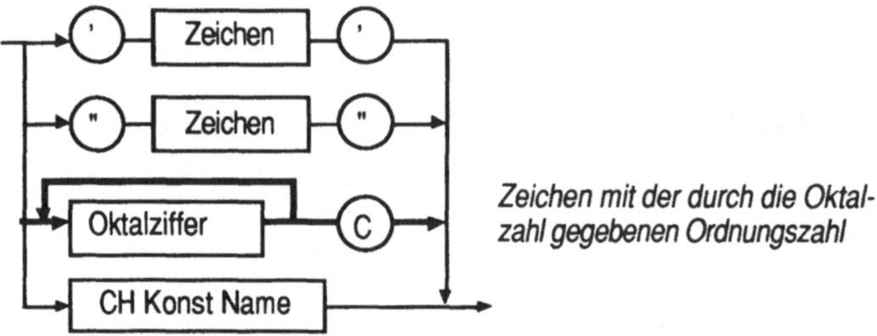

*Zeichen mit der durch die Oktal-
zahl gegebenen Ordnungszahl*

- Konstanten vom Typ CHAR werden in Oktalform (alle Zeichen) oder durch
  das entsprechende Zeichen in Anführungszeichen oder Apostrophen
  (druckbare Zeichen) dargestellt (siehe Diagramm).
  Beispiel: "L" oder 'L' oder 114C
         12C für LF (line feed, Zeilenvorschub)
- Operatoren für den Typ CHAR existieren nicht. Die Standardprozeduren INC
  und DEC sind für den Typ CHAR aufrufbar.
- Ein Apostroph als Zeichen muß in zwei Anführungszeichen eingeschlossen
  werden und umgekehrt.

Beispiel:

INC (x)	x_{vor} INC (x) x_{nach}
	A B 0 1 c d
INC (x, n)	x_{vor} INC (x,4) x_{nach} A E 0 4
DEC (x), DEC (x, n)	(analog)

◆

Neben den für alle einfachen Typen existierenden Standardfunktionen, die in Abschnitt 2.5.5 zusammengefaßt sind, gibt es für CHAR die Funktionen CAP und CHR; dabei wandelt CAP (ch), falls das Buchstabenzeichen von ch ein Kleinbuchstabe ist, dieses in den entsprechenden Großbuchstaben um.

Beispiel 2-19:   Die Funktion CAP (ch)

```
VAR ch1, ch2: CHAR;
...
  ch1 := "a";
  ch2 := CAP(ch1);
  (* ch2 = "A" *)
...
```
◆

Die Funktion CHR (x) wandelt den Ausdruck x $(0 \leq x \leq 255)$ in ein Zeichen mit entsprechender Ordinalzahl um.

Beispiel 2-20:   Die Funktion CHR (x)

```
VAR ch : CHAR;
...
  ch := CHR(65);
  (*ch = "A" *)
...
```
◆

• Ein-/Ausgabe von Zeichen

(Prozeduren aus Modul STextIO)

ReadChar (x)	liest ein Einzelzeichen und weist es der in Klammern stehenden Variablen zu; am Bildschirm wird nichts angezeigt.
WriteChar (x)	schreibt ein Einzelzeichen. **Beispiel:** WriteChar(ch) WriteChar("A")

Beispiel 2-21:   Die Funktion ORD(ch)

```
MODULE Ordinal;
(* liest ein Zeichen ein und gibt dessen
   Ordinalzahl aus *)
FROM STextIO IMPORT (* Importliste *)
  ReadChar, WriteCard, WriteLn, WriteString, SkipLine;

VAR char : CHAR;  (* eingelesenes Zeichen *)

BEGIN
  (* Zeichen einlesen *)
  WriteLn;
  WriteString("Bitte geben Sie ein Zeichen ein: ");
  ReadChar(char); SkipLine;
  WriteLn;
  (* Ausgabe der Ordinalzahl des Zeichens *)
  WriteString("Ordinalzahl: ");
  WriteCard(ORD(char),5);
  (* Programm anhalten, indem auf die Eingabe von RETURN
     gewartet wird *)
  SkipLine;
END Ordinal.
```

♦

2.6   Typdefinition

In Modula-2 ist es möglich, über die in Kapitel 2.5 genannten Standardtypen hinaus in vielfältiger Weise Typen selbst zu definieren. Wir wollen hier auf zwei einfache Typklassen näher eingehen: Aufzählungstypen und Unterbereichstypen (eines anderen Typs). Kompliziertere Strukturen werden in einem späteren Kapitel besprochen.

Typen werden im Typdefinitionsteil eines Programms definiert. Dieser kann in einem Programm an beliebiger Stelle des Vereinbarungsteils stehen; er kann auch mehrfach auftreten. Meist befindet er sich nach der Konstantendefinition und vor der Variablendeklaration.

Die Typdefinition besitzt folgende Syntax:

Ausschnitt aus: 10 Typdefinition (Typ Def)

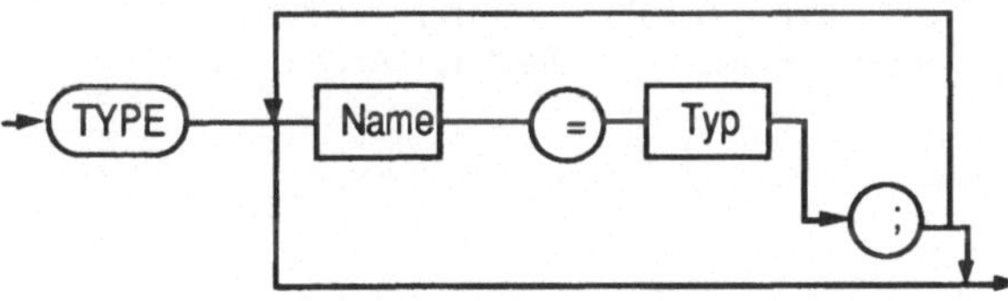

Typ Name

Einem Namen (Name) wird ein bestimmter Typ zugeordnet. Dieser Name kann bei einer weiteren Typdefinition oder Variablendeklaration stellvertretend für die mitunter umfangreiche Typbeschreibung verwendet werden. Darüberhinaus sind bestimmte Regeln zu beachten, die die Kompatibilität von Variablen und Ausdrücken betreffen; diese Regeln werden im Kapitel 2.7 besprochen.

2.6.1   Aufzählungstypen

Ein Aufzählungstyp ist ein Datentyp, dessen Wertebereich durch die Aufzählung aller seiner Werte in einer geordneten Liste definiert wird. Die Reihenfolge der Werte ist für einige Funktionen von Bedeutung. Die Werte sind spezielle Konstanten, die durch ihren Namen identifiziert werden. Die Verwendung von Werten aus anderen Datentypen ist nicht möglich.

Ausschnitt aus: 16 Index Typ

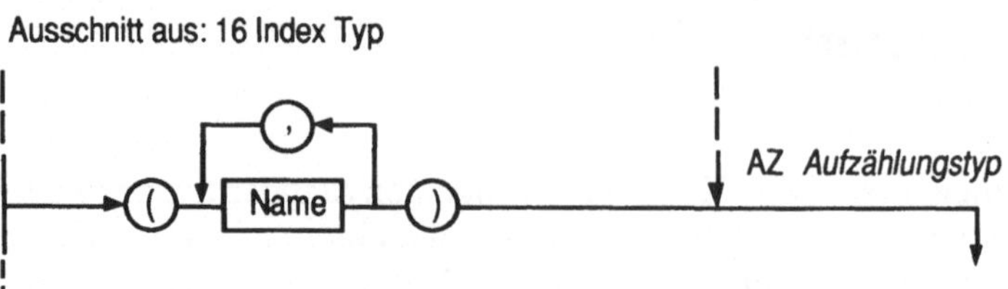

Beispiel 2-22:   Aufzählungstyp-Definitionen

```
TYPE
  Wochentag  =      (Montag, Dienstag, Mittwoch,
                    Donnerstag, Freitag, Samstag,
                    Sonntag);
  Spielkarte =      (Sieben, Acht, Neun, Bube, Dame,
                    Koenig, Zehn, As);
VAR
  Tag:      Wochentag;
  Karte:    Spielkarte;
  (* alternativ: Karte: (Sieben, Acht, Neun, Bube,
                         Dame, Koenig, Zehn, As);*)
```

◆

Bemerkungen:

- Die Namen `Montag`, …, `Sonntag`, `Sieben`, …, `As` **dürfen sonst in keiner Bedeutung vorkommen.**
- TYPE `Karte = (7,8,9,Bube,Dame,Koenig,10,As)` **oder**
  TYPE `Wochentag = (MO, DI, MI, DO, FR, SA, SO);`
  sind **unzulässige** Typdefinitionen.
  (7, 8, 9, 10 sind Zahlen; `DO` ist ein reserviertes Wort)
- wegen der Unterscheidung zwischen Groß- und Kleinschreibung ist hingegen
  TYPE `Wochentag = (Mo, Di, Mi, Do, Fr, Sa, So);` möglich.

Operationen und Aktionen auf einem Aufzählungstyp:

(1) Wertzuweisung

Wertzuweisungen an Variablen des Aufzählungstyps erfolgen wie bei einfachen Datentypen.

Beispiel 2-23:   Wertzuweisung bei einem Aufzählungstyp

(mit der oben angegebenen Typdefinition und Variablendeklaration)

```
...
  Karte := Bube;
  Tag := Sonntag;
...
```
♦

(2) Vergleich

Durch die Reihenfolge der Aufzählung in der Typdefinition ist eine Ordnung auf
der Folge der Werte vorgegeben. Der Vergleich erfolgt gemäß der Stellung in
dieser Anordnung.

Beispiel 2-24:   Vergleich bei einem Aufzählungstyp

```
...
VAR
  Karte1, Karte2: Spielkarte;

BEGIN
  ...
  Karte1:= ...; Karte2:= ...;
  IF Karte1 > Karte2
  THEN WriteString("Karte 1 ist höher als Karte 2")
  ELSIF Karte1 < Karte2
  THEN WriteString("Karte 1 ist niedriger als Karte 2")
  ELSE WriteString("Karte 1 und Karte 2 sind gleich hoch")
  END (*IF*);
  ...
```
♦

(3) Minimum, Maximum

Sei T ein Aufzählungstyp, mit den Werten: $\alpha_0, \alpha_1, \alpha_2, \alpha_3, ..., \alpha_n.$
(in dieser Reihenfolge)

```
MIN(T)
```
= kleinster Wert des Typs T = α_0
```
MAX(T)
```
= größter Wert des Typs T = α_n

Beispiel 2-25: `MIN`, `MAX` bei einem Aufzählungstyp

```
MIN (Spielkarte)
```
liefert Sieben;
```
MAX (Spielkarte)
```
liefert As.
♦

(4) Ordnungszahl- und Wertfunktion

Werte eines Aufzählungstyps sind, bei Null beginnend, numeriert, entsprechend der Reihenfolge in der Typdefinition.

Standardfunktionen zur Ermittlung der Nummer, bzw. des einer Nummer zugeordneten Wertes sind ORD und VAL (siehe Kap. 2.6.3).

Beispiel 2-26:   MIN, MAX und ORD bei einem Aufzählungstyp

```
TYPE
  Spielkarte =    ( Sieben, Acht, Neun, Bube, Dame,
                    Koenig, Zehn, As)
VAR
  Karte : Spielkarte;
BEGIN
  ...
  WriteCard (ORD(MIN(Spielkarte)),2);
  WriteCard (ORD(MAX(Spielkarte)),2);
  (* Ausdrucken der Ordnungszahl *)
  Karte := Neun;
  WriteCard(ORD(Karte),2);
  WriteLn;
  ...
```

(5) Nachfolger- bzw. Vorgängerzuweisung

INC und DEC sind auf Aufzählungstypen T anwendbar (siehe Kapitel 2.6.3). INC(t) mit t $\in$ T liefert den Nachfolger von t, DEC(t) den Vorgänger von t.

Beispiel 2-27:   INC bei einem Aufzählungstyp

```
Karte := Neun;
INC (Karte) ;      (* Karte = Bube *)
```

Beispiel 2-28:   DEC bei einem Aufzählungstyp

```
Karte := Neun;
DEC (Karte,2);     (* Karte = Sieben *)
```

(6) Ein- und Ausgabe von Aufzählungstypen

Die Prozeduren Write.../ Read... sind nur für Standarddatentypen definiert. Daher müssen zur Aus- bzw. Eingabe von Aufzählungstypen eigene Prozeduren geschrieben werden. Die CASE-Anweisung ist dafür ein geeignetes Instrument.

Beispiel 2-29:   Ausgabe von Aufzählungstypen

Die Ausgabe von Variablen des Datentyps Spielkarte kann wie folgt implementiert sein :

```
TYPE
   Spielkarte  = (Sieben, Acht, Neun, Bube, Dame,
                    Koenig, Zehn, As);
VAR Karte : Spielkarte;

BEGIN
   ...
   CASE Karte OF
     Sieben   : WriteString ("Sieben")
   | Acht     : WriteString ("Acht")
   | Neun     : WriteString ("Neun")
   | Bube     : WriteString ("Bube")
   | Dame     : WriteString ("Dame")
   | Koenig   : WriteString ("König")
   | Zehn     : WriteString ("Zehn")
   | As       : WriteString ("As")
   END (*CASE*);
   ...
```

◆

Beispiel 1-4 d: Eingabe von Aufzählungstypen

```
(* Liest einen Buchstaben K, k (KA); W, w (WO); G, g (WÜ)
zur Auswahl einer Stadt ein *)

TYPE Staedte = (Karlsruhe, Worms, Wuerzburg);
VAR s: Staedte;
    c: CHAR;
```

```
BEGIN
  WriteString ("K(arlsruhe), W(orms), (Würzbur)g ");
  WriteLn;
  ReadChar (c); SkipLine;
  WriteLn;
  (*c sei in {"K","k","W","w","G","g"} enthalten *)
  CASE c OF
  | "K","k" : s := Karlsruhe
  | "W","w" : s := Worms
  | "G","g" : s := Wuerzburg
  ELSE WriteString("Falsche Eingabe")
  END (* CASE *)
  ...
```

(7) FOR-Anweisung

Aufzählungstypen können als Laufbereich in einer FOR-Anweisung auftreten:

Beispiel 2-30:   Aufzählungstypen und FOR-Anweisung

Erstellung eines Terminkalenders, der für jeden Tag eine Zeile zur Verfügung
stellt:

```
FOR Tag := Montag TO Sonntag DO
  (* zu ergänzen: Ausgabe des Wochentags mit
     CASE-Anweisung, analog zu Beispiel 2-30 *)
  FOR i:= 1 TO 70 (* Bildschirmbreite *) DO
    Write('_')
  END (* FOR i *);
  WriteLn;
END (* FOR Tag *);
```

2.6.2   Unterbereichstypen

Unterbereichstypen, auch Ausschnittstypen oder Subrange-Typen genannt, stellen
einen Ausschnitt aus bereits bestehenden Grundtypen dar. Mögliche Grundtypen
sind CARDINAL, INTEGER, CHAR, BOOLEAN und alle bereits definierten
Aufzählungstypen. Unterbereichstypen werden definiert, indem zwei Elemente des
Grundtyps durch zwei Punkte getrennt niedergeschrieben werden. Dabei muß das
erste Element eine niedrigere (oder höchstens gleiche) Ordnungszahl (ORD)
besitzen als das zweite Element. Alle nach der für den Grundtyp definierten Ordnung zwischen erstem und zweitem Element liegenden Werte bilden dann den

Wertebereich des Unterbereichstyps. Die Definition wird von eckigen Klammern begrenzt.

16 Index Typ

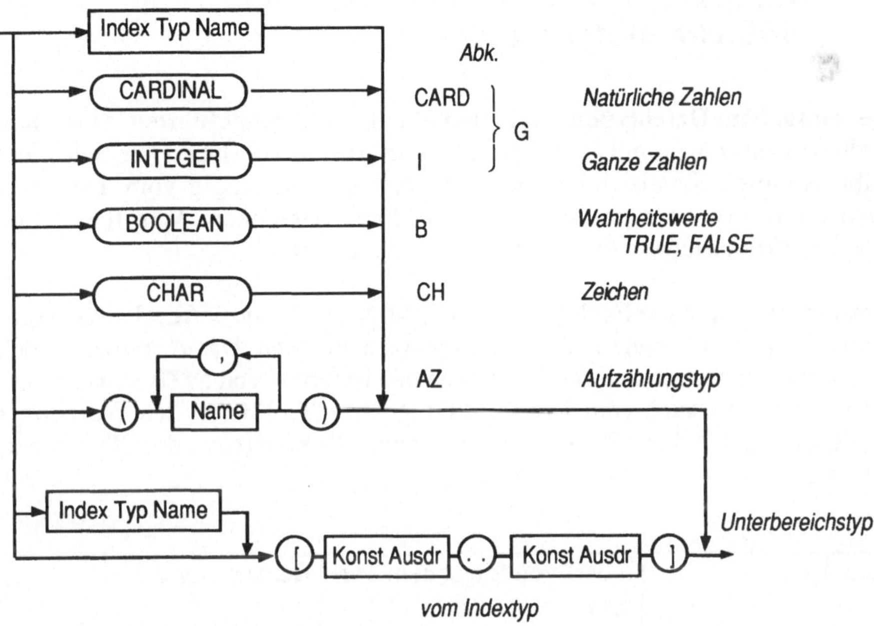

In der Typdefinition dürfen zur Angabe des ersten und letzten Elements nur konstante Ausdrücke verwendet werden. Zur Verdeutlichung des Grundtyps (insbesondere bei Ausschnittstypen aus den positiven ganzen Zahlen: Konflikt CARDINAL–INTEGER) kann vor der eigentlichen Definition der Grundtyp genannt werden.

Beispiel 2-31:   Definitionen von Unterbereichstypen

```
TYPE
   Buchstabe  = ["a".."d"];
   Zahl       = [1..10]; (* Grundtyp CARDINAL *)
   ZahlInt    = INTEGER[1..10];
   Wochentag  = (Mo, Di, Mi, Do, Fr, Sa, So);
   Werktag    = [Mo..Fr];
```

Auf Unterbereichstypen können die gleichen Operationen ausgeführt werden wie auf dem Grundtyp; allerdings dürfen dabei die Bereichsgrenzen nicht überschritten werden.

2.6.3 Standardprozeduren und -funktionen für einfache Datentypen

Für die einfachen Datentypen, das sind die gerade eingeführten einfachen Standardtypen zusammen mit Unterbereichs- und Aufzählungstypen (siehe Kapitel 2.6), gibt es einige Standardfunktionen, die teilweise abhängig vom Typ ihres Arguments ein Ergebnis unterschiedlichen Typs berechnen. Wir fassen die möglichen Funktionsaufrufe in der Tabelle 2-1 zusammen.

Eine Besonderheit sind die Funktionen MAX, MIN, SIZE und VAL, die als Argument nicht Ausdrücke, sondern Typbezeichnungen zulassen. Das Argument x von SIZE muß ein Variablenname sein. Dabei ist das Ergebnis von SIZE sowohl vom Typ CARDINAL als auch vom Typ INTEGER. VAL(T,x) liefert den Wert von x dargestellt im Typ T. Nicht alle Kombinationen von T und x (bzw. dem Typ von x) sind zulässig:

T ist vom Typ:	x darf von folgendem Typ sein:	Bemerkungen:
CARDINAL oder INTEGER	beliebiger einfacher TYP	ist x vom Typ REAL/LONGREAL, so wird VAL(T,x) abgeschnitten, nicht gerundet; *
REAL oder LONGREAL	CARDINAL, INTEGER, REAL oder LONGREAL	der Wert von x wird übernommen
CHAR, BOOLEAN, Aufzählungstyp	CARDINAL, INTEGER oder T	*

*   ist x nicht vom Typ REAL/LONGREAL bzw. CARDINAL/INTEGER, so wird VAL(T,x) gemäß der Ordnungszahl von x bestimmt.

Es gelten die Beziehungen

```
·CHR(x)        = VAL(CHAR, x)
 ORD(x)        = VAL(CARDINAL, x)
 INT(x)        = VAL(INTEGER, x)
 TRUNC(x)      = VAL(CARDINAL, x)
 FLOAT(x)      = VAL(REAL,x)
 LFLOAT(x)     = VAL(LONGREAL, x)
```

FUNKTION	ARGUMENT < x vom Typ T: "x"; Typ T selbst: "T">								ERGEBNIS-TYP	ERGEBNIS
	CARDINAL	INTEGER	REAL	LONGREAL	BOOLEAN	CHAR	AZ	COMPLEX		
ABS(x)	x	x	x	x					Argumenttyp	$|x|$ Absolutbetrag
CAP(x)						x			CHAR	falls x Kleinbuchstabe - entsprechender Großbuchstabe, sonst x
ODD(x)	x	x							BOOLEAN	TRUE falls x ungerade
CHR(x)	x	x							CHAR	x-tes Zeichen
ORD(x)	x	x			x	x	x		CARDINAL	Ordnungszahl von x
INT(x)	x	x	x	x	x	x	x		INTEGER	x als INTEGER
TRUNC(x)			x	x					CARDINAL	x als CARDINAL
FLOAT(x)	x	x	x	x					REAL	x als REAL
LFLOAT(x)	x	x	x	x					LONGREAL	x als LONGREAL
CMPLX(x,y)			x,y						COMPLEX	komplexe Zahl
IM								x	REAL	Imaginärteil
RE								x	REAL	Realteil
MAX(T)	T	T	T	T	T	T	T		T	max $\{x \mid x \in T\}$
MIN(T)	T	T	T	T	T	T	T		T	min $\{x \mid x \in T\}$
SIZE(x) /SIZE(T)	x bel. Variable T bel. Typ (kein offenes Array)								ganzzahlig	Speicherplatzbedarf für x vom Typ T
VAL(T,x)	s. o.								T	x als T
HIGH(A)	A vom offenen Arraytyp								CARDINAL	obere Grenze des Indexbereichs von A
LENGTH(S)	S vom Stringtyp								CARDINAL	Anzahl der Zeichen von S

AZ: Aufzählungstyp

Tabelle 2-1:   Standardfunktionsaufrufe

Beispiel 2-32:   Die Funktion VAL(T,x)

Falls die folgenden Definitionen und Vereinbarungen gelten:

```
TYPE Tage = (So, Mo, Di, Mi, Do, Fr, Sa);
    (* Aufzählungstyp, siehe 2.6.1 *)

TYPE Wochentage = [Mo..Fr];
    (* Unterbereichstyp, siehe 2.6.2 *)

VAR i, j, z : INTEGER;
    r: REAL;
```

und die folgenden Wertzuweisungen durchgeführt werden:

```
i := 42; j := -1; z := 0; r := -2.7;
```

dann liefert die Funktion VAL folgende Ergebnisse:

Ausdruck	Wert	Typ
VAL(CARDINAL,i)	42	CARDINAL
VAL(CARDINAL,j)	Fehler	
VAL(CARDINAL,r)	Fehler	
VAL(INTEGER,i)	42	INTEGER
VAL(INTEGER,r)	-2	INTEGER
VAL(REAL,i)	42.0	REAL
VAL(REAL,TRUE)	Fehler	
VAL(LONGREAL,r)	-2.7	LONGREAL
VAL(CHAR,z)	0C	CHAR

Ausdruck	Wert	Typ
`VAL(CHAR,r)`	Fehler	
`VAL(BOOLEAN,0)`	FALSE	BOOLEAN
`VAL(Tage,5)`	Fr	Tage
`VAL(Wochentage,5)`	Fr	Tage
`VAL(Wochentage,z)`	Fehler	

◆

Hinweise:

- Die Standardfunktionen INT, LFLOAT, CMPLX, IM, RE und LENGTH sind neu. Die anderen wurden teilweise erweitert. Die Funktion SIZE mit Typargument heißt in einigen Implementationen TSIZE.
- Die Standardprozeduren INC und DEC sind für die Indextypen (INTEGER, CARDINAL, BOOLEAN, CHAR und Aufzählungstypen) verfügbar. Dabei erhöht INC (x, n) den Wert von x um n und DEC (x, n) erniedrigt x um n. Fehlt n, so wird n = 1 angenommen.
- Es gilt für x vom Typ T:
  INC (x, n) ist äquivalent zu
  x := VAL (T, VAL(INTEGER, x) + n).
- INC(MAX(T)) bzw. DEC(MIN(T)) haben kein definiertes Ergebnis.
- Ist das aktuelle Argument einer Standardfunktion ein konstanter Ausdruck, so ist auch das Ergebnis konstant.
- Der Ergebnistyp von CMPLX ist COMPLEX, falls beide Argumente vom Typ REAL sind, sonst LONGCOMPLEX.

2.7   Kompatibilität

Typkompatibilität

Wir sahen schon bei der Einführung der Ausdrücke, daß in Modula-2 strenge Regeln bzgl. der Verträglichkeit von verschiedenen Typen in Ausdrücken oder Zuweisungen gelten. Mit der Möglichkeit, neue Typen zu vereinbaren, bieten sich natürlich noch mehr mögliche Kombinationen an. Doch gilt hier erst recht die Forderung nach strenger Typkompatibilität. Wir fassen hier die kompletten Regeln zusammen und beziehen daher auch gleich strukturierte Typen mit ein.

- Zwei Typen sind gleich (identisch), wenn sie in einer Typdefinition gleichgesetzt werden.

- Zwei Typen haben den gleichen Grundtyp, wenn sie Unterbereiche des gleichen Typs sind.

Ausdruckskompatibilität

Alle Operanden in einem Ausdruck haben den gleichen Typ oder den gleichen Grundtyp. Dabei können ganzzahlige Konstanten sowohl als INTEGER als auch als CARDINAL, reelle Konstanten sowohl als REAL als auch als LONGREAL und Zeichenkonstanten sowohl als CHAR als auch als STRING aufgefaßt werden.

Zuweisungskompatibilität

Ein Ausdruck A vom Typ E ist zuweisungskompatibel mit einer Variablen W vom Typ V – d.h. W := A ist möglich – wenn gilt:

- E und V sind gleich oder haben den gleichen Grundtyp.

- V hat Grundtyp CARDINAL, E Grundtyp INTEGER oder umgekehrt.

- V hat Grundtyp CHAR und E ist einelementige oder leere Stringkonstante.

- V ist strukturierter Typ der Form ARRAY [Indextyp] OF CHAR und E ist Stringkonstante kleinerer Länge:

  LENGTH (E) <= MAX(Indextyp) - MIN(Indextyp)

- V ist vom Typ ADDRESS und E ist vom Typ POINTER oder umgekehrt.

Die Zuweisung kann ausgeführt werden, wenn der Wert von A innerhalb des Typs V liegt.

3 Strukturierte Datentypen

3.1 Datenstrukturen

Eine *Datenstruktur* ist eine Zusammenfassung von Datenobjekten einer
einfacheren Struktur (den sogenannten Komponenten) zu einer Einheit, die ebenfalls einen Namen erhält.
Es ist möglich, sowohl auf die einzelnen Komponenten als auch auf die Einheit als
Ganzes zuzugreifen.

In den bisher geschriebenen Programmen wurden die Objekte als unabhängige,
eigenständige Zahlen, Buchstaben oder Wahrheitswerte betrachtet. Lediglich
durch sinnvolle Variablenbenennungen konnten wir einen Zusammenhang darstellen. Größere Datenmengen bedurften mit den bisher bekannten Mitteln einer
Vielzahl von Variablenvereinbarungen. Durch die in Modula-2 gegebenen Möglichkeiten der Namensgebung, insbesondere der Verwendung von Ziffern, ließe
sich dieses Problem noch in den Griff kriegen, aber die Programme wären unübersichtlich und unstrukturiert. So könnte man das Problem, die Durchschnittspunktzahl einer Klausur mit 10 Teilnehmern zu ermitteln und für jeden Teilnehmer die Differenz zu dieser Punktzahl anzugeben, wie folgt lösen:

Beispiel 3-1:   Datenverarbeitung ohne strukturierte Datentypen

Berechnung der Durchschnittspunktzahl und der Abweichungen davon:

   (1)   Vereinbare 10 Noten und 10 Differenzen.

   (2)   Bilde das arithmetische Mittel der 10 Punktzahlen.

   (3)   Berechne die 10 Differenzen.

Das Modula-2-Programm wird hier nur angedeutet, da es allen guten Vorsätzen
der strukturierten Programmierung widerspricht.

```
  :
VAR punkte1,punkte2,...,punkte10: INTEGER;
    diff1,diff2,...,diff10: INTEGER;
  :
BEGIN
  summe := 0;
  ReadInt(punkte1); SkipLine;
  summe := summe + punkte1;
    :
  ReadInt(punkte10); SkipLine;
  summe := summe + punkte10;
  durchschnitt := summe DIV 10;
  diff1 := punkte1 - durchschnitt;
    :
  diff10 := punkte10 - durchschnitt;
    :
```

Wir können keine strukturierte Anweisung verwenden, da zwar die gleiche Aktion mehrfach ausgeführt wird, aber immer mit verschiedenen (unabhängigen) Daten.

◆

Abhilfe bringt hier eine Datenstruktur, die es erlaubt, eine feste Anzahl gleicher Objekte zusammenzufassen. Eine solche Datenstruktur nennt man **Feld** oder auf englisch **Array**.

Bei der Erläuterung der Methode der schrittweisen Verfeinerung haben wir darauf hingewiesen, daß die Strukturierung (Verfeinerung) der Daten mit der Strukturierung des Algorithmus' (der Anweisungen) einhergehen muß. So wird man beim Programmentwurf auf ganz natürliche Weise auf Datenstrukturen wie Tabellen, Listen, Mengen und dergleichen stoßen. Diese Strukturen lassen sich anhand verschiedener Merkmale unterscheiden.

(1) Typ der Komponenten:

- Alle Komponenten sind vom selben Typ (es liegt eine homogene Struktur vor).
- Die Komponenten sind i.a. unterschiedlichen Typs (eine solche Struktur heißt inhomogen oder heterogen).

(2) Anzahl der Komponenten:

- ist fest vorgegeben, steht schon zur Übersetzungszeit fest und bleibt während des Programmablaufs konstant (Datenstruktur ist statisch).
- wird während des Programmlaufs einmal bestimmt, ändert sich dann aber nicht mehr.

- ist variabel, kann sich also innerhalb eines Programmdurchlaufs beliebig verändern (dynamische Liste).

(3) Zugriff auf die Komponenten:

- ist nur in einer bestimmten Reihenfolge möglich (sequentiell).
- ist für jede Komponente direkt möglich
  — über Nummern o.ä. („Index") oder
  — über eigene Namen.
- erfolgt über einen Zugehörigkeitstest, d.h. die Komponenten sind nicht unmittelbar ansprechbar.

Anmerkung: Die Komponenten einer Struktur können im allgemeinen selbst wieder strukturierte Objekte sein.

Bevor wir die einzelnen Datenstrukturen behandeln, schauen wir uns eine Übersicht über die Datentypen an:

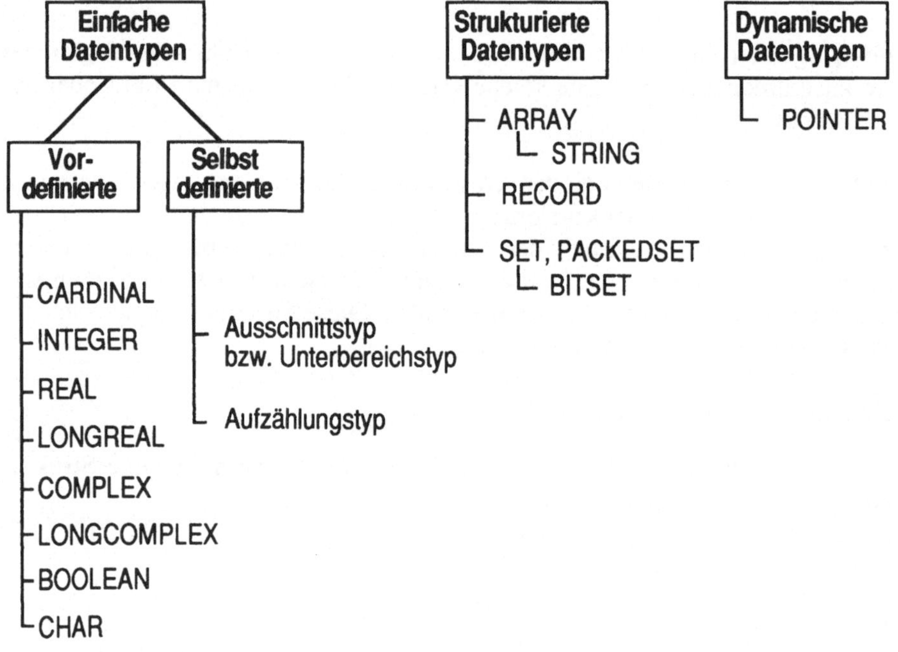

Abbildung 3-1:   Datentypen im Überblick

Beispiel 3-2:   Verschiedene Datentypen: Kartenspiel

Ein Kartenspieler habe nach Verteilung aller Karten zehn Karten auf der Hand. Diese kann man als ein „Feld" aus Elementen desselben Datentyps („Spielkarte") betrachten.

Wir vereinbaren als Datentyp den strukturierten Typ *Skatblatt* als ein Feld aus Spielkarten, wobei der Aufzählungstyp *Spielkarte* wie folgt definiert ist:

Spielkarte = (Sieben, Acht, Neun, Bube, Dame, Koenig, Zehn, As)
Anmerkung: Die „Farbe" soll hier keine Rolle spielen.

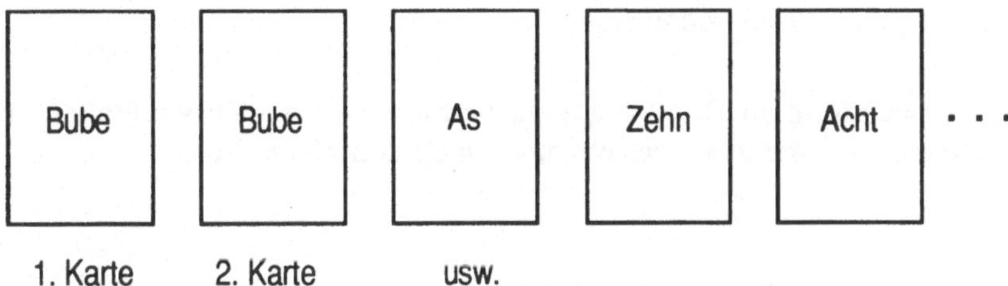

Die Datenstruktur Skatblatt weist folgende Merkmale auf:

- Feste Größe: zehn Elemente (hier: Spielkarten)
- Homogener Aufbau: alle Elemente (hier: alle Karten) sind vom selben
                         Datentyp (Spielkarte)
- Index: 1. Karte, 2. Karte, …
- Direkter Zugriff: nimm i-te Karte

Diese Merkmale kennzeichnen ein **Feld** oder **Array**.

Berücksichtigt man auch die Farbe, so ist jede Karte ein **Verbund** oder **Record** aus zwei Werten unterschiedlicher Aufzählungstypen, nämlich Spielkarte und Farbe, sonst ändert sich nichts.   ♦

Beispiel 3-3:   Array: Kartenspiel mit drei Spielern

Betrachtet man die Karten aller drei Spieler als eine einheitliche Struktur, so ist dieses offenbar ein Feld aus drei Komponenten, von denen jede wieder ein Feld (von zehn Spielkarten) ist. Eine solche Struktur läßt sich auch durch Angabe eines zweiten Indexwertes, und zwar für den entsprechenden Spieler, erzielen. Ein Feld von Feldern ist also einem mehrdimensionalen Feld (Feld mit mehreren Indexbereichen) äquivalent.

	1. Karte	2. Karte	3. Karte	4. Karte	5. Karte	6. Karte ··········	10. Karte
1. Spieler	☐	☐	☐	☐	☐	☐	☐
2. Spieler	☐	☐	☐	☐	☐	☐	☐
3. Spieler	☐	☐	☐	☐	☐	☐	☐

◆

Beispiel 3-4:   Record/File: Adreßdatei

Eine häufige Anwendung in der Datenverarbeitung ist das Verwalten einer Adreßdatei. Eine solche Adreßdatei besteht aus „Datensätzen" der Form:

Adresse:

Claudia	Peghini	Schwarzwaldstraße	68	76128	Karlsruhe
Vorname	Nachname	Straße	Nr.	PLZ	Ort

Für solche einzelnen **Datensätze** gilt:

- Feste Größe: Die Anzahl der Komponenten liegt fest (in diesem Beispiel 6).
- Inhomogener Aufbau: Die Komponenten sind nicht alle vom selben Typ (Datentyp Vorname <> Datentyp PLZ).
- Direkter Zugriff: Die einzelnen Teile des Datensatzes können über ihre Namen angesprochen werden.

Eine solche Datenstruktur nennen wir einen **Verbund** oder **Record.**

Für die **ganze Adreßdatei** gilt:

- Variable Größe: beliebig viele solcher Datensätze
- Homogener Aufbau: alle Datensätze sind vom selben Typ
- Zugriff: entweder sequentiell oder direkt

Eine solche Struktur heißt **Datei** oder **File.**   ◆

Beispiel 1-4 e: Dynamische Liste: Telefonlisten

In unserem Beispiel 1-4 Telefonverzeichnis haben wir Datensätze, die aus Name und Telefonnummer bestehen, in einer **dynamischen Liste** für jeden Ort zusammengefaßt. Für dynamische Listen gilt:

- variable Größe,
- homogener Aufbau,
- sequentieller Zugriff durch Aufsuchen des Elements vom Listenanfang ausgehend.   ◆

Beispiel 3-5:   Set: Personenbeschreibung

Zur Beschreibung von Personen dienen die folgenden Eigenschaften:
(groß, klein, dick, normal, schlank, intelligent, fleißig, ordentlich, reich, arm, bärtig, weiblich, männlich)

Eine Personenbeschreibung besteht also aus einer **Menge** von Eigenschaften.

mögliche Objekte:

```
Taeterin  :=   Personenbeschreibung
               {gross, normal, weiblich}
Nikolaus  :=   Personenbeschreibung
               {gross, dick, baertig, maennlich}
```
                                                                                  ◆

Für die Datenstruktur **Menge** oder **Set** gelten folgende Eigenschaften:

- variable Größe (allerdings beschränkt durch die Gesamtmenge)
- homogener Aufbau
- Es läßt sich prüfen, ob ein bestimmtes Element in der konkreten Menge vorhanden ist (*Zugriff*).
- Elemente lassen sich hinzufügen oder entfernen (*Aktionen*).

In Modula-2 stehen Datenstrukturen für Felder, Verbunde und Mengen zur Verfügung. Dateien können mit Hilfe von vordefinierten Standardmodulen (siehe Kapitel 7.5) vereinbart werden, und dynamische Listen kann man mittels Zeigertypen aufbauen (siehe Kapitel 5).

3.2   Der Datentyp ARRAY

Ein Array (Feld) beschreibt die Zusammenfassung einer festen, zur Übersetzungszeit bekannten Anzahl von Komponenten eines einheitlichen Typs. Die Auswahl der einzelnen Elemente eines Arrays geschieht durch Angabe eines Index'. Als Grundtyp sind beliebige Typen, also auch strukturierte, auch Arrays zugelassen. Ein Indexwert kann aus einem oder mehreren Indexausdrücken bestehen.

3.2.1   Ein einführendes Beispiel: Klausurbewertung

Beispiel 3-6:   Datentyp ARRAY

Wir formulieren jetzt mit Hilfe der Datenstruktur Array das Programm, welches die Durchschnittspunktzahl einer Klausur und die Punktedifferenzen jedes Teilnehmers dazu bestimmt.

```
MODULE BerechneDurchschnitt;
FROM SWholeIO IMPORT ReadInt;
FROM STextIO IMPORT SkipLine;

CONST
  Anzahl = 10;
    (* Für dieses Programm feste Obergrenze *)

TYPE
  Differenzen = ARRAY[1..Anzahl] OF INTEGER;

VAR
  Punkte : ARRAY[1..Anzahl] OF INTEGER;
    (* Feld für Anzahl Punktzahlen *)
  Diff : Differenzen; (* Feld für Differenzen *)
  i, Summe, Durchschnitt : INTEGER;

BEGIN    (* Einlesen *)
  FOR i := 1 TO Anzahl DO
    (* lies i-te Komponente des Feldes Punkte *)
    ReadInt(Punkte[i]); SkipLine
  END; (* FOR *)
  Summe := 0;
  FOR i := 1 TO Anzahl DO
    Summe := Summe + Punkte[i]
  END; (* FOR *)
```

```
Durchschnitt := Summe DIV Anzahl;
   (* verzichte auf 10-tel Punkte *)
FOR i := 1 TO Anzahl DO
   Diff[i] := Punkte[i] - Durchschnitt
END (* FOR *)
END BerechneDurchschnitt.
```

◆

Wir sehen an diesem Programm die Definition von zwei Datenstrukturen für
Punktzahlen und Differenzen: einmal mit Hilfe einer Typdefinition, einmal direkt
in der Variablendeklaration. In den entsprechenden Syntaxdiagrammen steht die
Syntaxvariable „Typ", die nun entsprechend ausgebaut werden wird.

Der Zugriff auf einzelne Komponenten, sicher die wichtigste Operation im Zusammenhang mit Arrays, geschieht durch Angabe des Indexwertes in eckigen
Klammern. Hier liegt eine Erweiterung der Syntaxvariablen „Variable" vor. Wir
sehen, daß mittels der FOR-Anweisung sehr übersichtlich und effizient auf alle
Komponenten eines Feldes zugegriffen werden kann. Die Konstantendefinition erleichtert die Änderung des Programms. Für eine andere Anzahl von Teilnehmern
ist das Programm nur an der Stelle der Konstantendefinition zu verändern.

3.2.2   Definition und Komponentenzugriff

Das Diagramm *Typ* wird um den Zweig Array-Typ erweitert:

Ausschnitt aus: 15 Typ

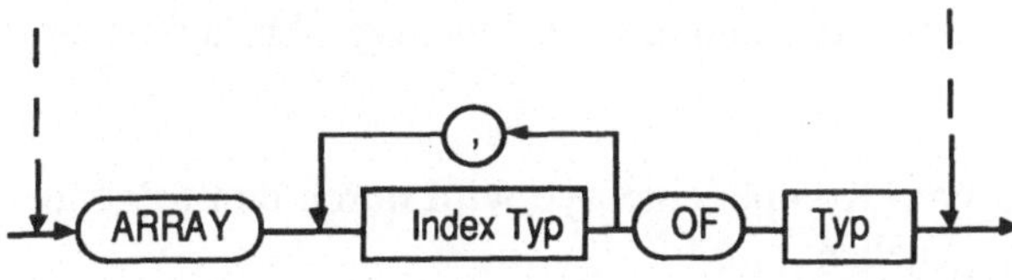

Ein Array wird durch den Komponententyp und den oder die Indextypen charakterisiert. Der Komponententyp kann ein beliebiger, auch ein strukturierter Typ
sein. Als Indextypen sind nur skalare Typen zugelassen, deren Elemente man auf-
zählen kann, also:

16 Index Typ

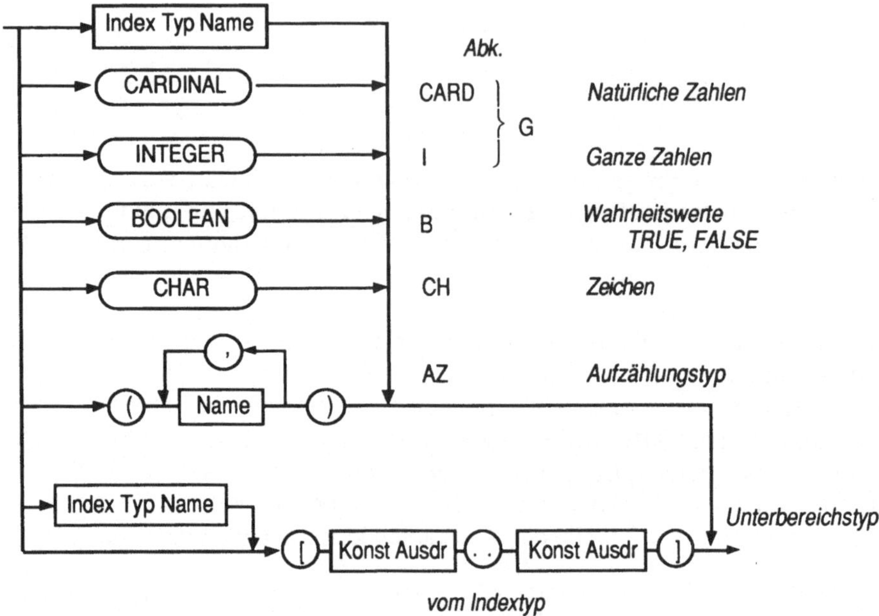

Eine Variable vom Array-Typ repräsentiert mehrere Variablen vom Komponententyp, eine für jeden möglichen Wert des Indextyps. Diese werden durch zwei Angaben identifiziert (bezeichnet):

*   den Namen der Array-Variablen
*   und die Nummer/Stellung in der Anordnung nach Indextyp, d.h. durch ihren Index.

Die Bezeichnung der Variablen vom Komponententyp wird durch den folgenden Zweig im Diagramm *Variable* angegeben:

Ausschnitt aus: 39 Variable (Var)

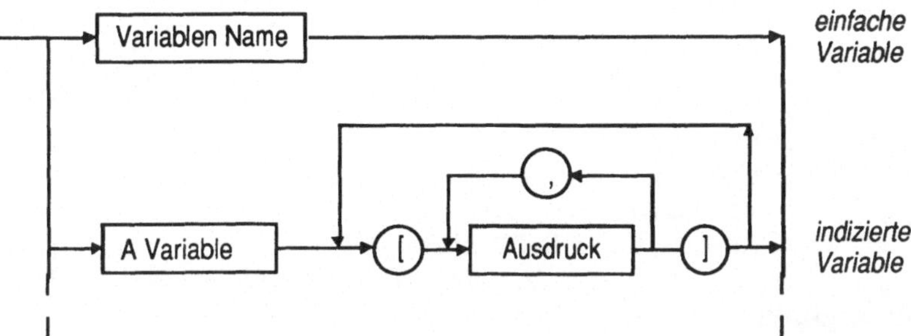

Für eindimensionale Felder, d.h. wenn nur ein Indexbereich vereinbart ist, wird nur ein Indexausdruck angegeben. Dieser wird ausgewertet und liefert den Platz der Komponente in dem Feld. Ist der Komponententyp wieder ein Array, so kann eine zweite Indexangabe (wieder in eckigen Klammern) folgen, die nun die Komponentenauswahl innerhalb der Komponente beschreibt. Solche Felder können auch als mehrdimensionale Felder, d.h. durch Angabe mehrerer Indexbereiche realisiert werden. Die entstehende Struktur ist in beiden Fällen gleich (siehe jedoch Kapitel 3.2.3 für Unterschiede bei der Typkompatibilität). In einem auf die eine oder andere Art vereinbarten mehrdimensionalen Feld kann die Komponentenauswahl durch Angabe mehrerer, durch Kommata getrennter Indexwerte innerhalb von einem Paar eckiger Klammern abgekürzt werden. Die Indextypen eines mehrdimensionalen Feldes dürfen unterschiedlich sein.

Beispiel 3-7 a: gültige Vereinbarungen von Arrays

```
CONST
  n = 8;
TYPE
  Wort       = ARRAY[0..3] OF CHAR;
  Vektor     = ARRAY[1..n] OF REAL;
  Letter     = ARRAY["a".."z"] OF INTEGER;
  Farbe      = (rot, gelb, blau);
  Fahne      = ARRAY[1..3] OF Farbe;
  Muster     = ARRAY Farbe OF BOOLEAN;
  Palette1   = ARRAY[1..n] OF ARRAY Farbe OF BOOLEAN
  Palette2   = ARRAY[1..n], Farbe OF BOOLEAN;
  Matrix     = ARRAY[1..n],[1..n] OF REAL;
  Matrix1    - ARRAY[1..n] OF Vektor;
```

```
VAR
  name,vorname     : Wort;
  feld             : Matrix;
  feld1            : Matrix1;
  klBuchst         : Letter;
  muster           : Muster;
  identity         : Matrix;
  v                : Vektor;
  z                : ARRAY[1..n] OF Muster;
```

Man unterscheide sorgfältig:
- zwischen dem Typ des Feldes:
  klBuchst ist vom Typ Letter
- und dem Typ der Komponenten:
  die Elemente von klBuchst sind ganze Zahlen (INTEGER).

Beispiel 3-7 b: Zuweisungen an Feldelemente

```
name[1]          :=  "w";
klBuchst["f"]    :=  17;
muster[blau]     :=  TRUE;
feld[1,3]        :=  2.7;
feld[1][3]       :=  2.7; (* geht auch *)
z[7, gelb]       :=  TRUE;
z[7][gelb]       :=  TRUE; (* dto. *)

FOR i := 1 TO n DO
  FOR j := 1 TO n DO
    IF i = j
    THEN
       identity[i,j] := 1.0
    ELSE
       identity[i,j] := 0.0
    END (* IF *)
  END (* FOR j *)
END; (* FOR i *)
```

Das letzte Beispiel liefert eine Belegung der Einheitsmatrix:

$$
\mathtt{identity} = \begin{pmatrix} 1.0 & & 0.0 \\ & \ddots & \\ 0.0 & & 1.0 \end{pmatrix}
$$

Die Indexausdrücke werden zwar in der Regel einfache, lineare Ausdrücke sein, doch können hier beliebig komplizierte Formeln vorkommen.

Beispiel 3-8:   Permutation von Vektorelementen

Die Permutation (Vertauschung) der Elemente eines Vektors läßt sich durch Abspeichern der geänderten Indizes in einem Permutationsvektor vornehmen. Die Elemente des ursprünglichen Vektors brauchen dann nicht explizit getauscht zu werden.

```
CONST
  n = 4;
TYPE
  Elementtyp          =   CARDINAL;  (* z.B. *)
  Elementvektor       =   ARRAY[1..n] OF Elementtyp;
  Permutationsvektor  =   ARRAY[1..n] OF [1..n];
VAR
  perm   : Permutationsvektor;
  elv    : Elementvektor;
  i      : INTEGER;

BEGIN
  WriteString("Gib Elemente an: ");
  FOR i := 1 TO n DO
    ReadCard(elv[i]); SkipLine
  END; (* FOR *)
  WriteString("Gib eine Permutation an: ");
  FOR i := 1 TO n DO
    ReadCard(perm[i]); SkipLine
  END; (* FOR *)
    (* Ausgabe des permutierten Elementvektors *)
  FOR i := 1 TO n DO
    WriteCard(elv[perm[i]],6)
  END; (* FOR *)
END;
```

Die **FOR**-Anweisung stellt ein geeignetes Instrument zur Verarbeitung aller Komponenten eines Feldes dar.

Beispiel 3-9:   Suchen der niedrigsten Karte in einem Skatblatt

In einem Array, in dem ein Skatblatt gespeichert ist, soll die Karte mit dem niedrigsten Wert und ihr Index gesucht werden.

```
TYPE
  Spielkarte =
    (Sieben,Acht,Neun,Bube,Dame,Koenig,Zehn,As);
  Skatblatt = ARRAY[1..10] OF Spielkarte;

VAR
  minimum          : Spielkarte;
  s                : Skatblatt;
  minimumindex,i : INTEGER;

  ...
  minimum := s[1];
  minimumindex := 1;
  FOR i := 2 TO 10 DO
    IF s[i] < minimum
    THEN
      minimumindex := i;
      minimum := s[minimumindex]
    END; (* IF *)
  END; (* FOR *)
```

◆

Die WHILE- und REPEAT-Schleife sind zu bevorzugen, wenn
* der zu bearbeitende Feldausschnitt erst bei Laufzeit bekannt ist
* oder zusätzliche Auswahlkriterien vorhanden sind.

Beispiel 3-10:   Suchen einer bestimmten Karte

In dem Feld s : Skatblatt sei an unbekannter Stelle die Karte „As" abgelegt. Gesucht sei der Index der Karte „As".

```
VAR
  i : CARDINAL;
  s : Skatblatt;
  ...
  i := 1;
  WHILE (i <> 10 AND s[i] <> As) DO
    i := i + 1
  END; (* WHILE *)
  ...
```

◆

3.2.3   Array-Zuweisung und -kompatibilität

Die Wertzuweisung ist die einzige Operation, die für Felder als Gesamtheit vorgesehen ist. Hierbei gelten die strengen Regeln der Zuweisungskompatibilität, d.h. daß zwei Felder nur einander zugewiesen werden können, wenn sie denselben oder einen durch Typumbenennung entstandenen Typ haben. Es reicht nicht aus, daß sie gleiche Struktur haben, also gleiche Anzahl von Elementen desselben Komponententyps. So sind in unserem Beispiel 3-7a die Typen Matrix und Matrix1 nicht zuweisungskompatibel. Auch eine buchstabengetreue Wiederholung

```
Matrix2 = ARRAY[1..n],[1..n] OF REAL
```

vereinbart einen neuen Typ.

Bei mehrdimensionalen Feldern, die ja Felder von Feldern sind, kann durch Angabe von weniger Indizes, als in der Definition vorkommen, ein Teilfeld entsprechender Dimension angesprochen werden. Es können allerdings nur Indizes vom Ende her weggelassen werden.

Beispiel 3-11:   Wertzuweisungen

Es gelten die Vereinbarungen aus Beispiel 3–7a.

```
name[0] := "o";
name[1] := "t";
name[2] := "t";
name[3] := "o";
name := "otto";    (* geht auch, da String; s. Kap. 3.2.6 *)
vorname := name;   (* Wertzuweisung gesamtes Feld *)
feld := identity;                                              ◆
```

Beispiel 3-12:   Belegung der Nullmatrix

Es gelten die Vereinbarungen aus Beispiel 3–7a.

```
FOR i := 1 TO n DO
  v[i] := 0.0
END; (* FOR *)
FOR i := 1 TO n DO
  feld1[i] := v      (* Vektorzuweisungen *)
  (* feld1[i] bezeichnet die i-te Zeile der
    Matrix feld1 *)
END; (* FOR *)                                                 ◆
```

3.2.4   Array-Konstruktoren

Die im Beispiel angedeutete Möglichkeit, Felder von Buchstaben (Strings) als
Ganzes direkt hinzuschreiben, ohne die einzelne Komponente mit Hilfe von Indizes
ansprechen zu müssen, wurde im neuen Standard auf alle Felder ausgedehnt.

Ausschnitt aus: 30 [Konst] A Ausdruck

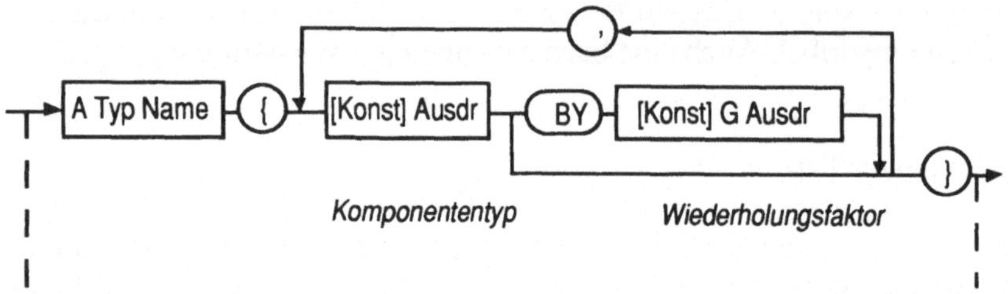

Die Ausdrücke werden ausgewertet und der Reihe nach den Komponenten eines
eindimensionalen Feldes zugewiesen. Bei Angabe eines Wiederholungsfaktors
$r \geq 1$ erhalten r aufeinanderfolgende Elemente den gleichen Wert. Die Gesamt-
zahl der durch Aufzählung und Wiederholungsfaktor bestimmten Werte muß
gleich der Anzahl der Komponenten des Feldes sein. Mehrdimensionale Felder
müssen als eindimensionales Array von Arrays definiert sein, um den Konstruktor-
zugriff anwenden zu können.

Beispiel 3-13:   Belegung der Einheitsmatrix

Es gelten die Vereinbarungen aus Beispiel 3–7a.

```
VAR ident1 : Matrix1;
...
   ident1:= Matrix1 {vektor{1.0,0.0 BY n-1},
                     vektor{0.0,1.0,0.0 BY n-2),
                     vektor{0.0 BY 2,1.0,0.0 BY n-3},
                     ...
                     vektor{0.0 BY 7,1.0}}
   (* Es müssen n=8 Vektoren explizit eingegeben
      werden *)
```

Beispiel 3-14:   Konstruktoren

Es gelten die Vereinbarungen aus Beispiel 3–7a.

```
CONST spanien = Fahne {rot, gelb, rot};
(* Diese Konstantendeklaration darf erst nach der Typver-
   einbarung von Fahne stehen ! *)

VAR
  ch  : CHAR;
  w   : Wort;
...
  ch := CHR(75);
   w := Wort {ch, CHR(75), ch, 93C}
(* Wert von w: KKKK; beachte: 93C ≅ 75 dezimal *)
```
◆

3.2.5   Anwendungen und Hinweise zur Implementierung

Felder werden immer dort eingesetzt, wo typgleiche Komponenten zusammengefaßt werden und der schnelle Zugriff auf einzelne Komponenten wichtig ist.
Dabei sollte eine Obergrenze für die Anzahl feststehen, oder eine solche wird will-
kürlich angenommen. Anwendungsfeld ist vor allem die Mathematik, wo Vektoren
und Matrizen an vielen Stellen auftreten, sei es zur Beschreibung von Abbildungen
im geometrischen Raum oder als diskrete Wertmengen einer kontinuierlichen
Funktion. Auch die Listenverwaltung der nichtnumerischen EDV wird vielfach
mit Arrays arbeiten, z.B. für Tabellen fester Größen.

Man kann sich ein eindimensionales Feld so implementiert denken, daß die einzelnen Komponenten dicht hintereinander im Speicher liegen, so daß bei bekannter
Anfangsadresse des Feldes die Komponentenadresse aus dem Index berechnet
werden kann.

Beispiel 3-15:   Eindimensionales Feld

```
feld := ARRAY[1..n] OF CARDINAL;
   (* CARDINAL belegt 1 Wort *)
```

Adresse   a a[1] a[2]   .....   a[i] = i-tes Wort

Mehrdimensionale Felder sind als Felder von Feldern abgespeichert.   ◆

Beispiel 3-16:   Sortieren von Spielkarten

Die zehn Karten eines Kartenspiels sollen eingelesen und in sortierter Reihenfolge wieder ausgegeben werden. Falsche Eingaben (z.B. mehr als vier Karten mit demselben Wert) sollen zurückgewiesen werden. Die Farbe bleibt unberücksichtigt.

Wir verwenden zum Sortieren den Algorithmus durch Fachverteilung, d.h. wir legen ein Feld an, in dem für jeden Kartenwert ein Eintrag der Anzahl der Karten dieses Wertes vorgenommen wird. Anschaulich gesprochen legen wir alle Siebener auf einen Stapel, alle Achter auf einen anderen usw. und zählen die Karten auf jedem Stapel.

Algorithmus Kartensort:

(1)   Initialisierung
(2)   Wiederhole, solange wie Eingabe korrekt und Daten vorhanden:
      (3)   Lies Karte
      (4)   Lege Karte auf entsprechenden Stapel
      (5)   Erhöhe Anzahl
(6)   Gib Karten sortiert aus

```
MODULE Kartensort;

FROM STextIO IMPORT
  WriteLn, WriteString, SkipLine, ReadString, ReadChar,
  WriteChar;

TYPE  Spielkarten =
(Sieben,Acht,Neun,Bube,Dame,Koenig,Zehn,As);

VAR
  Anzahl            : ARRAY Spielkarten OF CARDINAL;
  Skatblatt         : ARRAY[1..10] OF Spielkarten;
  Karten            : Spielkarten;
  i                 : CARDINAL;
  Zeichen           : ARRAY[1..10] OF CHAR;
  Stop              : CHAR;
  FalscheEingabe,
  Fehler            : BOOLEAN;
```

```
BEGIN
  REPEAT
    REPEAT
      (* INITIALISIERUNG *)
      FOR Karten := Sieben TO As DO
        Anzahl[Karten] := 0
      END; (* FOR *)
      FalscheEingabe := FALSE;
      Fehler := FALSE;

      (* EINLESEN *)
      WriteString("Bitte Spielkarten eingeben");
      WriteLn;
      WriteString("z.B. 9B8BDK79BZ");
      WriteLn;
      WriteString("Den Wert 10 als Z eingeben !");
      WriteLn;
      ReadString(Zeichen); SkipLine;
      i := 1;
      WHILE (i <= 10) AND NOT(Fehler) DO
        CASE Zeichen[i] OF
          "7" : Skatblatt[i] := Sieben
        | "8" : Skatblatt[i] := Acht
        | "9" : Skatblatt[i] := Neun
        | "B" : Skatblatt[i] := Bube
        | "D" : Skatblatt[i] := Dame
        | "K" : Skatblatt[i] := Koenig
        | "Z" : Skatblatt[i] := Zehn
        | "A" : Skatblatt[i] := As
        ELSE
          FalscheEingabe := TRUE
        END; (* CASE *)
        IF (Anzahl[Skatblatt[i]] = 4) OR
           (FalscheEingabe)
        THEN
          Fehler := TRUE;
          WriteLn;
          WriteString ("Fehleingabe !!!");
          WriteString ("Spielkarten nochmal eingeben ! ")
        ELSE
          INC(Anzahl[Skatblatt[i]]);
          INC(i)
        END; (* IF *)
      END; (* WHILE *)
    UNTIL NOT(Fehler);
    (* sortieren der Spielkarten *)
    WriteString("Sortierte Ausgabe: ");
```

```
      FOR Karten := Sieben TO As DO
        (* Anzahl[Karten] mal Zeichen für diese
           Karten ausgeben *)
        FOR i := 1 TO Anzahl[Karten] DO
          CASE Karten OF
            Sieben   : WriteString("7")
          | Acht     : WriteString("8")
          | Neun     : WriteString("9")
          | Bube     : WriteString("B")
          | Dame     : WriteString("D")
          | Koenig   : WriteString("K")
          | Zehn     : WriteString("10")
          | As       : WriteString("A")
          END (* CASE *)
        END (* FOR i *)
      END; (* FOR Karten *)
      WriteLn;
      WriteString
        ("Aufhören = E, sonst andere Taste");
      WriteLn;
      ReadChar(Stop); SkipLine;
      WriteLn;
    UNTIL (Stop = "E") OR (Stop = "e")
END Kartensort.
```
                                                        ◆

Beispiel 3-17:   Klausurprogramm mit Ermittlung der Teilnehmerzahl bei
                     Programmablauf

Unser eingangs behandeltes Programm (Beispiel 3-6) zur Ermittlung der
Durchschnittspunktzahl und individuellen Differenzen einer Klausur läßt sich
leicht in der Weise erweitern, daß eine Maximalzahl von Teilnehmern vorgesehen
wird, die aktuelle Anzahl jedoch während des Programms bestimmt wird.

Wir vereinbaren eine Konstante maxanzahl, die die Größe der vereinbarten
Felder bestimmt:

```
CONST maxanzahl = 100;
        (* Für dieses Programm feste Obergrenze *)

VAR Punkte : ARRAY[1..maxanzahl] OF INTEGER;
    Diff   : ARRAY[1..maxanzahl] OF INTEGER;
```

Während des Einlesens wird die Variable `Anzahl` bestimmt:

```
Anzahl := 0;
fertig := FALSE;
WHILE NOT (fertig) AND (Anzahl < maxanzahl) DO
   ReadCard(Punkte[Anzahl]); SkipLine;
   IF Punkte[Anzahl] = -1
   THEN fertig := TRUE;
   ELSE INC(Anzahl)
   END; (* IF *)
END; (* WHILE *)
```

Das übrige Programm bleibt unverändert.   ◆

3.2.6   Der Datentyp String

Strings oder **Zeichenketten** stellen einen besonderen Array-Typ dar, für den zusätzliche Regeln und Operationen gelten.

44 String (ST Konstante)

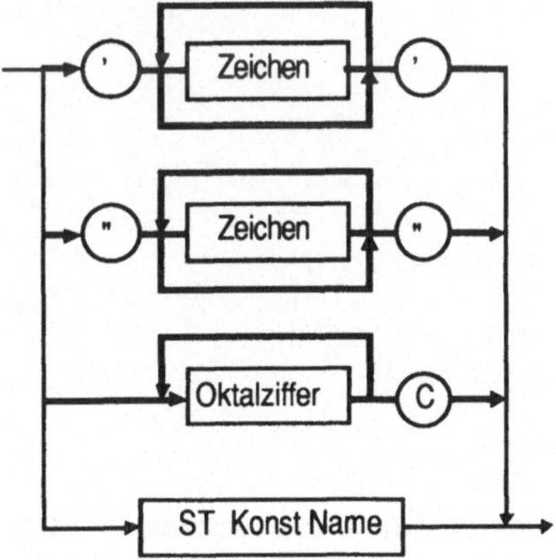

Strings lassen sich als eindimensionale Felder des Komponententyps CHAR auffassen.

Strings können auch als Konstanten definiert werden, z.B. folgendermaßen:

Beispiel 3-18:   Stringkonstante

```
CONST
  s    = "String";
  leer = "";   (* Leerstring *)
```
◆

Für String*konstanten* ist die Konkatenation (Hintereinanderhängen) durch den Operator "+" möglich.

Beispiel 3-19:   Stringkonkatenation

```
CONST
  h  = "Hello";
  w  = "World";
  hw = h + w

VAR
  a : ARRAY[0..4] OF CHAR;

BEGIN
  WriteString (hw)
  (* Ausgabe: HelloWorld *)

  a := h;
  WriteString (a + w)
  (* Fehler: unzulässig für Stringvariable *)
END
```
◆

Wertzuweisung

Solche CHAR-Felder können wie auch andere Felder direkt zugewiesen werden. Als Besonderheit gilt hierbei, daß solchen Stringvariablen auch kürzere Stringvariablen zugewiesen werden können. Innerhalb des Feldes wird dabei der String (Zeichenkette) von der oberen Feldgrenze oder von dem Zeichen CHR(0) abgeschlossen:

S	T	R	I	N	G	CHR(0)	

untere
Feldgrenze

obere
Feldgrenze

Ein/Ausgabe

Strings können als Ganzes eingelesen und gedruckt werden (mit Hilfe von ReadString bzw. WriteString).

Beispiel 3-20:   Pluralbildung im Englischen

Ein englisches Substantiv soll eingelesen werden und mit seiner Pluralform ausgegeben werden. Dabei sollen nur maximal sechsbuchstabige Wörter vorkommen, die regelmäßige Pluralbildung aufweisen, d.h. der Plural wird durch Anhängen von -s oder -es, falls der letzte Buchstabe ein s oder f ist (das f verwandelt sich dabei in v), gebildet.

```modula2
MODULE Plural;
FROM STextIO IMPORT
  ReadString, WriteString, WriteChar, WriteLn, SkipLine;
CONST
  one   = "one ";
  many  = "   many ";
TYPE
  string = ARRAY[0..5] OF CHAR;
VAR
  word  : string;
  last  : CHAR;
  i     : [0..5];
BEGIN
  WriteString ("Enter noun, mostly 6 letters: ");
  WriteLn;
  ReadString(word); SkipLine;
  WriteString(one);
  WriteString(word);
  WriteString(many);

  (* Bestimme letzten Buchstaben *)
  i := 0;
  WHILE (i < 5) AND (word[i + 1] <> 0C) DO
    WriteChar(word[i]);
    INC(i)
  END; (* WHILE *)
  last := word[i];
  IF last = "f"
  THEN
    WriteChar("v"); WriteChar("e")
  ELSIF last = "s"
  THEN
    WriteChar(last); WriteChar("e")
```

```
ELSE
   WriteChar(last)
END; (* IF *)
 WriteChar("s")
END Plural.
```

♦

3.3   Der Datentyp RECORD

Ein Record (Verbund) beschreibt die Zusammenfassung einer festen – zur Übersetzungszeit bekannten – Anzahl von Komponenten, die unterschiedlichen Typs sein können. Jede Komponente hat einen Namen, die Komponenten werden über diesen Namen angesprochen.

3.3.1   Ein einführendes Beispiel: Fußbodenbeläge

Beispiel 3-21:   Datentyp RECORD

Für verschiedene Fußbodenbeläge (z.B. Teppich, Fliesen, Kork, ...) soll eine Tabelle der Wärmeleitfähigkeit und Wärmespeicherzahl erstellt werden. Die Wärmeleitfähigkeit soll direkt eingelesen werden, während sich die Wärmespeicherzahl als Produkt von Rohdichte und spezifischer Wärmekapazität, die ihrerseits eingelesen werden, errechnet. Die Tabelle ist nach aufsteigender Wärmeleitfähigkeit zu sortieren und anschließend auszudrucken.

Eine Datenstruktur für diese Aufgabe läßt sich auf mehrere Arten verwirklichen:

a)   Für Namen, Wärmeleitfähigkeit und Wärmespeicherzahl wird je ein separates Feld angelegt, gleiche Indizes beziehen sich auf den gleichen Bodenbelag.

b)   Es wird ein zweidimensionales, zweispaltiges Feld angelegt, das mit einem Aufzählungstyp für die Namen der Beläge indiziert wird.

c)   Wir vereinbaren einen Verbundtyp für Name, Wärmeleitfähigkeit und Wärmespeicherzahl und legen ein Feld von Verbunden an.

Variante a) hat den Nachteil, daß zusammengehörige Information über drei Felder verteilt ist. Beim Sortieren nach Wärmeleitfähigkeit müssen die beiden anderen Felder mitbearbeitet werden.

Variante b) hingegen leidet unter der geringen Flexiblität der Aufzählungstypen. Das Programm gilt nicht für verschiedene beliebige Beläge, sondern nur für die drei zu Beginn vorgesehenen.

Variante c) ist die dem Problem angemessene Struktur.

Das Feld wird beim Einlesen nach folgendem Algorithmus sortiert:

(1) Bestimme das erste Element durch Einlesen und trage es an der ersten Stelle des Felds ein

(2) Für i = 2 bis Anzahl führe aus:

(3) Bestimme aktuelles Element durch Einlesen
(4) Setze j := i - 1
(5) Wiederhole, solange j > 0 und aktuelles Element < j-tes Element
          Schreibe j-tes Element an (j+1)-te Stelle
          Erniedrige j
(6) Schreibe aktuelles Element an (j+1)-te Stelle

```
MODULE Bodenbelag;
FROM STextIO IMPORT
  ReadString, WriteString, WriteLn, SkipLine;
FROM SRealIO IMPORT ReadReal, WriteReal;

CONST Anzahl = 3;

TYPE
  BODENBELAG = RECORD
                  Name : ARRAY [0..19] OF CHAR;
                  Waermeleitfaehigkeit,
                  Waermespeicherzahl      : REAL;
             END;

VAR
  Tabelle            : ARRAY [1..Anzahl] OF BODENBELAG;
  aktuell            : BODENBELAG;
  Rohdichte,
  spezWaermekap      : REAL;
  i, j               : [0..Anzahl]; (* j kann 0 werden *)
```

```
BEGIN
  (* Bestimme 1. Element *)
  WriteString ('Belag einlesen : ');
  WriteString ('Name, Wärmeleitfähigkeit,
        Rohdichte, spezifische Wärmekapazität ');
  WriteLn;
  ReadString (Tabelle[1].Name); (*Recordkomponente*)
  SkipLine;
  ReadReal (Tabelle[1].Waermeleitfaehigkeit); SkipLine;
  ReadReal (Rohdichte); SkipLine;
  ReadReal (spezWaermekap); SkipLine;
  Tabelle[1]. Waermespeicherzahl :=
                        Rohdichte * spezWaermekap;

  FOR i := 2 TO Anzahl DO
    (* Bestimme aktuelles Element *)
    WriteString ('Belag einlesen : ');
    WriteString ('Name, Wärmeleitfaehigkeit,
        Rohdichte, spezifische Wärmekapazität ');
    WriteLn;
    ReadString (aktuell.Name); SkipLine;
    ReadReal (aktuell.Waermeleitfaehigkeit ); SkipLine;
    ReadReal (Rohdichte ); SkipLine;
    ReadReal (spezWaermekap ); SkipLine;
    aktuell.Waermespeicherzahl :=
                        Rohdichte * spezWaermekap;
    j := i-1;
    (* Schritt (5) *)
    (* < bezieht sich auf Komponente
                        Waermeleitfaehigkeit *)
    WHILE (j > 0) AND
      (aktuell.Waermeleitfaehigkeit <
            Tabelle[j].Waermeleitfaehigkeit) DO
      Tabelle[j+1] := Tabelle[j];
      DEC(j)
    END; (* WHILE *)
    Tabelle[j+1] := aktuell (* Recordzuweisung *)
  END; (* FOR *)
  (* Ausdrucken *)
  FOR i := 1 TO Anzahl DO
    WriteString (Tabelle[i].Name);
    WriteLn;
    WriteReal
      (Tabelle[i].Waermeleitfaehigkeit,10);
    WriteString ("Die Wärmespeicherzahl lautet: ");
    WriteReal (Tabelle[i].Waermespeicherzahl,10)
  END (* FOR *)
END Bodenbelag.
```

Das Programm zeigt die Definition des Recordtyps `Bodenbelag` mit den drei Komponenten `Name`, `Waermeleitfaehigkeit` und `Waermespeicherzahl`. Der Name dieser Komponenten besteht aus Variablennamen gefolgt von einem Punkt und dem Komponentennamen. Wir haben also eine erneute Erweiterung der Syntaxdiagramme *Typ* und *Variable*. Man sieht, daß die verschiedenen Strukturen beliebig geschachtelt werden können, die Komponenten werden entsprechend der Definition angesprochen. Die Zuweisung ganzer Verbunde ist zulässig.

3.3.2   Definition und Komponentenzugriff

Das Diagramm *Typ* wird um den Zweig *Typ RECORD* erweitert:

Ausschnitt aus: 15 Typ

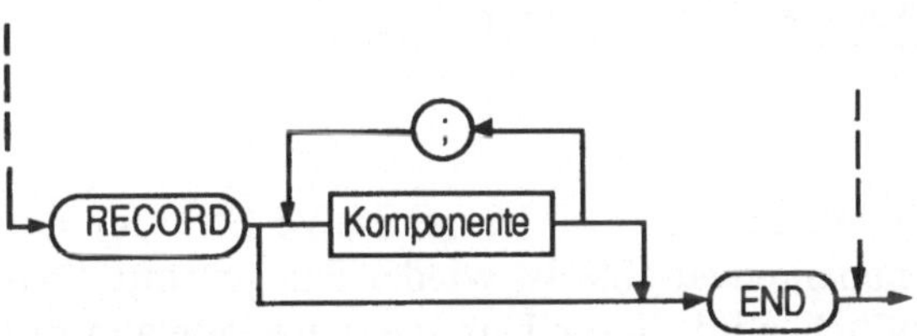

Ausschnitt aus: 17 Komponente (KP)

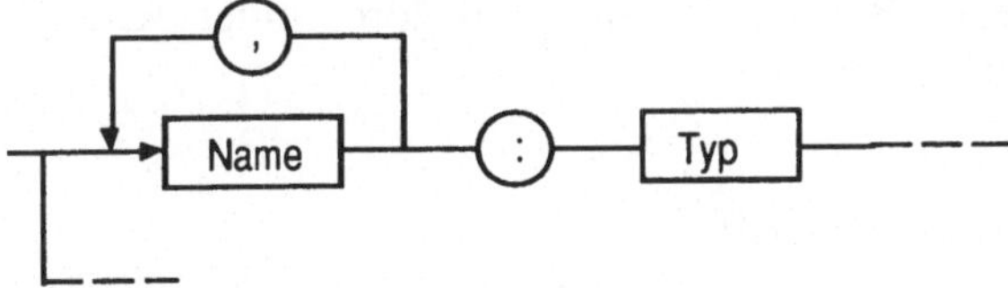

Die Namen der Komponenten müssen innerhalb eines Recordtyps eindeutig sein. Verschiedene Recordtypen können Komponenten mit gleichem Namen haben, denn die Definition der Komponenten erfolgt auf einer Ebene tiefer als die Definition der übrigen Namen. Eine Variable vom Typ RECORD repräsentiert eine Kollektion von Komponentenvariablen, die über den Namen der Recordvariable und der Komponentenvariablen identifiziert werden.

Das Diagramm *Variable* erhält einen weiteren Zweig:

Ausschnitt aus: 39 Variable (Var)

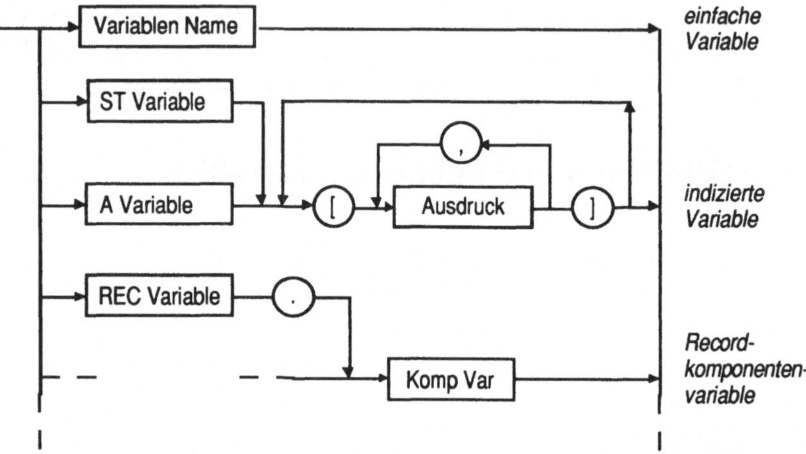

Wir sehen hier noch deutlicher als bei den Arrays die rekursive Struktur des
Variablendiagramms. Für die Komponentenvariable ist wieder das gesamte Diagramm 39 zuständig. Selbstverständlich wird dieser Durchlauf irgendwann mit
einfachen Variablennamen abbrechen.

Die Definition der Typen erfolgt bottom-up, d.h. von einfachen Standardtypen
werden Strukturen gebildet, während die Identifizierung der elementaren Bestandteile einer Struktur top-down erfolgt. Bei jedem Durchlauf durch einen Record-
oder Arrayzweig sinkt die Strukturierungstiefe.

Beispiel 3-22:   Record-Komponentenzugriff

```
TYPE
  Wort     = ARRAY[1..15] OF CHAR;
  Faecher = (BWL, VWL, OR, INF, ING, WP, DA);

  Datum = RECORD
    Tag    : [1..31];
    Monat  : [1..12];
    Jahr   : [1900..1999]
  END; (* Datum *)
```

```
Student = RECORD
  Name,Vorname : Wort;
  GebTag       : Datum;
  Noten        : ARRAY Faecher OF REAL;
  verheiratet  : BOOLEAN;
  Geschlecht   : (m, w)
END; (* Student *)

VAR
  Student1, Student2 : Student;
  Semester           : ARRAY[1..350] OF Student;
```

Zuweisung an Komponentenvariablen:

```
Student1.Geschlecht  := m;
Student1.GebTag.Tag  := 7;
Student1.Noten[BWL]  := 2.3;
```
◆

Sollen nacheinander mehrere Komponenten eines Records angesprochen werden, so kann das ohne Wiederholung des Recordnamens mit einer WITH-Anweisung geschehen:

38-8 WITH-Anweisung

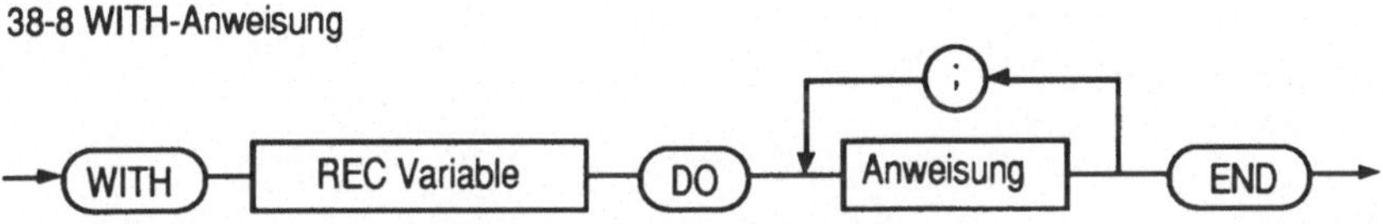

Im Rumpf der Anweisung zwischen DO und END sind die Komponenten der Recordvariablen direkt sichtbar, können also ohne vorangestellten Recordnamen angesprochen werden. Werden mehrere WITH-Anweisungen geschachtelt, so werden die Komponentennamen von innen nach außen zugeordnet. Diese Reihenfolge ist wichtig, falls verschiedene Records Komponenten mit gleichem Namen aufweisen. Stimmt in einer WITH-Anweisung ein Komponentenname mit einem Namen einer normalen Variablen überein, so wird der Komponentenname angesprochen.

Beispiel 3-23: WITH-Anweisung

```
WITH Student1 DO
  Name          := "Keulenschwinger";
  Vorname       := "Kuno";
  verheiratet  := TRUE
END; (* WITH *)
```
◆

3.3.3   Wertzuweisung und Typkompatibilität

Es gelten die gleichen Regeln wie bei Arrays: Jede Typdefinition führt einen neuen Typ ein, nur durch Umbenennen des Typnamens kann ein kompatibler Typ erzeugt werden. Eigentlich wird nur ein Aliasname für den bekannten Typ eingeführt.

Beispiel 3-24:   Aliasname

```
TYPE
  complex = RECORD
                re, im : REAL
            END; (* RECORD *)
  komplex = RECORD
                re, im : REAL
            END; (* RECORD *)
  (* nicht kompatibel *)
  kartesisch = komplex; (* Aliasname *)
```

Die Wertzuweisung ganzer Records ist möglich. Es werden alle Komponenten zugewiesen.

```
VAR
  a, b   : komplex;
  k      : kartesisch;
...
  a := b;
  k := a;
```

Wie bei Arrays können im neuen Standard auch Werte für Records durch entsprechende Konstruktoren direkt hingeschrieben werden.

Ausschnitt aus: 32 [Konst] REC Ausdruck

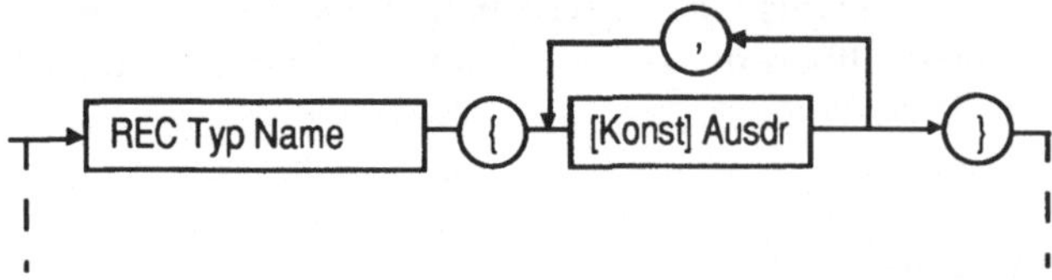

Die Ausdrücke werden ausgewertet und den Recordkomponenten in der Reihenfolge der Definition zugeordnet. An dieser Stelle spielt also die Reihenfolge der Recordfelder eine Rolle! Die Ausdrücke müssen zuweisungskompatibel zu den ihnen entsprechenden Komponenten sein.

Beispiel 3-25:   Record-Ausdruck

```
a:= komplex {2.0, 1.0}
```
♦

3.3.4   Record mit Varianten

Die feste Struktur eines Records wird oft als zu stark einengend empfunden. Bei der Datenstrukturierung stößt man vielfach auf Fälle, wo ein an sich gleicher Typ verschiedene Varianten aufweist. Zum Beispiel kann es erwünscht sein, für verheiratete Studenten, die das Vordiplom abgeschlossen haben, das Heiratsdatum und den Namen des Partners zu speichern, während für Ledige der Name der Stammkneipe erwähnt werden soll. Man kann selbstverständlich zwei Datenstrukturen *verheirateter Student* und *lediger Student* entwerfen, die beide als eine Komponente die gemeinsamen Daten aufweisen und weitere unterschiedliche Komponenten besitzen. Damit ist das Problem aber nicht befriedigend gelöst, da diese Strukturen nicht in einer gemeinsamen Liste verwaltet werden können. Für solche Fälle ist der Recordtyp mit Varianten gedacht.

Beispiel 3-26:   Record mit Varianten

(Neue Version von Beispiel 3-22)

```
TYPE
  Student = RECORD
    Name,Vorname : Wort;
    GebTag        : Datum;
    Noten         : ARRAY Faecher OF REAL;
    CASE verheiratet : BOOLEAN OF
       TRUE  : Hochzeitstag    : Datum;
               Partner         : Wort
    | FALSE : Kneipe : Wort
    END (* CASE *)
  END; (* RECORD *)
```
♦

Das Diagramm *Komponente* wird durch die CASE-Klausel erweitert, die abhängig vom Wert einer Diskriminanten verschiedene Varianten bereitstellt.

17 Komponente (KP)

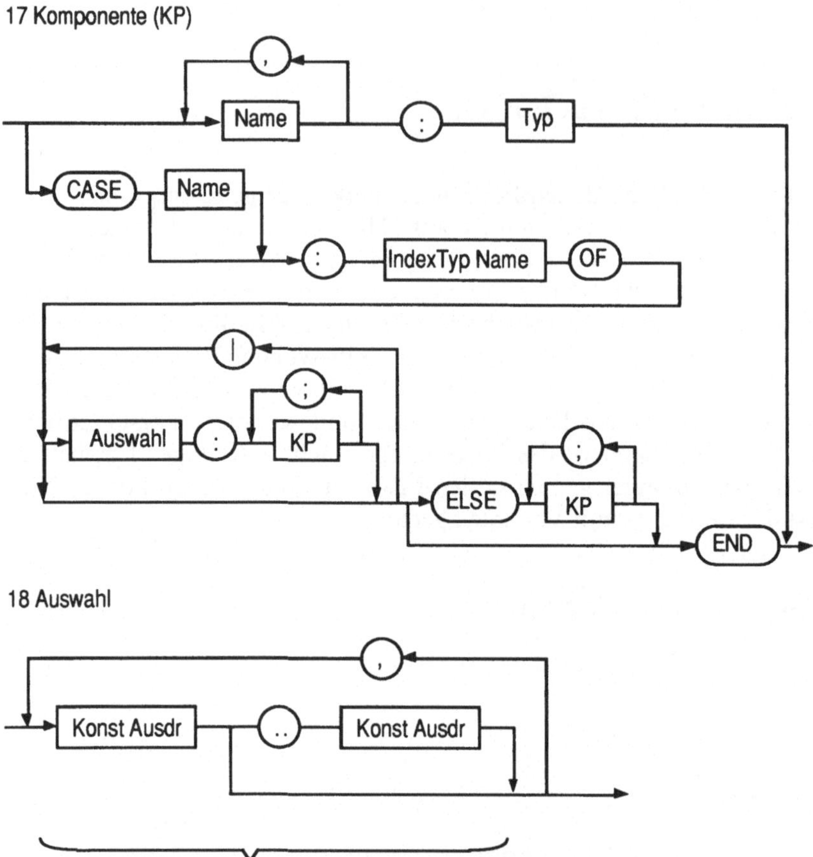

18 Auswahl

Auswahlmarken von einem Indextyp

Verschiedene Werte der Diskriminanten implizieren verschiedene Arten und Anzahlen der Komponenten. Es ist jeweils die Variante aktuell, die durch den aktuellen Wert der Diskriminanten beschrieben wird. Existiert keine Auswahlmarke mit diesem Wert, so ist die durch ELSE markierte Variante aktuell. Falls auch kein ELSE-Zweig vorhanden ist, liegt ein Fehler vor.

Achtung:
Die Diskriminante kann weggelassen werden; der Programmierer muß dann wissen, welche Variante gerade gültig ist, und muß sein Programm entsprechend gestalten.

Beispiel 3-27:   Reederei

Eine Reederei will ihren Schiffsbestand per EDV erfassen. Ein vollständiger
Eintrag soll folgenden Aufbau haben :

    Datentyp Schiff:
        Name
        Bruttoregistertonnen (BRT)
        Alter
        Bootstyp

Abhängig vom Bootstyp (Segelboot oder Frachter oder Schlepper) müssen
folgende zusätzliche Kennzeichen möglich sein:

Segelboot:	Frachter:	Schlepper:
Mastzahl	Diesel (ja / nein)	Motorgröße
Katamaran (ja / nein)	Frachtraum	Länge / Breite
Erbauer		Heimathafen

Wir verdeutlichen den Datentyp *Schiff* mit 3 Varianten durch folgende Zeichnung:

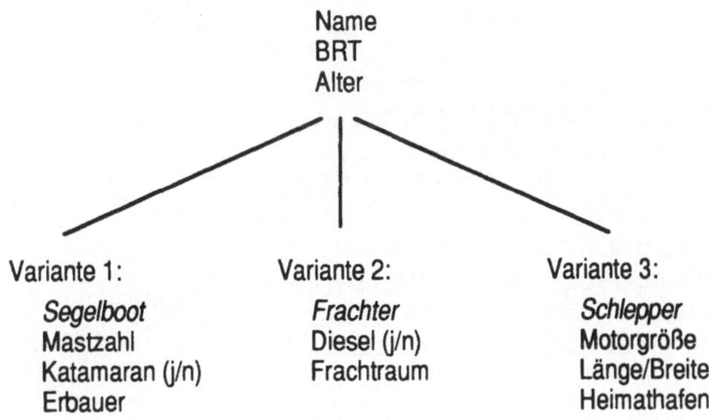

Typdefinition:

```
TYPE
  Zeichenkette = ARRAY[1..20] OF CHAR;
  Bootstyp     = (Segelboot, Frachter, Schlepper);
  Schiff       = RECORD
    Name       : Zeichenkette;
    Alter,BRT  : CARDINAL;
```

```
      CASE Schiffstyp : Bootstyp OF
        Segelboot: Masten       : [1..5];
                   Katamaran   : BOOLEAN;
                   Erbauer     : Zeichenkette
      | Frachter : Diesel       : BOOLEAN;
                   Frachtraum   : CARDINAL
      | Schlepper: Motorgroesse : CARDINAL;
                   Laenge,Breite : REAL;
                   Heimathafen  : Zeichenkette
      END (* CASE *)
    END (* Schiff *);
```

Ein Programmstück zur Ausgabe der „Flotte" könnte z.B. so aussehen:

```
VAR
   Flotte    : ARRAY[1..100] OF Schiff;
   i         : CARDINAL;

BEGIN
   ...
   FOR i := 1 TO 100 DO
     WITH Flotte[i] DO
       WriteLn;
       WriteString(" Schiffsname = ");
       WriteString(Name);
       WriteLn;
       CASE Schiffstyp OF
         Segelboot  : WriteString("--Segelboot--");
                      WriteString(" Mastzahl = ");
                      WriteCard(Masten, 3)
       | Frachter   : WriteString("--Frachter-- ");
                      WriteString("--Frachtraum = ");
                      WriteCard(Frachtraum, 5)
       | Schlepper  : WriteString("--Schlepper--");
                      WriteString("--Motorgröße = ");
                      WriteCard(Motorgröße, 5)
       END (* CASE *)
     END (* WITH *)
   END (* FOR *);
   ...
```

3.3.5   Anwendungen und Implementierung

Records werden oft so implementiert, daß der erforderliche Speicher zusammen-
hängend belegt wird, die einzelnen Komponenten aber einfach adressiert werden
können. So können einzelne kleine Lücken auftreten. Zu jeder Recordkomponente
wird als Adresse ihr Abstand von der Anfangsadresse des Records ermittelt. Der

Zugriff auf Komponenten geschieht also ähnlich wie bei Arrays; da die Adreß-
rechnung vollständig zur Übersetzungszeit erfolgt, ist sie sogar in der Regel effizienter. Bei tiefer strukturierten Records spart die WITH-Anweisung nicht nur
Speicherplatz, sondern auch Rechenzeit.

Records dienen zur Datenstrukturierung und sind in Verbindung mit Pointern ein
unerläßliches Hilfsmittel bei der Konstruktion dynamischer Listen.

3.4   Der Datentyp SET

Der Datentyp SET (Menge) beschreibt eine Zusammenfassung einer variablen
Anzahl von Komponenten vom selben Grundtyp. Die Auswahl einzelner Elemente
aus Mengen ist nicht direkt möglich, man kann lediglich für ein Element die
Mitgliedschaft in der Menge prüfen.

3.4.1   Ein einführendes Beispiel: Partnervermittlung

Beispiel 3-28: Datentyp SET

Ein Heiratsvermittlungsinstitut möchte sich bei der Auswahl passender Kandidaten
eines Programms bedienen. Dabei passen zwei Kandidaten zueinander, wenn sie
unterschiedlichen Geschlechts sind und ansonsten mindestens zwei übereinstim-
mende Eigenschaften haben.

Wir formulieren das zugehörige Programm, dabei lesen wir die Eigenschaften von
zwei Personen verschlüsselt ein, speichern sie jeweils in einer Menge und prüfen
dann, ob die Personen passende Kandidaten sind (vgl. Beispiel 3-4).

```
MODULE Heirat;

FROM STextIO IMPORT
   WriteString, WriteLn, ReadChar, SkipLine;
FROM SWholeIO IMPORT  WriteCard;

TYPE
   Eigenschaften =
      (gross, klein, dick, normal, schlank,
       intelligent, fleissig, ordentlich,
       reich, arm, baertig, weiblich, maennlich);
   Beschreibung  = SET OF Eigenschaften;
```

```modula2
VAR
  gemeinsam      : Beschreibung;
  Person         : ARRAY[1..2] OF Beschreibung;
  i, zaehler     : INTEGER;
  Kennbuchstabe  : CHAR;
  Eigenschaft    : Eigenschaften;

BEGIN
  FOR i := 1 TO 2 DO
    WriteString ("Eigenschaften der ");
    WriteCard (i,1);
    WriteString ("-ten Person eingeben ");
    WriteLn;
    WriteString("g(roß),k(lein),s(chlank),n(ormal),d(ick),
                i(ntelligent),f(leißig)" );
    WriteString("o(rdentlich),b(ärtig),r(eich),a(rm),
                w(eiblich),m(ännlich),e(nde)");
    Person[i] := Beschreibung{ };

    REPEAT
      ReadChar (Kennbuchstabe); SkipLine;
      CASE Kennbuchstabe OF
        "g" : Person[i] := Person[i] +
                           Beschreibung{gross};
      | "k" : Person[i] := Person[i] +
                           Beschreibung{klein};
      | "d" : Person[i] := Person[i] +
                           Beschreibung{dick};
      | "n" : Person[i] := Person[i] +
                           Beschreibung{normal};
      | "s" : Person[i] := Person[i] +
                           Beschreibung{schlank};
      | "i" : Person[i] := Person[i] +
                           Beschreibung{intelligent};
      | "f" : Person[i] := Person[i] +
                           Beschreibung{fleissig};
      | "o" : Person[i] := Person[i] +
                           Beschreibung{ordentlich};
      | "r" : Person[i] := Person[i] +
                           Beschreibung{reich};
      | "a" : Person[i] := Person[i] +
                           Beschreibung{arm};
      | "b" : Person[i] := Person[i] +
                           Beschreibung{baertig};
      | "w" : Person[i] := Person[i] +
                           Beschreibung{weiblich};
      | "m" : Person[i] := Person[i] +
                           Beschreibung{maennlich};
      (* "+" = Vereinigung von Mengen *)
```

```
    ELSE
    END; (* CASE *)
  UNTIL Kennbuchstabe = e;

END (* FOR *);
IF ((maennlich IN Person[1]) AND (weiblich IN
    Person[2]))
  OR ((weiblich IN Person[1]) AND (maennlich IN
      Person[2]))
THEN
  gemeinsam := Person[1] * Person[2];
             (* Durchschnittsmenge *)
  zaehler := 0;
  FOR Eigenschaft := gross TO baertig DO
    IF Eigenschaft IN gemeinsam
       (* Mitgliedschaftstest *)
    THEN INC (zaehler)
    END; (* IF *)
  END; (* FOR *)
  IF zaehler >= 2
  THEN WriteString ("Die beiden passen")
  ELSE WriteString ("Zu wenig Gemeinsamkeiten")
  END; (* IF *)
ELSE WriteString
      ("Heirat gesetzlich noch ausgeschlossen")
END; (* IF *)
END Heirat.
```

3.4.2   Definition

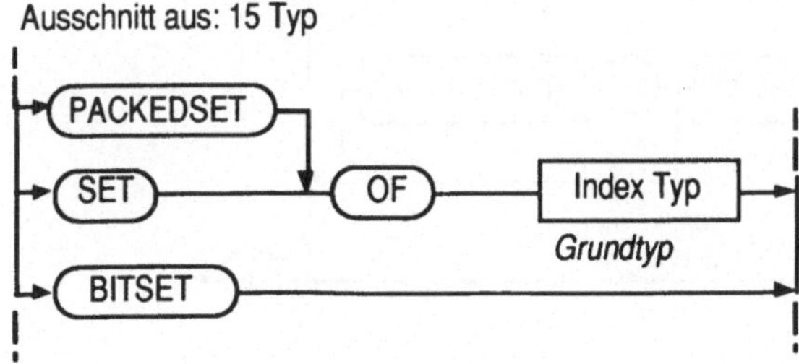

Die Anzahl w der Elemente des Grundtyps ist implementierungsabhängig beschränkt. Der Wertebereich des SET-Typs ist die Potenzmenge der Werte des Grundtyps. Ist w zu klein, so ist die Verwendung von SET nicht sinnvoll möglich, üblicherweise wird SET deshalb so implementiert, daß $w \geq 256$ gilt.

Durch PACKEDSET wird ein effizient implementierbarer Mengentyp definiert (siehe Kapitel 3.4.4), für den stärkere Einschränkungen des Grundtyps zulässig sind. Es kommen Aufzählungstypen mit höchstens v (v <= w) Elementen oder Unterbereichstypen mit Werten, deren Ordnungszahlen zwischen 0 und v-1 liegen, in Betracht.

BITSET ist ein Standardtyp, der PACKEDSET OF CARDINAL[0..v-1] entspricht.

Beispiel 3-29:   Personenbeschreibung

Eine korrekte Typdefinition lautet also:

```
TYPE
  Eigenschaften =
    (gross, klein, dick, normal, schlank,
     intelligent, fleissig, ordentlich, reich, arm,
     baertig, weiblich, maennlich);
  Personenbeschreibung = SET OF Eigenschaften;
VAR
  Taeter : Personenbeschreibung;
```

mögliche Werte der Variablen `Taeter`:
    jede Untermenge der Grundmenge Eigenschaften.   ◆

Eine Menge kann in Form eines **Set-Konstruktors** direkt hingeschrieben werden.

34 [Konst] SET Konstruktor

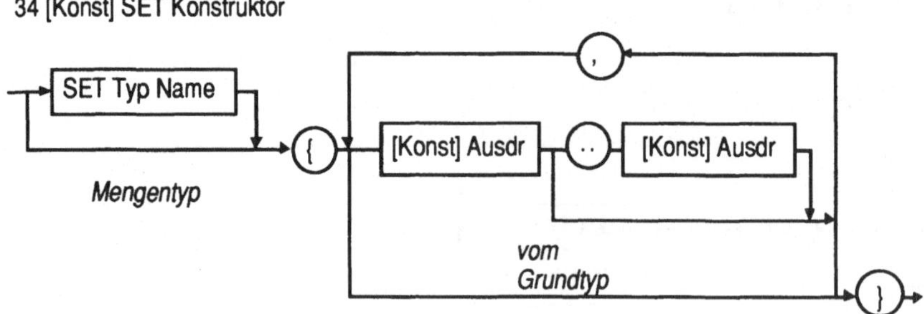

Bemerkungen:

* Diese Konstruktoren gab es auch in der ursprünglichen Version der Sprache, allerdings waren nur konstante Ausdrücke zugelassen.
* Der zugehörige Mengentyp muß explizit als Präfix angegeben werden.
* Die Elemente werden von geschweiften Klammern eingeschlossen.

- Bei der Angabe von Intervallen (Ausdruck .. Ausdruck) sind alle Elemente, die zwischen den beiden angegebenen Ausdrücken liegen, in der Menge enthalten.

Beispiel 1-4 f: Menüsteuerung

Die Menüsteuerung, z.B. in unserem Telefonlistenprogramm, kann mit Hilfe einer konstanten Buchstabenmenge übersichtlich und effizient programmiert werden.

```
TYPE CHARSET = SET OF CHAR;

REPEAT
  WriteString ("Was wollen Sie tun?");
  WriteLn;
  WriteString (" Z(eigen eines Stadtverzeichnisses)");
  WriteLn;
  WriteString (" H(inzufügen eines Eintrages) ");
  WriteLn;
  WriteString (" F(inden einer Telefonnummer) ");
  WriteLn;
  WriteString (" B(eenden des Programms) ");
  WriteLn; WriteLn;
  REPEAT
    ok := TRUE;
    ReadChar (c); SkipLine;
    WriteLn;
    IF NOT (c IN
      CHARSET{"Z","z","H","h","F","f","B","b"})
    THEN
      ok := FALSE;
      WriteString ("Unzulässige Auswahl");
      WriteLn;
    END; (* IF *)
  UNTIL ok;
  CASE c OF
   "Z", "z": ListeHer (TBuch);
  |"H", "h": EintragHinzu (TBuch);
  |"F", "f": NummerHer (TBuch);
  |"B", "b":
  ELSE
  END (* CASE *)

UNTIL (c = "B") OR (c = "b")
```
                                                            ♦

3.4.3   Aktionen auf einer Menge

Mengen können einander zugewiesen, miteinander verglichen und mit Operatoren für mengenübliche Operationen verknüpft werden. Außerdem existieren Prozeduren zum Ein- oder Ausschluß eines Elementes.

(a) Mengenoperationen

Operator	Operation	Operandentyp	Ergebnistyp
+	Vereinigung $\cup$		
*	Durchschnitt $\cap$		
-	Differenz $\setminus$	Set-Typ t	t
/	Symmetrische Differenz Δ $(a \cup b) \setminus (a \cap b)$		

Vereinigung

*   Menge der Elemente, die in Menge 1 **oder** in Menge 2 oder in beiden enthalten sind.

Beispiel 3-30:   Vereinigung von Mengen

```
TYPE
  CARD = SET OF [1..4];
VAR
  m : CARD;
...
  m := CARD {1..2};
  m := m + CARD {2..4};
  (* m = {1, 2, 3, 4} *)
```

Durchschnitt

*   Menge aller Elemente, die in Menge 1 **und** in Menge 2 enthalten sind.

Beispiel 3-31:   Durchschnitt von Mengen

```
  m := CARD {1, 2, 3};
  m := m * CARD {2, 3, 4};
  (* m = {2, 3} *)
```

Differenz

* Menge aller Elemente, die in Menge 1 **und nicht** in Menge 2 enthalten sind.

Beispiel 3-32:   Differenz zweier Mengen

```
m := CARD {1, 2, 3};
m := m - CARD {2, 3, 4};
(* m = {1} *)
```
◆

Symmetrische Differenz

* Menge aller Elemente, die in genau einer der Mengen enthalten sind.
  $(A \ \Delta \ B = (A \ \cup \ B)\backslash(A \ \cap \ B))$

Beispiel 3-33:   Symmetrische Differenz

```
m := CARD {1, 2, 3};
m := m / CARD {2, 3, 4};
(* m = {1, 4} *)
```
◆

(b) Vergleichsoperatoren:

Operator	Operation	Operandentyp	Ergebnistyp
=	Gleichheit =		
<>, #	Ungleichheit ≠		
<= >=	$\subseteq$ Inklusion $\supseteq$	Set-Typ t	BOOLEAN
IN	Element ∈	Grundtyp s; SET OF s	

Beispiel 3-34:   Vergleichsoperatoren bei Mengen

```
CARD {1, 2} = CARD {3, 4}  Ergebnis:    FALSE
1 IN CARD {1..3, 4}        Ergebnis:    TRUE
```
◆

Ein- und Ausschluß eines Elements einer Menge:

Der Ein- bzw. Ausschluß eines Elements aus einer Menge ist mit den Prozeduren INCL und EXCL möglich:
es existiere ein Typ M = SET OF I ; sei S vom Typ M , i vom Typ I:

```
INCL(S,i)   ≅   S := S + M{i};
EXCL(S,i)   ≅   S := S - M{i};
```

Beispiel 3-35:   Einschluß eines Elements in eine Menge

```
INCL(Person[1],dick);
(* Person[1] := Person[1] + Beschreibung{dick} *)          ♦
```

3.4.4   Anwendungen

Mengen werden in der Regel so implementiert, daß für jeden möglichen Wert des Grundtyps ein Bit in der Repräsentation der Menge reserviert ist. Ist dieses Bit gesetzt, so ist der entsprechende Wert in der Menge enthalten, sonst nicht. Mitgliedschaftstests sind also Bitabfragen, und Mengenoperationen sind durch einfache bitweise logische Verknüpfungen zu realisieren. Daher sind Mengenoperationen sehr effizient. Viele Implementierungen beschränken jedoch die Mengengröße auf ein Wort, d.h. eine Menge kann höchstens so viele Elemente aufnehmen, wie Bits in ein Wort passen. Da dies oft nur 16 oder 32 sind, wird die Anwendbarkeit des Mengenkonzepts stark eingeschränkt, und der Benutzer muß sich ärgerliche und aufwendige Skalierungsoperationen überlegen, wenn er mit größeren Mengen arbeiten will. Für die Algorithmenentwicklung selbst sind Mengen allerdings ein gutes Konzept und sollten, falls angebracht, verwendet werden. Die Implementierung erfordert dann unter Umständen einen weiteren Verfeinerungsschritt.

4 Prozeduren und Funktionen

Die schrittweise Verfeinerung der Daten (das Prinzip der Datenabstraktion) wurde durch Einführung der strukturierten Datentypen in Modula-2 verwirklicht. Die schrittweise Verfeinerung des Algorithmus' führt in natürlicher Weise über mehrere Teilalgorithmen erst in der letzten Stufe zu den bisher bekannten Elementaranweisungen wie z.B. Zuweisung oder Schleifenanweisung. Die Teilalgorithmen, die logisch eine Einheit bilden, sollen nun auch syntaktisch zusammengefaßt werden. Das ist eine Aufgabe von Prozeduren und Funktionen.

Überblick

Prozeduren und Funktionen

- übertragen das Prinzip der schrittweisen Verfeinerung von Algorithmen auf die Konzepte der Programmiersprache Modula-2 und
- verdeutlichen dadurch die Struktur des Algorithmus',
- zerlegen ein Programm in logisch zusammenhängende Einheiten (Unterprogramme) und
- ermöglichen so die Mehrfachausführung in einem Programm
- bei gleichzeitiger Einsparung von Speicherplatz und Schreibarbeit.

Durch Angabe von Parametern, die Eingabe- und Ausgabegrößen von Prozeduren beschreiben, erhöht sich die Wiederverwendbarkeit beträchtlich. Prozeduren und Funktionen können so entworfen werden, daß sie in mehreren verschiedenen Programmen verwendet werden können. Prozeduren (im eigentlichen Sinn) beschreiben ein allgemeines Unterprogramm (einen Teilalgorithmus), während Funktionen (Funktionsprozeduren) einen Wert berechnen.

4.1   Ein einführendes Beispiel: Brüche kürzen

Beispiel 4-1:   Prozeduren und Funktionen

```
Algorithmus Bruechekuerzen;
BEGIN
   (** Eingabe **)
   (* Kürze *)
     (** Ermittle ggT **);
     Zaehler := Zaehler DIV ggT;
     Nenner  := Nenner DIV ggT;
   (** Ausgabe **)
END Bruechekuerzen.
```

Wir wollen drei verschiedene Verfeinerungen dieses Algorithmus' behandeln.
Dabei verzichten wir auf die Einführung eines Recordtyps *Bruch*, da ja unser
Hauptaugenmerk auf der Strukturierung von Algorithmen durch Verwenden von
Prozeduren liegen soll.

Erste Lösung ohne Prozeduren:

```
MODULE Bruechekuerzen1;
FROM STextIO IMPORT WriteString, WriteLn, SkipLine;
FROM SWholeIO IMPORT ReadInt, WriteInt;

VAR
   Zaehler, Nenner, Hilf, z, n, ggT, Rest : INTEGER;
BEGIN
(* Eingabe *)
   WriteString('Bitte Zähler eingeben. ');
   ReadInt(Zaehler); SkipLine;
   WriteLn;
   WriteString('Bitte Nenner eingeben. ');
   ReadInt(Nenner); SkipLine;
   WriteLn;

(* Kürze *)
   (* ErmittleggT *);
     z := Zaehler;
     n := Nenner;
     IF z < n
     THEN (* vertausche *)
       Hilf := z; z := n; n := Hilf
     END (* IF *);
```

```
      Rest := z MOD n;
      WHILE Rest <> 0 DO
        z := n;
        n := Rest;
        Rest := z MOD n
      END; (* WHILE *)
      ggT := n;   (* END ErmittleggT *)

    Zaehler := Zaehler DIV ggT;
    Nenner := Nenner DIV ggT;

(* Ausgabe *)
    WriteString('Der gekürzte Bruch lautet: ');
    WriteInt(Zaehler,7);
    WriteString('/');
    WriteInt(Nenner,7)
END Bruechekuerzen1.
```

Zweite Lösung mit Prozeduren und globalen Variablen:

```
MODULE Bruechekuerzen2;
FROM STextIO IMPORT WriteString, WriteLn, SkipLine;
FROM SWholeIO IMPORT ReadInt, WriteInt;


VAR
   Zaehler, Nenner : INTEGER;

PROCEDURE Eingabe;
BEGIN
   WriteString('Bitte Zähler eingeben.');
   ReadInt(Zaehler); SkipLine;
   WriteLn;
   WriteString('Bitte Nenner eingeben.');
   ReadInt(Nenner); SkipLine;
   WriteLn
END Eingabe;

PROCEDURE Ausgabe;
BEGIN
   WriteString('Der gekürzte Bruch lautet: ');
   WriteInt(Zaehler,7);
   WriteString('/');
   WriteInt(Nenner,7)
END Ausgabe;

PROCEDURE Kuerze;
VAR ggT : INTEGER;
```

```modula2
  PROCEDURE ErmittleggT;
  VAR
    Hilf, z, n, Rest : INTEGER;
      (* lokale Hilfsgrößen der Prozedur *)
  BEGIN
    z := Zaehler;
    n := Nenner;
    IF z < n
    THEN (* vertausche *)
      Hilf := z; z := n; n := Hilf
    END (* IF *);
    Rest := z MOD n;
    WHILE Rest <> 0 DO
      z :=n;
      n := Rest;
      Rest := z MOD n
    END; (* WHILE *)
    ggT := n
  END ErmittleggT;

BEGIN (* Kuerze *)
  ErmittleggT;
  Zaehler  := Zaehler DIV ggT;
  Nenner   := Nenner DIV ggT
END Kuerze;

BEGIN (* Bruechekuerzen2 *)
  Eingabe;
  Kuerze;
  Ausgabe
END Bruechekuerzen2.
```

Die Verwendung von **globalen** (d.h. außerhalb der Prozedur vereinbarten) **Variablen** ist i.a. unübersichtlich. Im Hauptprogramm ist nicht ersichtlich, was mit den Variablen passiert, und u.U. treten (unerwünschte/nicht sichtbare) „Seiteneffekte" auf. Darüber hinaus sind die Prozeduren nicht oder nur sehr eingeschränkt wiederverwendbar. Die Übergabe der Objekte an Prozeduren *als Parameter* ist deshalb zu bevorzugen.

Dritte Lösung mit Übergabe der Objekte als Parameter:

```modula2
MODULE Bruechekuerzen3;
FROM STextIO IMPORT WriteString, WriteLn, SkipLine;
FROM SWholeIO IMPORT ReadInt, WriteInt;

VAR Zaehler, Nenner : INTEGER;
```

```
PROCEDURE Eingabe (VAR z, n : INTEGER);
BEGIN
  WriteString('Bitte Zähler eingeben.');
  ReadInt(z); SkipLine;
  WriteLn;
  WriteString('Bitte Nenner eingeben.');
  ReadInt(n); SkipLine;
  WriteLn
END Eingabe;

PROCEDURE Ausgabe (z, n : INTEGER);
BEGIN
  WriteString('Der gekürzte Bruch lautet: ');
  WriteInt(z,7);
  WriteString('/');
  WriteInt(n,7)
END Ausgabe;

PROCEDURE Kuerze (VAR z, n : INTEGER);
VAR teiler : INTEGER;

(* lokale Prozedur in Kuerze: *)
  PROCEDURE ggT (z, n : INTEGER): INTEGER;
  VAR Hilf, Rest : INTEGER;
  BEGIN
    IF z < n
    THEN  (* vertausche *)
      Hilf := z; z := n; n := Hilf
    END (* IF *);
    Rest := z MOD n;
    WHILE Rest <> 0 DO
      z := n;
      n := Rest;
      Rest := z MOD n
    END (* WHILE *);
    RETURN n
  END ggT;

BEGIN (* Kuerze *)
  teiler := ggT(z, n);
  z := z DIV teiler;
  n := n DIV teiler
END Kuerze;

(* Anweisungsteil Modul Bruechekuerzen3: *)
BEGIN
  Eingabe(Zaehler, Nenner);
  Kuerze(Zaehler, Nenner);
  Ausgabe(Zaehler, Nenner)
END Bruechekuerzen3.
```

♦

Wir haben bisher schon Prozeduren und Funktionen kennengelernt, die in entsprechenden Modulen implementiert oder in der Sprache vordeklariert sind.

Beispiel 4-2:   Einige bekannte Prozeduren und Funktionen

```
...
FROM STextIO IMPORT WriteLn;
FROM SWholeIO IMPORT WriteInt;
FROM RealMath IMPORT sqrt, sin;
...
VAR
  i : INTEGER;
  x, y, z : REAL;
...
BEGIN
...
  WriteLn;
    (* Aufruf der Prozedur WriteLn;
       Wirkung: Zeilenvorschub auf Ausgabeeinheit *)

  i := 1;

  INC(i);
    (* Aufruf der Prozedur INC;
       Wirkung: i wird um 1 erhöht, hat also
       nach Aufruf der Prozedur den Wert 2 *)

  WriteInt(i,3);
    (* Aufruf der Prozedur WriteInt;
       Wirkung: Ausgabe des Wertes von i auf
       Ausgabeeinheit mit mind. 3 Stellen;
       i hat nach Aufruf der Prozedur
       immer noch den Wert 2 *)

  y := sqrt(4.0);
    (* Aufruf der Funktion sqrt;
       Wirkung: Nach Aufruf der Funktion
       erhält y den Wert 2.0 *)

  y := 4.0 * sin(x * x + sqrt(z));
    (* Aufruf der Funktionen sin und sqrt in
       geschachteltem Ausdruck*)

...
```

Um Prozeduren und Funktionen in dieser Form benutzen zu können, müssen sie an einer geeigneten Stelle deklariert sein.

Beispiel 4-3:   Deklaration von Prozeduren und Funktionen

```
...
PROCEDURE INC (VAR zahl : INTEGER);

  (* Dies ist nicht die tatsächliche Implementation
     der Modula-2-Standardprozedur INC! *)
BEGIN
  zahl := zahl + 1
END INC;
...

PROCEDURE sqrt (x : REAL) : REAL;

  (* Dies ist nicht die tatsächliche Implementation
     der Funktion Sqrt aus dem Modul RealMath! *)

VAR Wurzel : REAL;

BEGIN
  IF x < 0.0
  THEN
    WriteLn('Radikanden kleiner Null sind
            unzulässig!');
    RETURN 0.0
  ELSE
    Wurzel := x;
    REPEAT
      Wurzel := 0.5 * (Wurzel + x / Wurzel)
    UNTIL Wurzel * Wurzel = x;
    RETURN Wurzel
  END (* IF *)
END sqrt;
...
```

4.2   Deklaration von Prozeduren

Prozeduren bestehen aus vier Teilen:
* dem *Namen* der Prozedur,
* der *Beschreibung ihrer Parameter* (Ein- und Ausgabeobjekte),
* der *Beschreibung ihrer lokalen Objekte* (Objekte, die nur innerhalb der Prozedur benötigt werden),
* den *Aktionen*, die bei einer Aktivierung der Prozedur ausgeführt werden.

Das Festlegen der Prozedurteile erfolgt durch Deklaration der Prozedur im Vereinbarungsteil.

Ausschnitt aus: 12 Prozedurvereinbarung

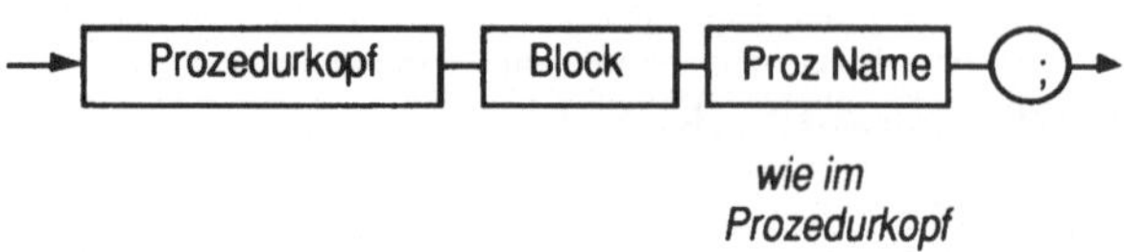

Wir erinnern uns, daß die Prozedurvereinbarung im Diagramm *Block* auftrat, und nun tritt die Syntaxvariable Block wieder auf. Die Blöcke werden also ineinander geschachtelt. Jede Prozedur kann somit auch einen eigenen Vereinbarungsteil besitzen, in dem lokale, d.h. nur für diese Prozedur selbst relevante Größen aufgezählt werden, die außerhalb nicht sichtbar sind (siehe Kap. 4.6).

Ein *Prozedurkopf* besteht aus dem *Namen* und der *formalen Parameterliste* (falls es eine gibt). Für Funktionsprozeduren muß zusätzlich der Typ des Ergebnisses angegeben werden (siehe Kap. 4.4), der durch den Namen dieser Prozedur dem aufrufenden Programm abgeliefert wird.

13 Prozedurkopf (Proz Kopf)

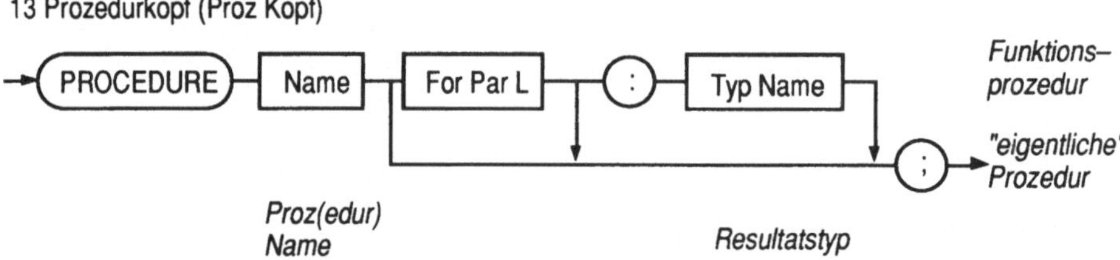

In der formalen Parameterliste werden die Eingabe- und Ausgabegrößen für die Prozedur aufgezählt.

Ausschnitt aus: 14 Formale Parameterliste (For Par L)

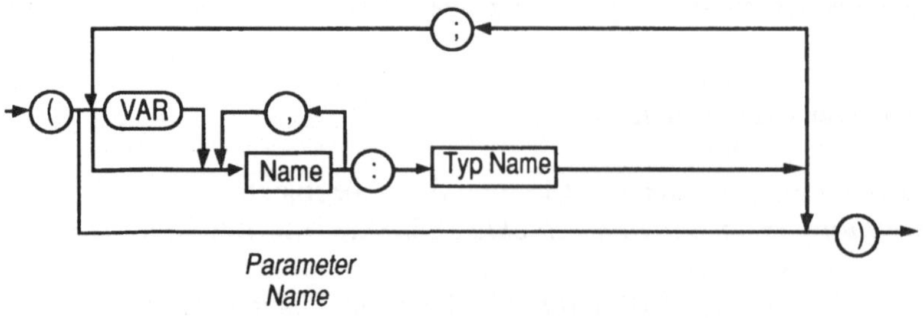

Parameter ohne Kennzeichen sind dabei reine Eingabeparameter. Mögliche Ausgabegrößen müssen mit VAR gekennzeichnet werden (siehe Kap. 4.3). Der Typ eines formalen Parameters kann nur in Form eines bereits eingeführten Typnamens angegeben werden. Eine Ausnahme bilden die offenen Array-Parameter (siehe Kap. 4.5).

Beispiel 4-4:   ungültige Prozedurköpfe

```
PROCEDURE falsch1(VAR x);  (* Typname fehlt *)

PROCEDURE falsch2(x : RECORD  r,s : REAL  END);
          (* keine explizite Typangabe erlaubt *)

PROCEDURE falsch3(VAR x,y : INTEGER, z : INTEGER);
          (* vor z muß ; statt , stehen *)
```

◆

4.3   Aufruf von Prozeduren

Eine innerhalb eines Blocks deklarierte Prozedur kann an beliebig vielen Stellen innerhalb dieses Blocks aufgerufen werden. Der Aufruf geschieht durch eine eigene Anweisung, den *Prozeduraufruf*.

Syntax des Prozeduraufrufs

(nur für eigentliche Prozeduren; für Funktionsprozeduren siehe Kap. 4.4).

38-10 Prozeduraufruf

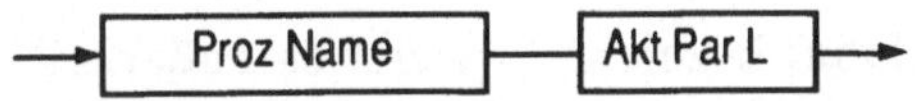

Der Prozeduraufruf besteht aus dem Namen der Prozedur, gefolgt von der Liste der aktuellen Parameter. Diese Liste muß beim Aufruf „passen", d.h. die Anzahl der aktuellen und formalen Parameter muß gleich sein, die Reihenfolge muß übereinstimmen und ihre Typen müssen passen. Die Zuordnung aktueller–formaler Parameter erfolgt durch die Position in der Liste. Dabei passen zwei Typen für VAR-Parameter zueinander, wenn formaler und aktueller Parameter typgleich sind. Für Value-Parameter reicht es, wenn formaler und aktueller Parameter zuweisungskompatibel sind. Die aktuelle Größe für einen VAR-Parameter muß eine Variable sein, während für Wertparameter auch Ausdrücke stehen dürfen.

37 Aktuelle Parameterliste (Akt Par L)

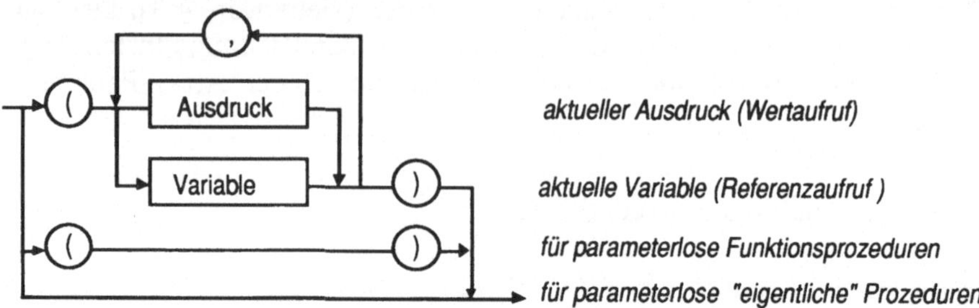

Beispiel 4-5:   richtige und falsche Parameterlisten

Es gelten die Vereinbarungen aus Beispiel 4-1 *(Brüchekuerzen3)*.

```
Eingabe(5,12);
     (* falsch: Ausdrücke für VAR-Parameter *)
Ausgabe(5,12);
     (* richtig: Ausdrücke für Wertparameter *)
Ausgabe(z,n);
     (* richtig: Variable für Wertparameter *)
Eingabe(z,n);
     (* richtig: Variable für VAR-Parameter *)          ◆
```

Der Aufruf einer Prozedur bedeutet die Ausführung der Anweisungsfolge einer
Prozedur nach Übergabe von Objekten der aufrufenden Umgebung als globale
Objekte, Value-Parameter (Wertparameter) oder VAR-Parameter (Referenz-
parameter).

Definitionen: (global/lokal)

- Ein Objekt wird in einem Block als **global** bezeichnet, wenn es außerhalb
  dieses Blocks, aber nicht zusätzlich im Deklarationsteil dieses Blocks, deklariert worden ist und trotzdem innerhalb dieses Blocks verwendet wird.
  Formale VAR-Parameter verhalten sich dabei wie globale Objekte.

- Ein Objekt wird in einem Block als **lokal** bezeichnet, wenn es im Deklarationsteil dieses Blocks deklariert worden ist. Nach Abarbeitung dieses Blocks
  wird das Objekt „vernichtet". Formale Value-Parameter verhalten sich wie
  lokale Objekte.   ◆

Prozeduraufruf VAR/Value-Parameter:

Ein Value-Parameter bezeichnet eine Eingabegröße der Prozedur. In der formalen Parameterliste tritt er ohne spezielle Kennzeichnung auf. Ein VAR-Parameter wird durch VAR gekennzeichnet und kann Eingabe- und Ausgabegröße sein.

Für den Zusammenhang formaler/aktueller Parameter gelten die folgenden Regeln:

1)   Für *formale Wertparameter* werden (zusätzlich zu den Prozedur-lokalen Variablen) Größen gleichen Typs und gleichen Namens lokal für die Prozedur vereinbart, denen beim Aufruf der Wert der aktuellen Parameter zugewiesen wird (*Wertaufruf, call by value*) (siehe Beispiel 4-6 Parameterarten). Werden also formalen Wertparametern in der Prozedur Werte zugewiesen, so hat dies keinerlei Auswirkungen auf das aufrufende Programm, auch wenn der zugehörige aktuelle Parameter ein Variablenname ist.

2)   Im Rumpf der Prozedur werden die Namen *formaler VAR-Parameter* durch die Namen der aktuellen Parameter ersetzt. Treten dabei Namenskonflikte mit lokalen Größen der Prozedur auf, so werden diese lokalen Größen umbenannt. Sind die aktuellen Parameter Komponenten strukturierter Datentypen, so werden die Adreßrechnungen vor der Namensersetzung durchgeführt (*Referenzaufruf, call by reference*) (siehe Beispiele 4-6 bis 4-8).

     Durch die Verwendung der Namen der aktuellen Parameter in der Prozedur werden somit die Variablen des aufrufenden Programms direkt angesprochen und beispielsweise Änderungen von Variablen durch die Prozedur unmittelbar im aufrufenden Programm sichtbar.

3)   Der so veränderte Rumpf der Prozedur wird an die Aufrufstelle kopiert und bis zum Blockende oder bis zur ersten RETURN-Anweisung ausgeführt. Diese Vorgehensweise wird auch als **Kopierregel** bezeichnet.

Durch die Regeln 1) bis 3) wird die Bedeutung eines Prozeduraufrufs beschrieben; die eigentliche Implementierung durch den Compiler sieht i. a. jedoch etwas anders aus.

Ausführung eines Prozeduraufrufs:

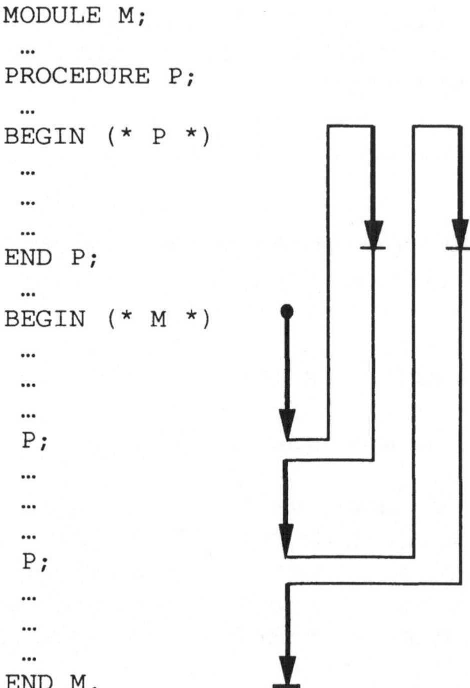

Beispiel 4-6:   Parameterarten

```
MODULE Beispiel;
FROM STextIO IMPORT WriteString, WriteLn;
FROM SWholeIO IMPORT WriteInt;

VAR
  i : INTEGER;

PROCEDURE keinParameter;
BEGIN
  WriteLn;WriteLn;
  WriteString
    ('Wert von i in Prozedur "keinParameter": ');
  WriteInt(i, 6); WriteLn;
  INC(i);
  WriteString
    ('Letzter Wert von i in Prozedur "keinParameter":');
  WriteInt(i, 6); WriteLn
END keinParameter;
```

```
PROCEDURE valueParameter (i : INTEGER);
BEGIN
  WriteString
    ('Wert von i in Prozedur "valueParameter": ');
  WriteInt(i, 6);  WriteLn;
  INC(i);
  WriteString
    ('Letzter Wert von i in Prozedur "valueParameter": ');
  WriteInt(i, 6); WriteLn
END valueParameter;

PROCEDURE variableParameter (VAR i : INTEGER);
BEGIN
  WriteLn; WriteLn;
  WriteString
    ('Wert von i in Prozedur "variableParameter": ');
  WriteInt(i, 6);  WriteLn;
  INC(i);
  WriteString
    ('Letzter Wert von i in Prozedur "variableParameter":');
  WriteInt(i, 6); WriteLn
END variableParameter;

BEGIN (* Beispiel *);
  i := 0;
  keinParameter;
  WriteString
    ('Wert von i nach Prozedur "kein Parameter": ');
  WriteInt(i, 6);
  WriteLn;
  i := 0;
  valueParameter(i);
  WriteLn;
  WriteString
    ('Wert von i nach Prozedur "valueParameter": ');
  WriteInt(i, 6);
  WriteLn;
  i := 0;
  variableParameter(i);
  WriteLn;
  WriteString
    ('Wert von i nach Prozedur "variableParameter": ');
  WriteInt(i, 6)
END Beispiel.
```

Ausgabe (hier optisch aufbereitet):

Wert von i in Prozedur "keinParameter":   0
Letzter Wert von i in Prozedur "keinParameter":   1
Wert von i nach Prozedur "keinParameter":   1

Wert von i in Prozedur "valueParameter":   0
Letzter Wert von i in Prozedur "valueParameter":   1
Wert von i nachProzedur "valueParameter":   0

Wert von i in Prozedur "variableParameter":   0
Letzter Wert von i in Prozedur "variableParameter":   1
Wert von i nach Prozedur "variableParameter":   1

Beispiel 4-7:   Parameternamen

```
MODULE verzwickt;
FROM SWholeIO IMPORT WriteInt;
VAR
   k,l,m : INTEGER;

PROCEDURE tuewas (x : INTEGER; VAR y : INTEGER);
VAR
  z : INTEGER;

BEGIN
   z := x;
   m := 17;
   y := z + 2;
   x := x + 5
END tuewas;

BEGIN
   l := 1;
   k := 2;
   m := 0;
   tuewas(l,k);
   WriteInt(l,3);
   WriteInt(k,3);
   WriteInt(m,3)
END verzwickt.
```

Ausgegeben wird: 1   3   17

Beispiel 4-8:   Referenzaufruf mit Array-Komponente

```
...
VAR
  A : ARRAY [1..10] OF INTEGER;
  i : [1..10];
PROCEDURE acht (VAR x : INTEGER);
BEGIN
  i := 8;
  x := 0
END acht;

BEGIN (* Hauptmodul *)
  ...
  i := 2;
  acht (A[i])
  (* setzt A[2] auf 0, nicht A[8] *)
  ...
```

◆

Die Verwendung globaler Variablen kann zu unerwünschten Seiteneffekten führen.

Beispiel 4-9:   Seiteneffekt

```
MODULE Seiteneffekt;
FROM STextIO IMPORT WriteLn, WriteString, SkipLine;
FROM SWholeIO IMPORT WriteInt, ReadInt;

VAR
  r, s, wert : INTEGER;

PROCEDURE hoch (x, y : INTEGER;
                VAR ergebnis : INTEGER);
    (* ergebnis := x hoch y = x*x*x*...*x (y mal) *)
VAR
  i : INTEGER;
BEGIN
  r := 1;
  FOR i := 1 TO y DO
    r := r * x
  END; (* FOR *)
  ergebnis := r
END hoch;
```

```
BEGIN  (* Seiteneffekt *)
  WriteString('Basis eingeben');
  ReadInt(s); SkipLine;
  WriteLn;
  WriteString('Exponent eingeben');
  ReadInt(r); SkipLine;
  WriteLn;
  hoch(s, r, wert);
  WriteInt(s, 3); WriteString(' hoch ');
  WriteInt(r, 3);
  WriteString(' ist '); WriteInt(wert, 6)
END Seiteneffekt.
```

Die Prozedur hoch verändert die globale Variable r, so daß nach dem Aufruf z.B.
mit s = 5 und r = 3 folgender Text ausgedruckt wird:

```
    5 hoch 125 ist 125
```
                    ♦

Prozeduren sollten so geschrieben werden, daß Seiteneffekte ausbleiben. Die
Verwendung von globalen Variablen ist deshalb zu unterlassen oder stark ein-
zuschränken und in jedem Fall ausführlich zu kommentieren. In obigem Beispiel ist
vermutlich einfach in der Prozedur hoch die Vereinbarung einer lokalen
Variablen r vergessen worden!

Prozedurbeendigung durch die RETURN-Anweisung

In einer Prozedur können alle Anweisungen wie in einem Hauptprogramm
auftreten; zusätzlich gibt es noch die RETURN-Anweisung, die zu einem regulären
Beendigung der Prozedurausführung führt (d.h. es wird dann wieder im rufenden
Programm weitergemacht).

38-11a RETURN-Anweisung (für Prozeduren)

Dadurch sind beliebig viele Ausgänge für Prozeduren möglich (vergleiche
LOOP – EXIT). Jedoch ist die sparsame Verwendung von RETURN sinnvoll, da
sonst die Gefahr des Verlustes einer klaren Programmstruktur besteht. Als Faust-
regel kann gelten, daß RETURN-Anweisungen zum Verlassen von eigentlichen
Prozeduren nur im Fehler- oder Ausnahmefall verwendet werden.

4.4   Funktionsprozeduren

Prozeduren, die als Ergebnis einen **Ausgabeparameter** liefern, können als **Funktionen** implementiert werden. Der Aufruf geschieht durch Angabe des Funktionsnamens mit Argumenten innerhalb von Ausdrücken (Schreibweise wie in der Mathematik), z.B.:

```
y := 3. * sin(x) + 7.4;
```

Bei der Vereinbarung muß im Prozedurkopf der Typ des Funktionswerts (Wertebereich) angegeben werden. Als Ergebnistypen dürfen die einfachen Datentypen, Pointertypen und strukturierte Datentypen auftreten. Eine Funktionsprozedur muß mindestens eine RETURN-Anweisung enthalten, in der der Rückgabewert angegeben wird. Die Ausführung dieser Anweisung bewirkt die reguläre Beendigung der Prozedur; der Prozedurname im Ausdruck des rufenden Programms erhält den Rückgabewert der RETURN-Anweisung.

38-11b RETURN-Anweisung (für Funktionsprozeduren)

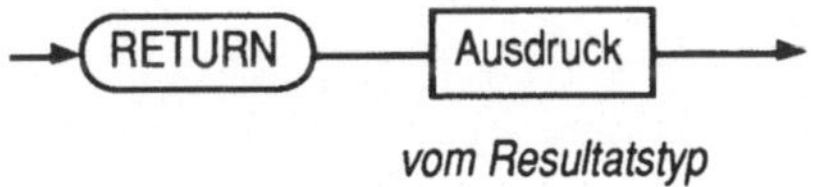

Der Wert des Ausdrucks muß zuweisungskompatibel zum Typ des Funktionswerts (Ergebnistyp) sein. Funktionsprozeduren ohne Parameter müssen mit einer leeren Parameterliste „()" aufgerufen werden (sonst besteht Verwechslungsgefahr mit Namen für Objekte; vgl. dazu auch das Syntaxdiagramm 13 Prozedurkopf in Kapitel 4.2).

Beispiel 4-10:   Standard-Funktionsprozeduren (Aufruf)

siehe auch Kapitel 2.6.3; hier z.B. VAL:

```
...
TYPE
  Tag = (Mo, Di, Mi, Do, Fr, Sa, So);
VAR
  Gestern, Heute : Tag;
```

```
BEGIN
...
  IF ORD(Gestern) <= 5
  THEN Heute := VAL(Tag, ORD(Gestern) + 1)
  ELSE Heute := Mo
  END (* IF *)
END;
...
```

◆

Beispiel 4-11:   Selbstdefinierte Funktionsprozeduren und deren Aufruf

```
...
PROCEDURE Fakultaet(n : CARDINAL) : CARDINAL;
VAR
  i, hilf : CARDINAL;
BEGIN
  hilf := 1;
  FOR i := 1 TO n DO
    hilf := hilf * i
  END;
  RETURN hilf
END Fakultaet;
...
  m := Fakultaet(n);
...
```

____

```
...
PROCEDURE pi() : REAL;
BEGIN
  RETURN 3.1415926
END pi;
...
  n := 2.* r * pi();
...
```

____

```
...
PROCEDURE max(x, y : REAL) : REAL;
BEGIN
  IF x >= y
  THEN RETURN x
  ELSE RETURN y
  END
END max;
...
  Maximum := max(z,a);
...
```

____

```
...
PROCEDURE positiv(z : REAL) : BOOLEAN;
BEGIN
  RETURN z >= 0.0
END positiv;
...

  IF positiv(x)
  THEN WriteString('...positiv...')
  ELSE WriteString('...negativ...')
  END; (* IF *)
...
```

◆

Beispiel 4-12:   Prozeduren: Überprüfen von Daten

Es sollen nacheinander Tag, Monat und Jahr eines Datums dieses Jahrhunderts
eingelesen werden. Bei der Eingabe ist zu überprüfen, ob ein korrektes Datum
vorliegt.

```
MODULE DATUM;
FROM STextIO IMPORT WriteString, WriteLn, SkipLine;
FROM SWholeIO IMPORT ReadCard;

TYPE
  Datum = RECORD
    Tag    : [1..31];
    Monat  : [1..12];
    Jahr   : [0..99]
  END; (* Datum *)
  KleineZahlen = [0..99];
  ZMenge = SET OF KleineZahlen;

VAR
  D: Datum;

PROCEDURE Schaltjahr(Jahr : CARDINAL): BOOLEAN;
BEGIN
  RETURN (Jahr MOD 4 = 0) AND (Jahr <> 0)
END; (* Schaltjahr *)

PROCEDURE LeseDatum(VAR D : Datum);
VAR
  Tag, Monat, Jahr : CARDINAL;

(* lokale Prozedur von LeseDatum *)
  PROCEDURE MonatsLaenge
            (Monat, Jahr : CARDINAL): CARDINAL;
```

```
  BEGIN
    CASE Monat OF
      1,3,5,7,8,10,12 : RETURN 31
    | 4,6,9,11         : RETURN 30
    | 2 : IF Schaltjahr(Jahr)
            THEN RETURN 29
            ELSE RETURN 28
            END (* IF *)
    END (* CASE *)
  END MonatsLaenge;

BEGIN (* LeseDatum *)
  REPEAT
    WriteString("Tag zwischen 1 und 31 eingeben");
    ReadCard(Tag); SkipLine
  UNTIL Tag IN ZMenge{1..31};

  REPEAT
   WriteString("Monat zwischen 1 und 12 eingeben");
   ReadCard(Monat)
  UNTIL Monat IN ZMenge{1..12};

  REPEAT
   WriteString("Jahr zwischen 0 und 99 eingeben");
   ReadCard(Jahr)
  UNTIL Jahr IN ZMenge{0..99};

  IF Tag <= MonatsLaenge(Monat,Jahr)
  THEN
    D.Tag := Tag;
    D.Monat := Monat;
    D.Jahr := Jahr
  ELSE WriteLn("illegales Datum")
  END; (* IF *)
END LeseDatum;

BEGIN (* DATUM *)
    LeseDatum(D)
END DATUM.
```

♦

Beispiel 1-4 g: Prozeduren: Telefonbuchbeispiel

Das Hauptprogramm unseres Telefonlistenprogramms können wir nun vollständig
formulieren.

```
MODULE Telefonlisten;

FROM Listen IMPORT
   Textfeld, Elementtyp, Liste, leer, FindeNummer,
   ZeigeElemente, InitialisiereVerzeichnis,
   FuegeElementEin;
   (* Modul Listen wird zur Verfügung gestellt;
      siehe Kap. 6.3.3 *)

FROM STextIO IMPORT
   WriteLn, ReadString, WriteString, ReadChar, WriteChar,
   SkipLine;
FROM SWholeIO IMPORT ReadCard, WriteCard;

PROCEDURE ClearScreen;
(* löscht den Bildschirm *)
BEGIN
   (* implementierungsabhängig, hier nicht implementiert *)
END ClearScreen;

PROCEDURE HoldScreen;
(* wartet auf Eingabe von ENTER *)
BEGIN
   WriteString(" ENTER - Taste drücken ");
   WriteLn;
   SkipLine;
END HoldScreen;

TYPE
   Staedte  = (Karlsruhe, Worms, Wuerzburg);
   TBuchTyp = ARRAY Staedte OF Liste;
   CHARSET = SET OF CHAR;

VAR
   c: CHAR;
   ok: BOOLEAN;
   Stadt: Staedte;
   TBuch: TBuchTyp;
```

```
PROCEDURE StadtEingabe (VAR s: Staedte);
(* Liest Buchstaben K, k (KA); W, w (WO); G, g (WÜ)
   zur Auswahl einer Stadt ein *)
VAR
  c: CHAR;

BEGIN
  WriteString ("K(arlsruhe), W(orms), (Würzbur)g ");
  WriteLn;
  REPEAT
    ReadChar (c); SkipLine;
  UNTIL c IN CHARSET{"K","k","W","w","G","g"};
  WriteLn;
  CASE c OF
    "K","k" : s := Karlsruhe;
  | "W","w" : s := Worms;
  | "G","g" : s := Wuerzburg
  END (* CASE *)
END StadtEingabe;



PROCEDURE LiesText (VAR Text: Textfeld);
(* Liest ein Textfeld ein, bis Benutzer mit der Eingabe
   zufrieden ist *)

VAR
  c: CHAR;
  ok: BOOLEAN;

BEGIN
  REPEAT
    WriteString
      ("Eingabe (nur die ersten zwanzig Buchstaben
         werden akzeptiert): ");
    WriteLn;
    ReadString (Text); SkipLine;
    WriteLn;
    WriteString ("Die Eingabe lautet: ");
    WriteString (Text);
    WriteLn;
    WriteString ("Ist die Eingabe ok? (J/N) ");
    WriteLn;
    REPEAT
      ReadChar (c); SkipLine;
      ok := (c = "j") OR (c = "J")
    UNTIL ok OR (c = "n") OR (c = "N")
  UNTIL ok
END LiesText;
```

```
PROCEDURE LiesNummer (VAR Nummer: CARDINAL);
(* Liest eine CARDINAL-Zahl ein, bis Benutzer mit der
   Eingabe zufrieden ist *)

VAR
  c: CHAR;
  ok: BOOLEAN;

BEGIN
  REPEAT
    WriteString ("Eingabe (maximal ");
    WriteCard (MAX(CARDINAL), 14);
    WriteString ("): ");
    WriteLn;
    ReadCard (Nummer); SkipLine;
    WriteLn;
    WriteString ("Die Eingabe lautet: ");
    WriteCard (Nummer, 14);
    WriteLn;
    WriteString ("Ist die Eingabe ok? (J/N) ");
    WriteLn;
    REPEAT
      ReadChar (c); SkipLine;
      ok := (c = "j") OR (c = "J");
      UNTIL ok OR (c = "n") OR (c = "N")
    UNTIL ok
END LiesNummer;


PROCEDURE EintragHinzu (VAR TBuch: TBuchTyp);
(* EintragHinzu erfragt zunächst den Ort, dann den neuen
   Datensatz und läßt ihn dann in die richtige Liste
   einfügen. *)

VAR
  Stadt: Staedte;
  NeuesElement: Elementtyp;

BEGIN
  WriteString (" welche Stadt? ");
  StadtEingabe (Stadt);
  WriteString ("Bitte geben Sie den Namen des
                Teilnehmers ein!");
  WriteLn;
  LiesText (NeuesElement.Name);
  WriteString ("Bitte geben Sie die Telefonnummer
                des Teilnehmers ein!");
  WriteLn;
  LiesNummer (NeuesElement.Nummer);
  FuegeElementEin (TBuch[Stadt],NeuesElement)
END EintragHinzu;
```

```modula2
PROCEDURE ListeHer (TBuch: TBuchTyp);
(* Gibt Telefonliste für eine Stadt aus *)

VAR
  Stadt: Staedte;

BEGIN
  WriteString
    ("Welche Liste möchten Sie anzeigen lassen? ");
  StadtEingabe (Stadt);
  ZeigeElemente (TBuch[Stadt]);
  HoldScreen
END ListeHer;

PROCEDURE NummerHer (TBuch: TBuchTyp);
(* Gibt nach Eingabe von Wohnort und Name eines
   Teilnehmers dessen Telefonnummer aus *)

VAR
  gesName: Textfeld;
  Stadt: Staedte;
  TelNummer: CARDINAL;

BEGIN
  WriteString
    ("Bitte geben Sie den Wohnort des gesuchten
       Teilnehmers ein! ");
  StadtEingabe (Stadt);
  WriteString
    ("Bitte geben Sie den Namen des gesuchten Teilnehmers
       ein!");
  WriteLn;
  LiesText (gesName);
  TelNummer := FindeNummer (TBuch[Stadt],gesName);
  IF TelNummer = 0
  THEN
    WriteString ("Kein Eintrag gefunden!")
  ELSE
    WriteString ("Die Telefonnummer lautet: ");
    WriteCard (TelNummer, 14)
  END; (* IF *)
  WriteLn;
  HoldScreen;
END NummerHer;

BEGIN (* Hauptprogramm *)
FOR Stadt := Karlsruhe TO Wuerzburg DO
  InitialisiereVerzeichnis(TBuch[Stadt])
END (* FOR *);
```

```
REPEAT
  ClearScreen;
  WriteString ("Was wollen Sie tun?");
  WriteLn;
  WriteString ("   Z(eigen eines Stadtverzeichnisses)");
  WriteLn;
  WriteString ("   H(inzufügen eines Eintrages) ");
  WriteLn;
  WriteString ("   F(inden einer Telefonnummer)");
  WriteLn;
  WriteString ("   B(eenden des Programms");
  WriteLn; WriteLn;

  REPEAT
    ok := TRUE;
    ReadChar (c); SkipLine;
    WriteLn;
    IF NOT(c IN CHARSET
        {"Z","z","H","h","F","f","B","b"})
    THEN
      ok := FALSE;
      WriteString ("Unzulässige Auswahl");
      WriteLn
    END (* IF *)
  UNTIL ok;

  CASE c OF
    "Z", "z": ListeHer (TBuch);
  | "H", "h": EintragHinzu (TBuch);
  | "F", "f": NummerHer (TBuch);
  | "B", "b":
  END (* CASE *)
UNTIL (c = "B") OR (c = "b")
END Telefonlisten.
```

Ein Beispiel für Funktionsprozeduren mit strukturiertem Ergebnistyp wird im Beispiel 6-2 nachgeholt.

4.5   Offene Array-Parameter

Modula-2 stellt strenge Anforderungen an Objekte bei Verknüpfung, Zuweisung oder Parameterübergabe (wie Typkompatibilität, Ausdruckskompatibilität oder Typgleichheit). Als Vorteil hiervon werden Flüchtigkeitsfehler zum Teil vom Compiler erkannt. Als Nachteil treten jedoch Unbequemlichkeiten beim Programmieren auf.

Beispiel 4-13:   offene Array-Parameter

Für die vereinbarten Datentypen

```
Vektor      = ARRAY[1..20] OF INTEGER;
Zahlen      = ARRAY[0..99] OF INTEGER;
Nummern     = ARRAY['A'..'Z'] OF INTEGER;
```

soll eine Prozedur geschrieben werden, die nach einer bestimmten Zahl in Variablen der obigen Datentypen sucht. Wegen der strengen Typkompatiblität sind drei Prozeduren nötig:

```
PROCEDURE IstInVektor
  (x : Vektor; h : INTEGER): BOOLEAN;
PROCEDURE IstInZahlen
  (x : Zahlen; h : INTEGER): BOOLEAN;
PROCEDURE IstInNummern
  (x : Nummern; h : INTEGER): BOOLEAN;
```

Der einzige Unterschied zwischen den Prozeduren besteht in dem Intervall, in dem die Suche stattfindet:

```
1..20      (IstInVektor)
0..99      (IstInZahlen)
'A'..'Z'   (IstInNummern)
```

Sonst sind die Prozeduren identisch.

Mit Hilfe der offenen Array-Parameter lassen sich diese Prozeduren vereinigen zur Prozedur `IstInFeld`:

```
PROCEDURE IstInFeld
  (x: ARRAY OF INTEGER; h: INTEGER): BOOLEAN;
VAR
  i: CARDINAL;
BEGIN
  FOR i := 0 TO HIGH(x) DO
    IF x[i] = h
    THEN
       RETURN TRUE
    END (* IF *)
  END (* FOR *);
  RETURN FALSE
END IstInFeld;
```

Mit den Variablendeklarationen

```
V: Vektor; Z: Zahlen; N: Nummern
```

sind dann z. B. folgende Anweisungen möglich:

```
IF IstInFeld (V, 317) THEN ...
IF IstInFeld (Z, 317) THEN ...
IF IstInFeld (N, 317) THEN ...
```

Die Syntax der offenen Array-Parameter wird im Diagramm 14 beschrieben:

14 Formale Parameterliste (For Par L)

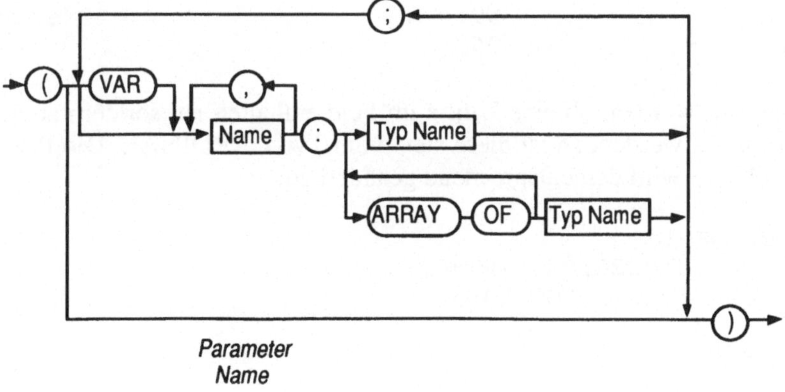

Bedeutung:

- Für Formalparameter, die als ARRAY OF T vereinbart wurden, kann als aktueller Parameter eine Größe vom Typ `ARRAY I OF T` mit beliebigem Indextyp I angegeben werden.
- Innerhalb der Prozedur werden offene Arrays behandelt, als ob sie mit unterer Indexgrenze 0 vereinbart worden seien. Die Bereichsobergrenze wird durch die Standardfunktion HIGH bestimmt.
- Sie dürfen nur elementweise (indiziert) oder als aktuelle Parameter in weiteren Prozeduraufrufen verwendet werden.
- HIGH(a) liefert die Ordinalzahl (vom Typ CARDINAL) des oberen Grenzindex des formalen Arrays a (unterer Grenzindex = 0); dies entspricht der um eins verminderten Anzahl der Elemente des aktuellen Parameters.
- Ist der aktuelle Parameter a vom Typ ARRAY [min..max] OF T, so ist HIGH(a) = ORD(max) - ORD (min).
- Der Indexbereich des aktuellen Parameters wird durch Subtraktion von ORD(min) auf den des formalen Parameters transformiert.
- Eine Rücktransformation des Indexbereichs wird nicht durchgeführt, d.h. daß eine Prozedur, die einen Index als Ergebnis berechnet, immer den Indexwert des formalen Arguments zurückgibt.

In Beispiel 4-13 gilt:

Typ des aktuellen Parameters a	HIGH(a)
Vektor	19
Zahlen	99
Nummern	25

Soll nicht nur geprüft werden, ob eine Zahl z im Feld enthalten ist, sondern auch ihre Position bestimmt werden, so ist diese stets vom Typ CARDINAL. Die Prozedur aus Beispiel 4-13 wird dementsprechend geändert zu:

```
PROCEDURE IstInFeld
   (x: ARRAY OF INTEGER; h: INTEGER;
    VAR pos: CARDINAL): BOOLEAN;
...
     IF x[i] = h
     THEN
       pos := i;
       RETURN TRUE
     END; (* IF *)

...
END IstInFeld;
```

Ein Aufruf dieser Prozedur, z.B. IstInFeld (N, z, p) liefert also den Wert TRUE und für p den Wert 1, falls N vom Typ Nummern und N['B'] = z ist.

Beispiel 4-14:   Addition der Elemente eines Feldes a

```
MODULE Addition; (* äußerer Programmblock *)
...
CONST
  n = 20;
  m = 10;

TYPE
  intfeld = ARRAY[1..n] OF INTEGER;

VAR
  sum  : INTEGER;
  a    : intfeld;
  b    : ARRAY[1..m] OF INTEGER;
  i    : CARDINAL;
...
PROCEDURE Addiere(x : ARRAY OF INTEGER) : INTEGER;
VAR s,i : CARDINAL;

BEGIN
  s := 0;
  FOR i :=0 TO HIGH(x) DO
    s := x[i] + s
  END; (* FOR *)
  RETURN s
END Addiere;
...
BEGIN
  FOR i := 1 TO n DO
    WriteString ("Eingabe der ");
    WriteCard (i,2);
    WriteString (". Zahl:    ");
    ReadInt(a[i]); SkipLine
  END; (* FOR *)

  sum := Addiere(a);
  WriteLn;
  WriteString('Die Summe beträgt: ');
  WriteInt(sum, 4);
```

```
FOR i := 1 TO m DO
  WriteString ("Eingabe der ");
  WriteCard (i,2);
  WriteString (". Zahl:    ");
  ReadInt(b[i]); SkipLine
END; (* FOR *)

sum := Addiere(b);
WriteLn;
WriteString('Die Summe beträgt: ');
WriteInt(sum, 4);
...
END Addition.
```
♦

Es können sowohl eindimensionale Felder als auch mehrdimensionale Felder als offene Arrays übergeben werden. Um die Anzahl der Elemente in den Dimensionen zwei, drei, usw. zu bestimmen, ruft man die Funktion HIGH auf für a[0], a[0,0], usw., wobei a der Name des offenen Array-Parameters ist.

Beispiel 4-15:   mehrdimensionale offene Array-Parameter

```
TYPE farbe = (rot, gelb, grün);

VAR a:    ARRAY [-7..-2] OF ARRAY BOOLEAN OF
          ARRAY farbe OF REAL;

PROCEDURE p (f: ARRAY OF ARRAY OF ARRAY OF REAL);
BEGIN
  WriteCard (HIGH (f), 5);
  WriteCard (HIGH (f[0]), 5);
  WriteCard (HIGH (f[0,0]), 5)
  (* HIGH (f[0,0,0]) ist illegal *)
END p;
```

p(a) druckt   5   1   2   aus.   ♦

4.6 Blockstruktur; Gültigkeit und Lebensdauer von Objekten

Die Deklaration von Prozeduren und Funktionsprozeduren besteht aus einem Kopf und einem Block. Ein Block kann einen Vereinbarungsteil haben, in dem Konstanten- und Typdefinitionen sowie Variablen-, Prozedur- und Funktionsprozedurdeklarationen vorkommen. Wir wollen in diesem Abschnitt die Konsequenzen, die sich aus dieser Blockstruktur ergeben, näher behandeln. Dazu betrachten wir zunächst das folgende Beispiel.

Beispiel 4-16: Blockstruktur: Matrixmultiplikation

```
MODULE Haupt;

CONST
  n = 3;
TYPE
  Matrix = ARRAY[1..n],[1..n] OF REAL;

PROCEDURE MatrixMult(m1,m2 : Matrix;
                 VAR m3 : Matrix);
  (* Multiplikation zweier n x n - Matrizen m1, m2.
   Das Ergebnis wird in der Matrix m3 ausgegeben *)
VAR zeile,spalte : CARDINAL;

(* lokale Prozedur von MatrixMult *)
  PROCEDURE Mult(zeile,spalte : CARDINAL) : REAL;
    (* Multiplikation von Zeile "zeile" aus Matrix1
     mit der Spalte "spalte" aus Matrix2.
     Das Ergebnis wird als Funktionswert zurückgegeben.*)
  VAR
    i   : CARDINAL;  (* Laufvariable *)
    sum : REAL;  (* Ergebnis der Multiplikation *)

  BEGIN (* Mult *)
    sum := 0.0;
    FOR i := 1 TO n DO
      sum := sum + m1[zeile,i] * m2[i,spalte]
    END; (* FOR *)
    RETURN sum
  END Mult;
```

```
BEGIN (* MatrixMult *)
  FOR zeile := 1 TO n DO
    FOR spalte := 1 TO n DO
      m3[zeile,spalte] := Mult(zeile,spalte)
    END (* FOR spalte *)
  END (* FOR zeile *)
END MatrixMult;
...
```

Blockstruktur:

Wir verwenden, wie allgemein üblich, geschlossene Kästchen, um die Blockstruktur zu verdeutlichen. Dem (Haupt-) Programm sowie jeder Prozedur wird ein solches Kästchen zugeordnet. Die Kästchen sind entsprechend der Programmstruktur ineinander geschachtelt; vgl. Abb. 4-1 für die zu 4-16 gehörende Blockstruktur.

MODULE Haupt;

Haupt

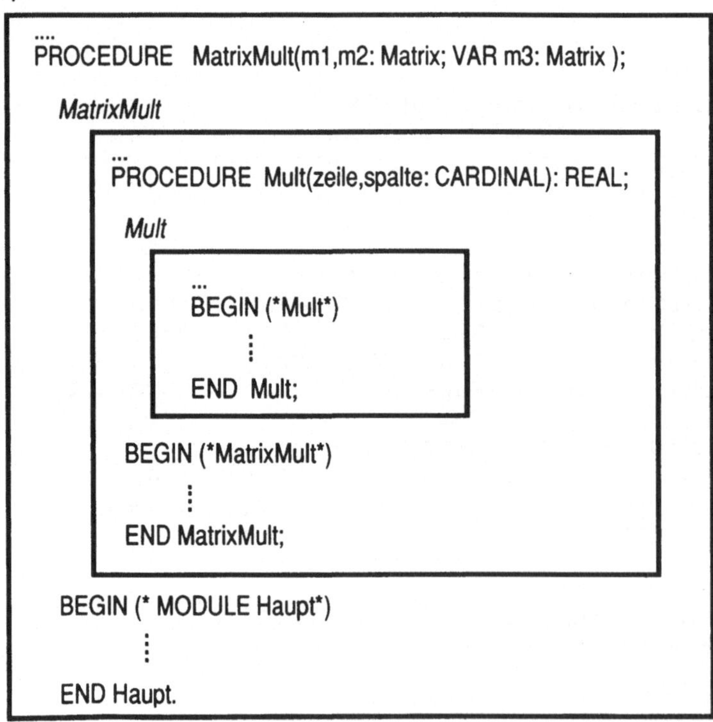

Abbildung 4-1:   Blockstruktur

Der äußere Block Haupt enthält zwei ineinander geschachtelte Blöcke:
* MatrixMult
* Mult

Diese Schachtelung bedingt eine hierarchische Anordnung der Blöcke – d.h. der Block *Mult* ist dem Block *MatrixMult*, dieser wiederum dem Block *Haupt* „untergeordnet". Die Unterordnung wird dadurch angedeutet, daß der untergeordnete Block im übergeordneten enthalten ist.

Gültigkeit von Objektnamen

* Jedem deklarierten Objekt ist ein *Gültigkeitsbereich* zugeordnet, der abhängt von der Stellung der Deklaration beim Niederschreiben des Programms (*statische Blockstruktur*). Dieser Gültigkeitsbereich bestimmt sich nach den folgenden Regeln für die Gültigkeit von Namen:
  Vereinbarte Namen sind gültig
  — in dem Block, in dem sie vereinbart sind, sobald sie dort vereinbart sind (d.h. ab der Stelle, an der sie vereinbart sind),
  — sowie in denjenigen untergeordneten Blöcken, in denen sie nicht wieder vereinbart sind.
* Vordeklarierte Namen gelten als in einem fiktiven, das gesamte Programmodul umfassenden äußersten Block vereinbart (z.B. Namen der vordeklarierten Datentypen). Wir nennen diesen Block *Standardnamen*.
* Zwischen dem fiktiven äußersten Block und dem eigentlichen Modulblock liegt ein fiktiver äußerer Block für die Angabe importierter Namen, den wir als *Importblock* bezeichnen.
* Formale Parameter gelten als im zugehörigen Unterprogrammblock vereinbart.
* Die Regeln über die Gültigkeit von Namen gelten entsprechend auch für die Unterprogramme.

Beispiel 4-17: Gültigkeit von Namen

```
MODULE Gueltigkeit;
FROM irgendModul IMPORT
    irgendKonst, irgendTyp, irgendVar, irgendProz;
VAR
  C : CHAR;
  I : INTEGER;
```

```
PROCEDURE aenderglobVar;
TYPE
  irgendTyp = CARDINAL;
VAR ...;

BEGIN
  C := 'G'

  ...
END aenderglobVar;

PROCEDURE aenderlokVar;
VAR
  C : CHAR;

BEGIN
  C := 'L'
END aenderlokVar;

PROCEDURE aeussere(B : INTEGER);
CONST
  irgendKonst = 12;

  PROCEDURE innere(B : INTEGER);
  VAR
    X : CARDINAL;
    C : CHAR;

  BEGIN
      ...
  END innere;

BEGIN
  ...
END aeussere;

BEGIN (* Gueltigkeit *)
  ...
END Gueltigkeit.
```

Vereinbart:

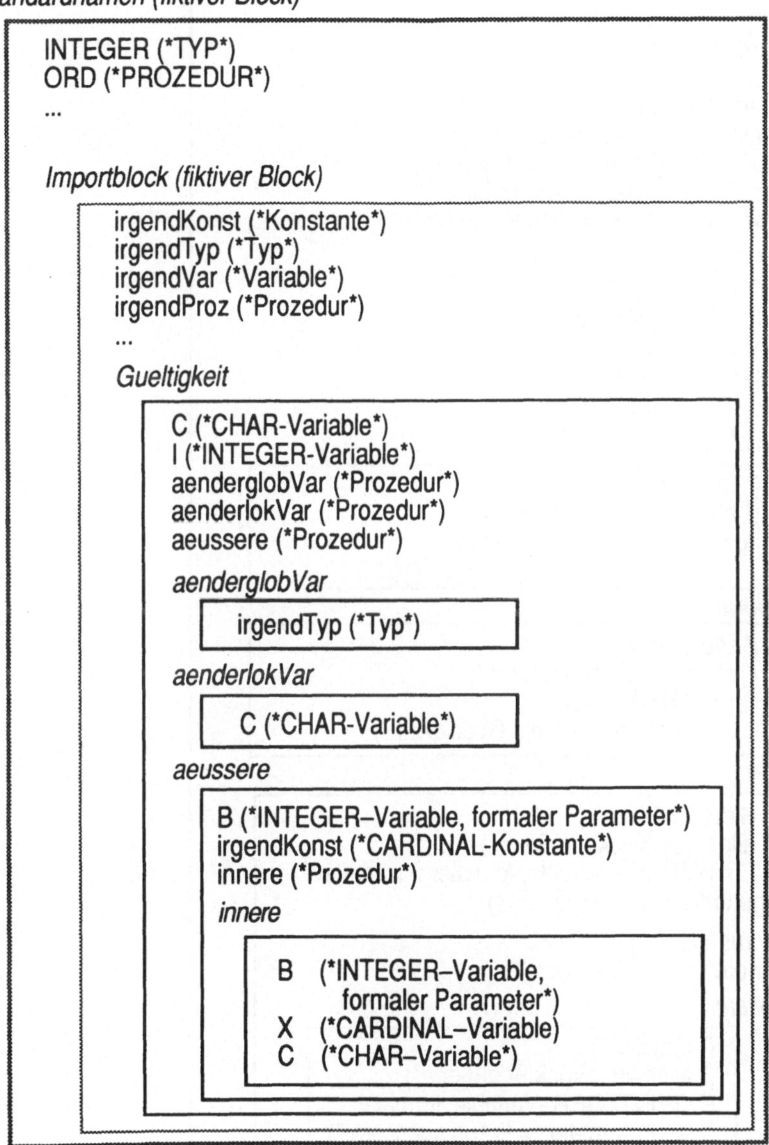

Abbildung 4-2:   Vereinbarung von Namen

Gültig:

Gueltigkeit

```
(* Block I*)
(* Standardnamen *)

...

(* importierte Namen *)
irgendKonst        (* importierte Konstante *)
irgendTyp          (* importierter Typ *)
irgendVar          (* importierte Variable *)
irgendProz         (* importierte Prozedur *)

(* im Modul vereinbarte Namen *)
C     (* CHAR–Variable *)
I     (* INTEGER–Variable *)
aenderglobVar  (* Prozedur *)
aenderlokVar   (* Prozedur *)
auessere       (* Prozedur *)
```

aenderglobVar

```
(* Block II *)
(* alles aus Block I außer : *)
irgendTyp (* CARDINAL–Typ,
             nicht importierter Typ! *)
```

aenderlokVar

```
(* Block III *)
(* alles aus Block I außer: *)
C (*CHAR–Variable,
     nicht Variable aus Gueltigkeit!*)
```

aeussere

```
(* Block IV *)
(* alles aus Block I außer : *)
B (* INTEGER–Variable, formaler Parameter *)
irgendKonst (* CARD . . . *)

(* zusätzlich *)
innere      (* Prozedur *)
```

innere

```
(* Block V *)
(* alles aus Block IV außer : *)
B  (* INTEGER–Variable, formaler
      Parameter, ≠ B aus auessere *)
X  (* zusätzl. CARDINAL–Variable *)
C  (* CHAR–Variable, nicht Variable
      aus Gueltigkeit! *)
```

Abbildung 4-3:   Gültigkeit von Namen

Lebensdauer von Objekten

Der Gültigkeitsbereich ist eine statische Eigenschaft von Objekten (s. Abbildung 4-3), die nur abhängig vom Quelltext ist. Die Lebensdauer beschreibt dagegen eine dynamische Eigenschaft von Variablen, abhängig vom Programmablauf. Für die Lebensdauer von globalen bzw. lokalen Variablen gelten die folgenden Regeln:

Globale Variable
* werden bei Beginn des Programmablaufs angelegt, d.h. es wird Speicherplatz beschafft oder ein Platzhalter für Werte bereitgestellt,
* haben zunächst einen undefinierten Wert
* und werden nach der letzten Programmanweisung „vernichtet".

Wird eine Prozedur aufgerufen, so
* werden lokale Variable und formale Parameter (mit Ausnahme der VAR–Parameter) angelegt,
* ist der Wert der lokalen Variablen zunächst undefiniert
* und der Wert der formalen Parameter ist gleich dem Wert der aktuellen Parameter (evtl. undefiniert).

Ist eine Prozedur aktiv (d.h. sie läuft selbst oder hat eine andere Prozedur aufgerufen), so sind globale und lokale Variable sowie formale Value-Parameter vorhanden.

Endet die Prozedur (nach letzter Anweisung oder RETURN), so werden lokale Variable und Value-Parameter „vernichtet".

Beispiel 4-18:   Lebensdauer von Objekten

```
MODULE PQ ...
VAR   x

...
PROCEDURE P (...);
BEGIN

  ...
  x

  ...
END P;

PROCEDURE Q (...);
VAR     x
BEGIN

  ...
  P (...);(* Bild
         unten rechts *)
  ...
END Q;

BEGIN (*PQ*)

  ...
  P(...);(* Bild unten links  *)
  Q(...);
  ...
END PQ.
```

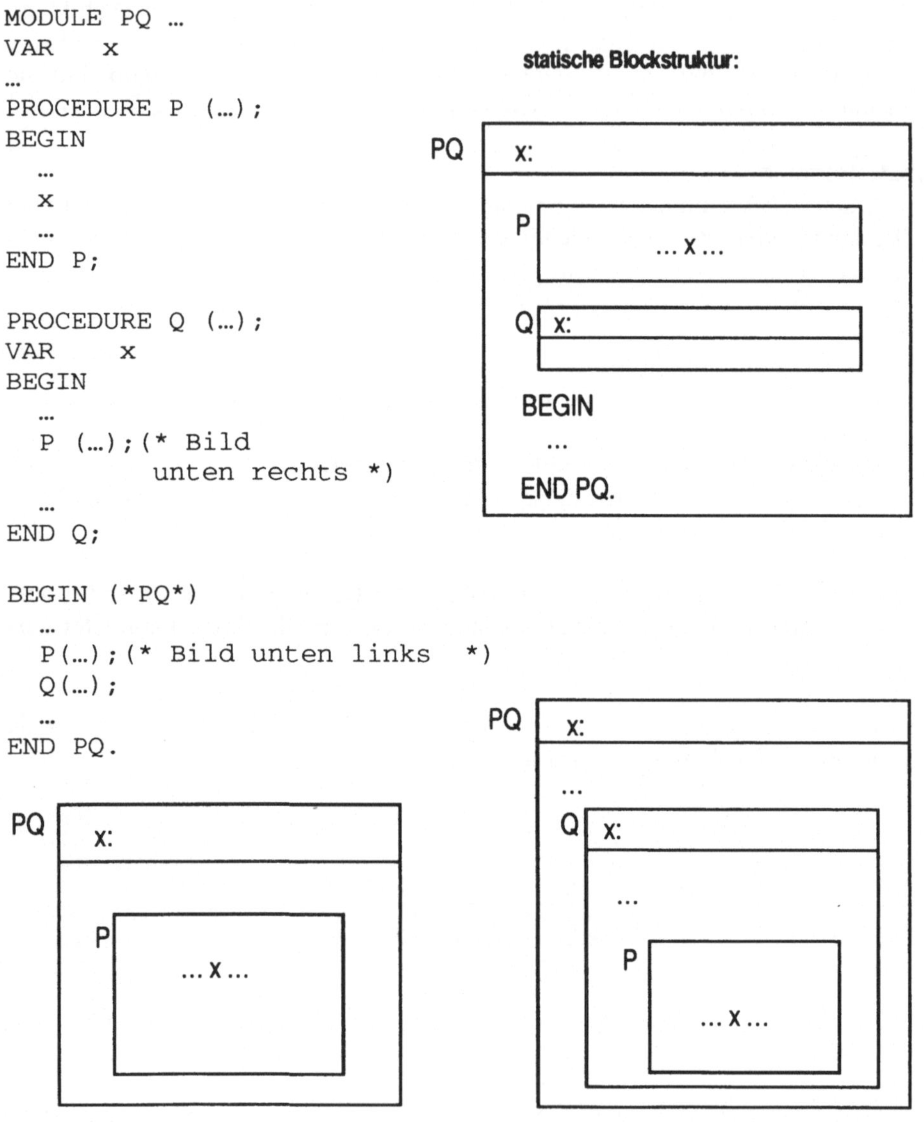

Die in einem Block vereinbarten Variablen stehen am oberen Rand der Schachtel,
die den Block symbolisiert. Das x, welches von P angesprochen wird, ist stets das x
des Moduls PQ – auch beim Aufruf innerhalb von Q.   ◆

4.7 Rekursion

Die Anweisungen und Ausdrücke, die innerhalb eines Prozedurrumpfes stehen können, sind nicht eingeschränkt. Es ist also nicht verboten, die Prozedur selbst aufzurufen: man spricht dann von einem *rekursiven Aufruf*. Viele Probleme legen in ihrer Formulierung ein rekursives Vorgehen nahe.

Beispiel 4-19: rekursive Deklaration der Potenzfunktion[3]

Nach der rekursiven Berechnungsvorschrift für die Potenzfunktion

$$x^n = \begin{cases} 1 & \text{falls } n = 0 \\ x * x^{n-1} & \text{falls } n \geq 1 \end{cases}$$

ergibt sich die analoge Deklaration der Funktionsprozedur:

```
PROCEDURE xhoch (x, n : CARDINAL): CARDINAL;

BEGIN
  IF n = 0  (* Abbruchbedingung *)
  THEN RETURN 1
  ELSE RETURN x * xhoch(x, n - 1)
        (* rekursiver Aufruf *)
  END (* IF *)
END xhoch;
```

Im Block der Funktionsdeklaration wird die deklarierte Funktionsprozedur selbst wieder aufgerufen.

Beispielhafter Ablauf der Berechnung von xhoch(2,3):

```
MODULE xhochRekursiv;
VAR
  x, arg, Wert : CARDINAL;

PROCEDURE xhoch (x, n : CARDINAL):CARDINAL;


...
(* siehe oben *)
```

---

[3] Ein ähnliches Beispiel zur rekursiven Berechnung der Zweierpotenz findet sich bei [OtW86].

```
BEGIN
  x  := 2;
  arg := 3;
  Wert := xhoch(x,arg);
  (* Ausgabe ... *)
END xhochRekursiv.
```

Im folgenden Bild wird für jeden Aufruf von xhoch eine „Speicherzelle" für das Ergebnis vorgesehen; um diese verschiedenen „xhochs" voneinander unterscheiden zu können, werden wir sie gegebenenfalls durchnumerieren.

*   Ausgangssituation, bevor xhoch aufgerufen wird :

xhochRekursiv

<table>
<tr><td>x: 2</td><td></td></tr>
<tr><td>arg: 3</td><td rowspan="2">Speicherplätze
ggf. mit entspre-
chenden Werten</td></tr>
<tr><td>Wert:</td></tr>
<tr><td>xhoch:</td><td></td></tr>
<tr><td>Berechne xhoch(x, arg);
(* liefert Wert für Speicherplatz xhoch *)

Wert := xhoch</td><td>noch auszu-
führendes
Programmstück</td></tr>
</table>

- Aufruf von xhoch: Initialisierung der formalen Parameter:

xhochRekursiv

<table>
<tr><td>x: 2</td></tr>
<tr><td>arg: 3</td></tr>
<tr><td>Wert:</td></tr>
<tr><td>xhoch:</td></tr>
<tr><td>xhoch   x: 2 <br> n: 3 <br> xhoch:
 IF n = 0
 THEN   xhoch := 1
 ELSE <br> xhoch :=
 x * xhoch(n-1)

 Wert := xhoch</td></tr>
</table>

Zur besseren Unterscheidung vom umgebenden Block nennen wir dieses xhoch im folgenden xhoch1 (und analog bei den späteren weiteren Schachtelungen)

- wegen n = 3, also n ≠ 0 wird der ELSE-Zweig ausgeführt:

```
RETURN x * xhoch(x, n-1)
```

Wirkung:
— Eintrag des Wertes des Ausdrucks
```
x * xhoch(x, n-1)
```
in die dafür vorgesehene Speicherstelle,
— dann Rücksprung in den übergeordneten Block

- Vor dem Eintrag in die Speicherstelle `xhoch` wird `xhoch(x, n-1)` aufgerufen. Ein weiterer Block für `xhoch` entsteht.

- erster rekursiver Aufruf von xhoch:

xhochRekursiv

<table>
<tr><td colspan="2">x: 2</td></tr>
<tr><td colspan="2">arg: 3</td></tr>
<tr><td colspan="2">Wert:</td></tr>
<tr><td colspan="2">xhoch:</td></tr>
<tr><td>xhoch</td><td>
<table>
<tr><td colspan="2">x: 2</td></tr>
<tr><td colspan="2">n: 3</td></tr>
<tr><td colspan="2">xhoch1:</td></tr>
<tr><td>xhoch1</td><td>
<table>
<tr><td>x: 2</td></tr>
<tr><td>n: 2</td></tr>
<tr><td>xhoch2:</td></tr>
<tr><td>IF n = 0
THEN
    xhoch2 := 1
ELSE
    xhoch2 := x * xhoch(x,n-1)</td></tr>
</table>
</td></tr>
<tr><td colspan="2">xhoch:=xhoch1 * x</td></tr>
</table>
</td></tr>
<tr><td colspan="2">Wert:=xhoch</td></tr>
</table>

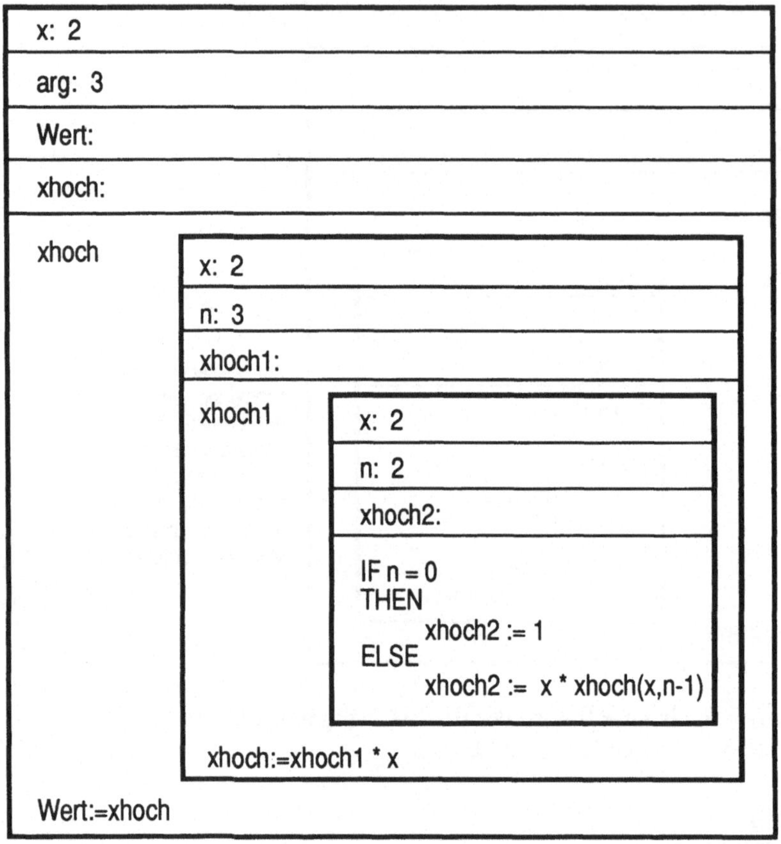

*   nach dem zweiten rekursiven Aufruf xhoch:

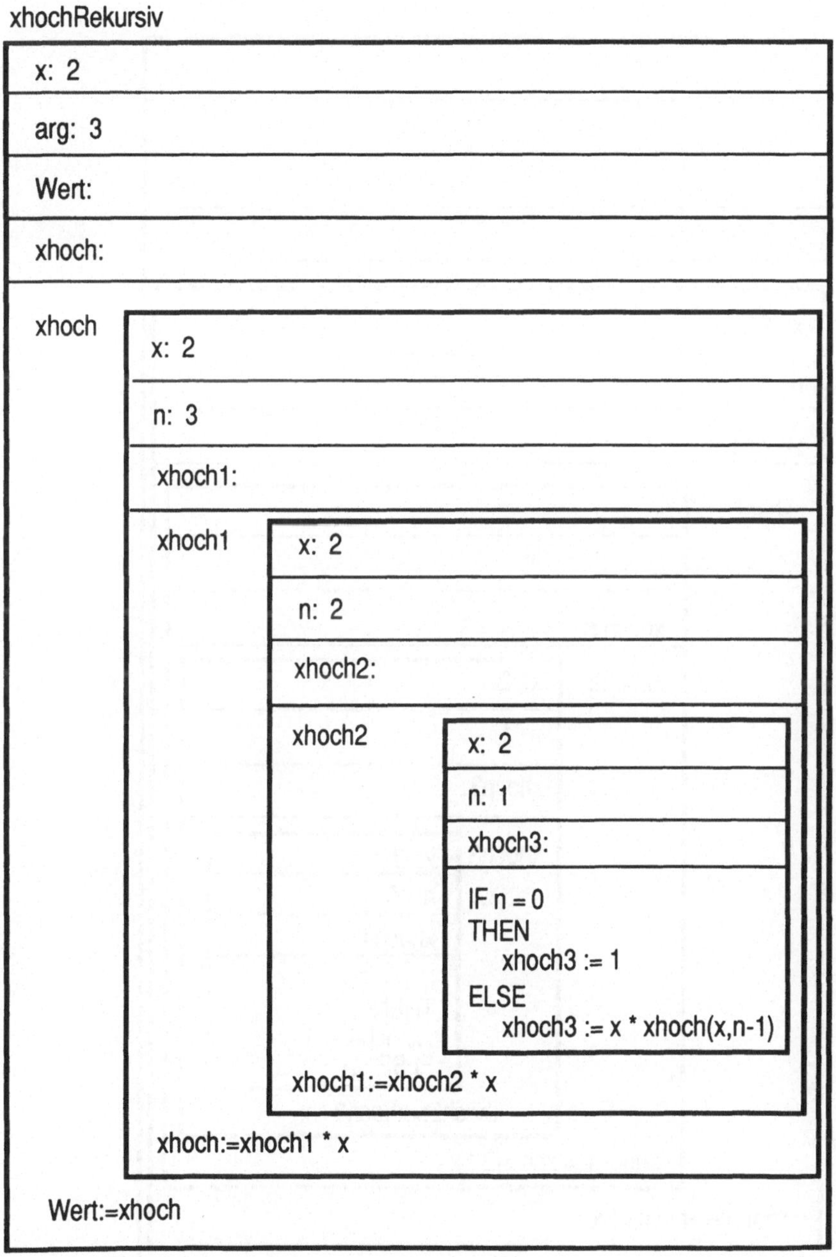

xhochRekursiv

x: 2

arg: 3

Wert:

xhoch:

xhoch

    x: 2

    n: 3

    xhoch1:

    xhoch1

        x: 2

        n: 2

        xhoch2:

        xhoch2

            x: 2

            n: 1

            xhoch3:

```
IF n = 0
THEN
    xhoch3 := 1
ELSE
    xhoch3 := x * xhoch(x,n-1)
```

        xhoch1:=xhoch2 * x

    xhoch:=xhoch1 * x

Wert:=xhoch

- nach dem dritten rekursiven Aufruf xhoch:

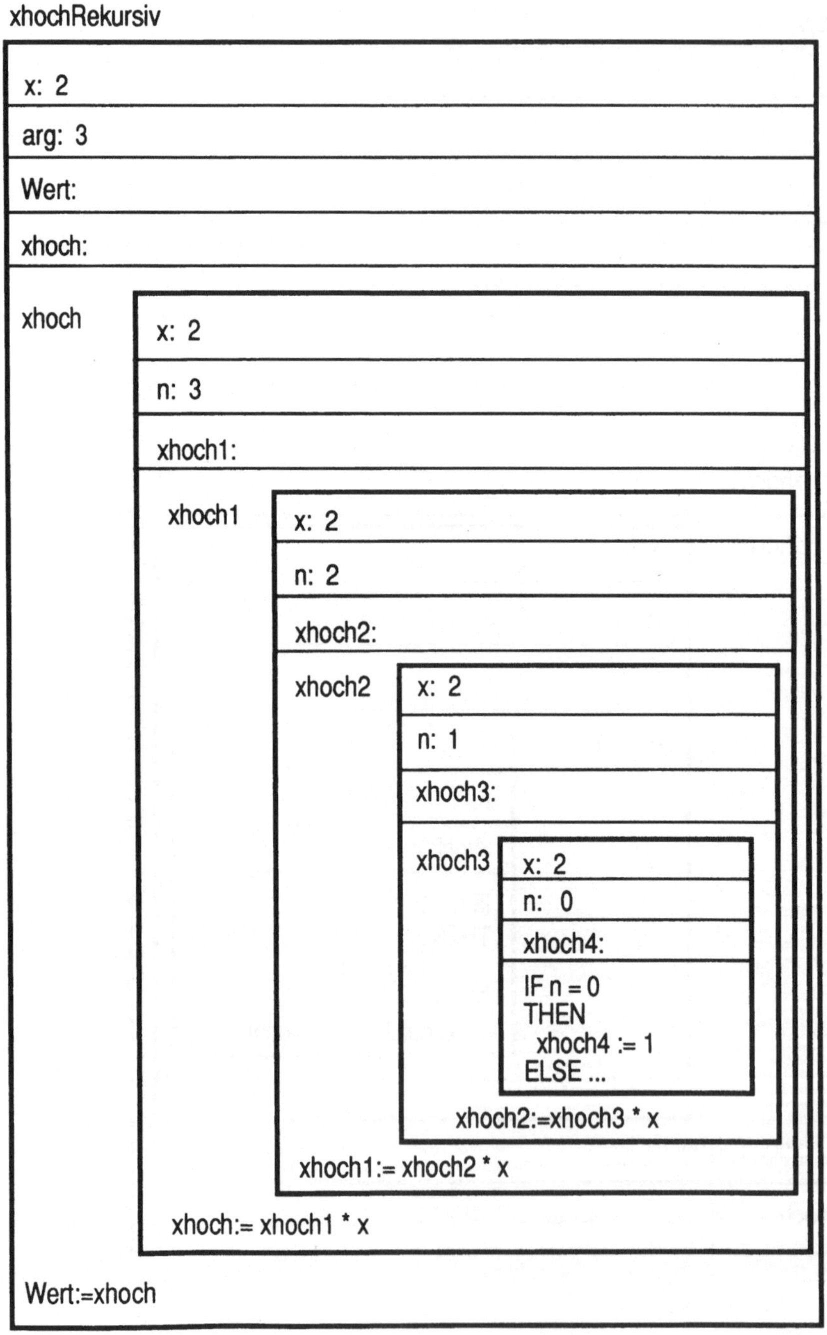

xhochRekursiv

- Der Abbruch der Rekursion erfolgt nach dem dritten rekursiven Aufruf:
    - Abarbeiten der Aktionen im Block xhoch3; dies liefert den Wert 1 für xhoch4, der als Ergebnis von xhoch3 als Funktionswert von xhoch3 übergeben wird; d.h.
    - in die Speicherstelle xhoch3 des Blocks xhoch2 wird eine 1 eingetragen;
    - der Block xhoch3 wird entfernt;
    - Abarbeiten der restlichen Aktionen im Block xhoch2;
    - Entfernen des Blocks xhoch2;

        .
        .
        .

    - in die Speicherstelle xhoch des Blocks xhochRekursiv wird der Wert 8 eingetragen;
    - Abarbeiten der restlichen Aktionen im Block xhochRekursiv.

$\blacklozenge$

Zur Vermeidung von Endlosaufrufen muß eine rekursive Prozedur immer eine Abbruchbedingung enthalten, und es ist darauf zu achten, daß diese auch schließlich erfüllt wird.

Das Beispiel der Potenzierung von x läßt sich noch effizienter lösen, d. h. mit weniger Multiplikationen und weniger rekursiven Aufrufen.

Beispiel 4-20:   rekursive Deklaration der Potenzfunktion (alternative Version mit weniger Multiplikationen)

Es gilt offenbar folgende Formel:

$$x^n = \begin{cases} 1 & \text{falls } n = 0 \\ x^{n/2} * x^{n/2} & \text{falls } n \text{ gerade} \\ x^{(n-1)/2} * x^{(n-1)/2} * x & \text{falls } n \text{ ungerade} \end{cases}$$

Wenn wir noch berücksichtigen, daß die Werte $x^{n/2}$ bzw. $x^{(n-1)/2}$ natürlich nur einmal berechnet zu werden brauchen, erhalten wir direkt folgende Funktion.

```
PROCEDURE xhoch (x, n: CARDINAL): CARDINAL
VAR v: CARDINAL
BEGIN
  IF n = 0
  THEN RETURN 1
  ELSIF ODD(n) THEN
    v := xhoch (x,(n-1) DIV 2);
    RETURN x*v*v
  ELSE
    v := xhoch (x,n DIV 2);
    RETURN v*v
  END (* IF *)
END xhoch;
```

Diese Funktion braucht für große n erheblich weniger rekursive Aufrufe und damit Multiplikationen.   ◆

Speicherplatzbedarf rekursiver Prozeduren

Beim rekursiven Aufruf einer Funktion oder Prozedur bleibt der Speicherplatz für
alle lokalen Variablen und Parameterwerte erhalten, und ein neuer Block, also eine
neue Inkarnation des Prozedurrumpfes, wird aufgemacht. Dadurch kann unter
Umständen viel Speicherplatz benötigt werden. Deshalb arbeiten rekursive
Prozeduren oft mit globalen Variablen oder VAR-Parametern. Die unterschiedliche Wirkung für Value- und VAR-Parameter erläutern die folgenden
Beispiele.

Beispiel 4-21:   rekursive Prozedur mit Value-Parameter

```
MODULE Folge;
FROM STextIO IMPORT WriteLn, SkipLine;
FROM SWholeIO IMPORT ReadInt, WriteInt;

VAR x, n : INTEGER;

PROCEDURE p (z : INTEGER);
VAR
  s : INTEGER;
BEGIN
  s := 2;
  IF z <= n
  THEN
    z := z + s;
    p(z)
  END (* IF *);
  WriteInt(z, 6)
END p;
```

```
BEGIN
  ReadInt(n); SkipLine;
  WriteLn;
  x := 2;
  p(x);
  WriteInt(x, 6)
END Folge.
```

Ablauf des Programmoduls `Folge`:
* Speicherzellen für x und n generieren;
  Einlesen von n (z.B. 4);
  Belegung von x mit 2;
* Aufruf der Prozedur p für den aktuellen Parameter x;
* Speicherzellen mit den lokalen Namen z und s;
* z wird **Kopie** von x
  s erhält den Wert 2;
* aktuelle Situation:

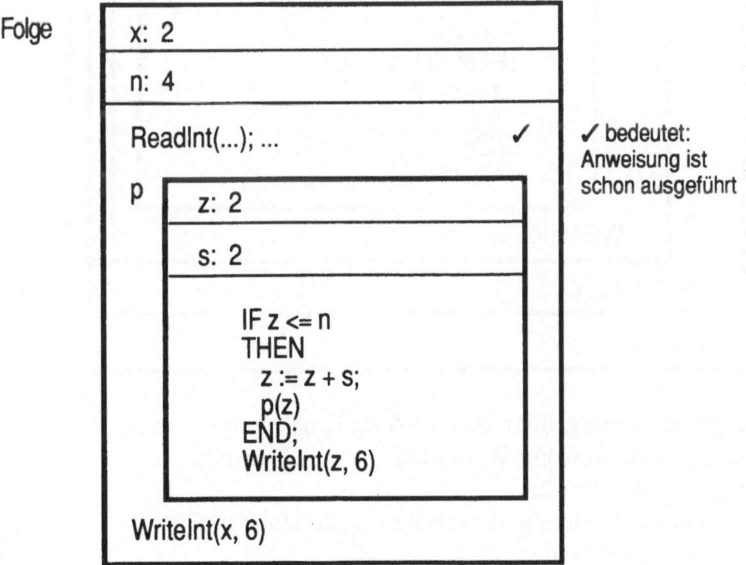

* $z \leq n$: n ist globale Variable mit Wert 4, somit ist z (=2) $\leq$ n.
* z := z + s
* p(z) wird zum ersten Mal rekursiv aufgerufen;
  ein Block p1 wird angelegt
* ...

- Nach zwei rekursiven Aufrufen von p ergibt sich folgende Situation:

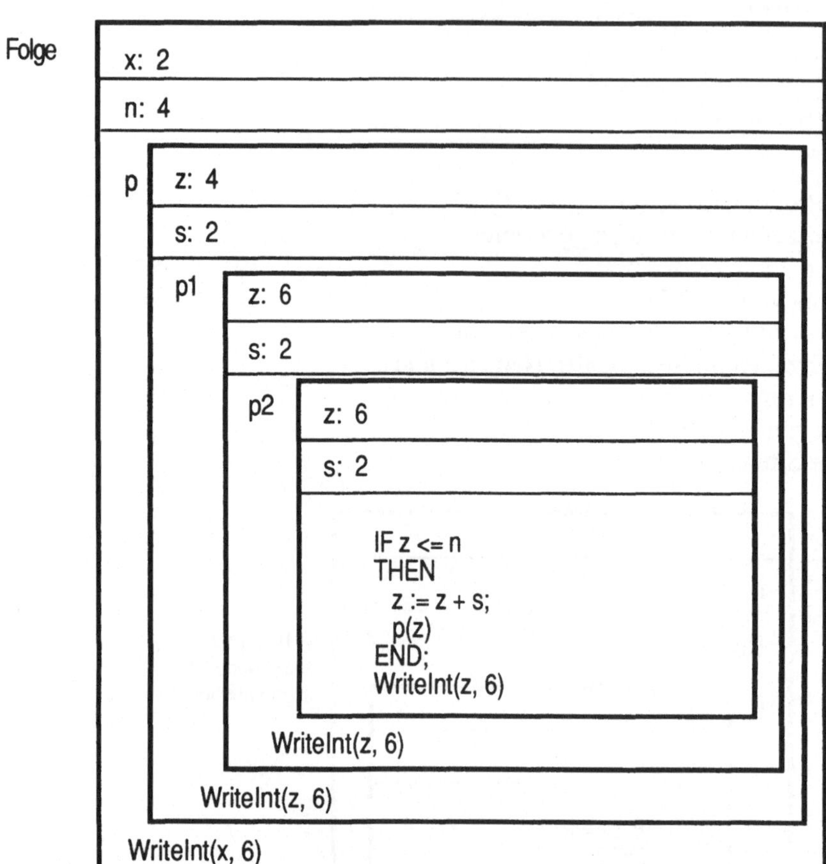

- Im Block p2 ist z (=6) größer als n (=4) im Block Folge, somit:
- Ausführung der Anweisung WriteInt(z, 6) im Block p2;
  Beseitigung des Blocks p2;
- Ausführung der Anweisung WriteInt(z, 6) im Block p1;
  Beseitigung des Blocks p1;
- Ausführung der Anweisung WriteInt(z, 6) im Block p;
  Beseitigung des Blocks p;
- Ausführung der Anweisung WriteInt(x, 6) im Block Folge;
  Beenden des Programmoduls;
- Erzeugte Ausgabe: 6   6   4   2   ♦

Beispiel 4-22:   rekursive Prozedur mit VAR-Parameter

```modula2
MODULE Folge;
FROM STextIO IMPORT WriteLn, SkipLine;
FROM SWholeIO IMPORT ReadInt, WriteInt;

VAR
  x, n : INTEGER;

PROCEDURE p (VAR z : INTEGER);
(* Hinweis: Bis auf das obige VAR ist dieses Programm
identisch mit dem vorhergehenden *)

VAR
  s : INTEGER;
BEGIN
  s := 2;
  IF z <= n
  THEN
    z := z + s;
    p(z)
  END (* IF *);
  WriteInt(z, 6)
END p;

BEGIN
  ReadInt(n); SkipLine;
  WriteLn;
  x := 2;
  p(x);
  WriteInt(x, 6)
END Folge.
```

Ablauf des Programmoduls Folge:

- Nach Aufruf von p(x) im Block Folge:
  neuer Block p mit Speicherzellen z und s;
- in z steht jetzt nicht die Kopie des aktuellen Parameters,
  sondern ein Verweis auf die Speicherzelle x (Adresse);
  (d. h. eine Zuweisung an z verändert x)

- aktuelle Situation:

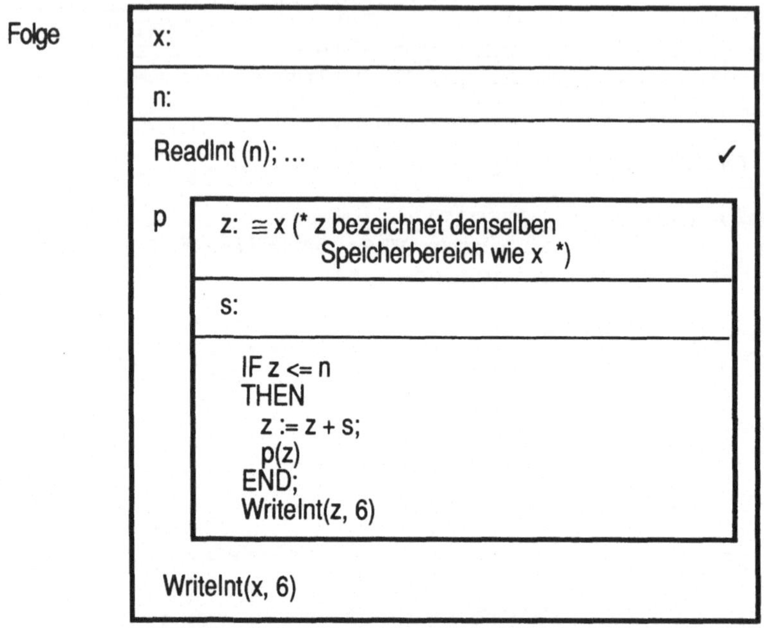

Folge

<table>
<tr><td colspan="2">x:</td></tr>
<tr><td colspan="2">n:</td></tr>
<tr><td colspan="2">ReadInt (n); ...   ✓</td></tr>
<tr><td>p</td><td>
z: $\cong$ x (* z bezeichnet denselben
         Speicherbereich wie x *)

s:

<pre>IF z <= n
THEN
  z := z + s;
  p(z)
END;
WriteInt(z, 6)</pre>
</td></tr>
<tr><td colspan="2">WriteInt(x, 6)</td></tr>
</table>

- Nach zwei rekursiven Aufrufen von p liegt folgende Situation vor:

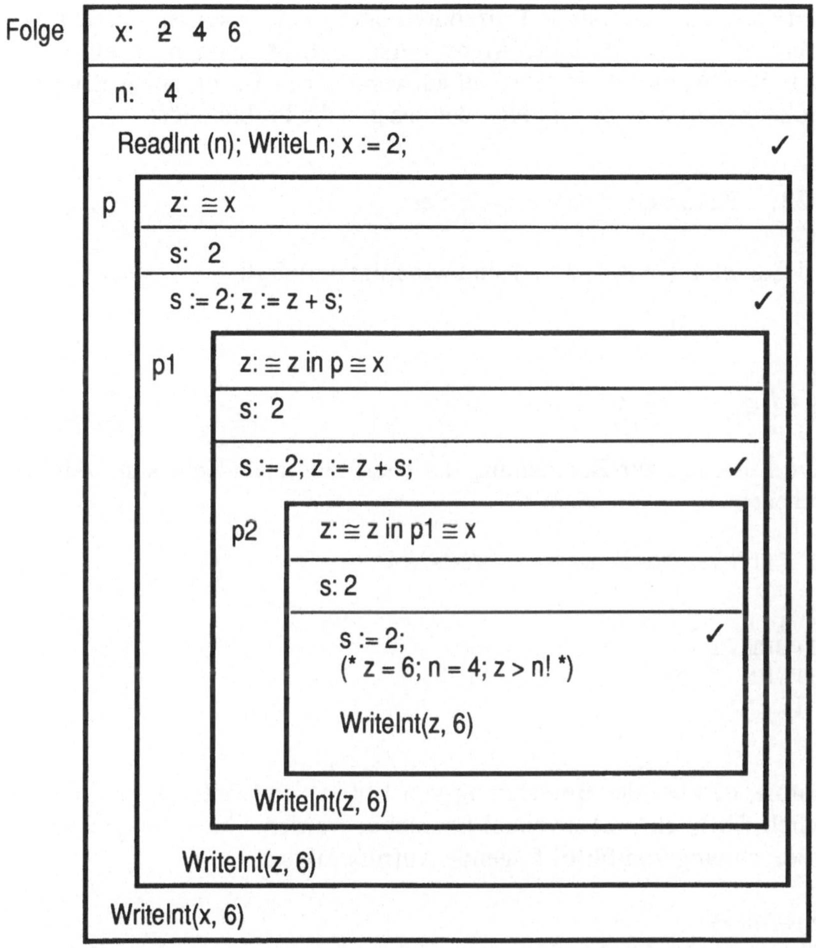

Folge

```
x:  2  4  6

n:  4

ReadInt (n); WriteLn; x := 2;                                    ✓

  p   z: ≅ x

      s:  2

      s := 2; z := z + s;                                        ✓

        p1   z: ≅ z in p ≅ x

             s:  2

             s := 2; z := z + s;                                 ✓

               p2   z: ≅ z in p1 ≅ x

                    s: 2

                      s := 2;                                    ✓
                      (* z = 6; n = 4; z > n! *)

                      WriteInt(z, 6)

             WriteInt(z, 6)

      WriteInt(z, 6)

WriteInt(x, 6)
```

- Im Block p2: z < = n jetzt nicht mehr erfüllt;
  Ausführung der Anweisung WriteInt(z, 6);
  Beseitigung des Blocks p2;
  ...
- Ausführen der Anweisung WriteInt(x, 6) im Block Folge; Beenden des Programmoduls;
- da über die jeweiligen **Parameter z** der Blöcke p, p1, p2 der zugehörige aktuelle Parameter x direkt angesprochen wird, wird jeweils der Wert der Speicherzelle x ausgegeben;
- erzeugte Ausgabe: 6   6   6   6   ♦

Effizienz rekursiver Prozeduren

Bei der Anwendung von rekursiven Prozeduren oder Funktionen ist Vorsicht geboten, falls man Wert auf effiziente Algorithmen legt. Manchmal ist ein naheliegender rekursiver Algorithmus sehr viel aufwendiger in Bezug auf Rechenzeit und Speicherplatzbedarf als ein iterativer, der das gleiche Problem löst.

Beispiel 4-23:   Rekursion: Fibonacci-Zahlen

Die Fibonacci-Zahlen f_i (i= 0, 1, 2, ...) sind wie folgt definiert:

$$f_0 := 1$$
$$f_1 := 1$$
$$f_i := f_{i-1} + f_{i-2}, \qquad i \geq 2$$

Eine rekursive Funktion zur Berechnung der i-ten Fibonacci-Zahl kann demzufolge so aussehen:

```
PROCEDURE fib(i: CARDINAL): CARDINAL;
BEGIN
  IF i <= 1
  THEN RETURN 1
  ELSE RETURN fib(i-1) + fib(i-2)
  END (* IF *)
END fib;
```

Wir sehen sofort, daß bei der Berechnung von fib(i-1) und fib(i-2) die gleichen Zahlen, nämlich fib(k) (k≤i-2) zweimal berechnet werden. Zum Beispiel ergibt sich bei der Berechnung von fib(6) folgende Aufrufstruktur:

```
fib(6):=fib(5)+fib(4)
   =fib(4)+fib(3)+fib(3)+fib(2)
   =fib(3)+fib(2)+fib(2)+fib(1)+fib(2)+fib(1)+fib(1)+fib(0)
   =fib(2)+fib(1)+fib(1)+fib(0)+fib(1)+fib(0)+1+fib(1)+fib(0)+1+1+1
   =fib(1)+fib(0)+1+1+1+1+1+1+1+1+1+1
   =1+1+1+1+1+1+1+1+1+1+1+1+1
   =13
```

Durch eine iterative Prozedur, die einen Wert zwischenspeichert, vermindert sich die Anzahl der Additionen und der Funktionsaufrufe.

```
PROCEDURE fibIt(i:CARDINAL): CARDINAL;
VAR j, fib_neu, fib_alt: CARDINAL;

BEGIN
  fib_alt:= 1;
  fib_neu:= 1;
  FOR j:= 2 TO i DO
    fib_neu:= fib_alt + fib_neu;
    fib_alt:= fib_neu
  END (* FOR *)
  RETURN fib_neu
END fib;
```

◆

Beispiel 4-24:   Rekursion: Binomialkoeffizienten

* Berechnungsformel

$$(a + b)^n = \sum_{k=0}^{n} \binom{n}{k} * a^k * b^{n-k}$$

$$bin(n, k) = \binom{n}{k} = \frac{n!}{k! * (n - k)!} = \frac{n * (n - 1) * \dots * (n - k + 1)}{1 * 2 * \dots * k} =$$

$$= \begin{cases} 1, & \text{falls } k = 0 \text{ oder } k = n \\ \binom{n-1}{k-1} + \binom{n-1}{k}, & \text{falls } 0 < k < n \end{cases}$$

* grafische Darstellung durch Pascalsches Dreieck

```
      k →
n                1
↓             1     1
           1     2     1
        1     3     3     1
     1     4     6     4     1
  1     5     10    10    5     1
     .   .   .
```

* rekursive Funktionsdeklaration

```
PROCEDURE bin (n, k : CARDINAL) : CARDINAL;
BEGIN
  (* Vor.: k <= n *)
  IF (n = k) OR (k = 0)
  THEN RETURN 1
  ELSE RETURN bin(n - 1, k - 1) + bin(n - 1, k)
  END (* IF *)
END bin;
```

Die Binomialkoeffizienten durch Fakultätsberechnung und Division zu bestimmen, ist aus zwei Gründen schlecht. Erstens wird bei jedem der drei Fakultätsaufrufe die gleiche Anfangsfolge (min(n, k, n - k)!) bestimmt. Zweitens besteht die Gefahr des Überlaufes (schon $12! > 2^{15}$).

Die Programmierung des Bruches durch eine Iteration ist effizienter. Falls Multiplikationen und Divisionen teuer sind im Vergleich zu Additionen, so ist die Rechnung mit Hilfe des Pascalschen Dreiecks, welche nur Additionen erfordert, vorzuziehen. Durch Abspeichern aller Werte oder wenigstens einer Zeile läßt sich die Rechenzeit nochmal beschleunigen.   ◆

Beispiel 4-25:   Rekursion: Ackermann-Funktion

* Berechnungsformel

$$A(m, n) = \begin{cases} n + 1, & \text{falls } m = 0 \\ A(m - 1, 1) & \text{falls } m > 0, n = 0 \\ A(m - 1, A(m, n - 1)) & \text{falls } m, n > 0 \end{cases}$$

* rekursive Funktionsdeklaration

```
PROCEDURE A(m, n : CARDINAL) : CARDINAL;
BEGIN
  IF m = 0
  THEN RETURN n + 1
  ELSIF n = 0
  THEN RETURN A(m - 1, 1)
  ELSE RETURN A(m - 1, A(m, n - 1))
  END (* IF *)
END A;
```

Vorsicht: Schon für kleine Argumente kann eine sehr hohe Rekursionstiefe erreicht werden: A(3, 4) erfordert 10306 rekursive Aufrufe; Ergebnis: 125. Als

Folge der hohen Rekursionstiefe kann der Speicherplatz des Rechners zu gering sein. Dadurch werden unerwartete Laufzeitfehler verursacht.   ♦

Indirekte Rekursion

Unter indirekter Rekursion verstehen wir folgenden Sachverhalt:
A, B, C, ..., X seien Prozeduren, und es gelte:
A ruft B, B ruft C, ..., X ruft A.

Im Widerspruch zu den Vereinbarungsregeln müßte also z.B. die Prozedur B vor ihrer Deklaration verwendet werden. Auch ein Umordnen der Prozedurvereinbarungen hilft nicht. Abhilfe bringt die FORWARD-Deklaration:

12 Prozedurvereinbarung

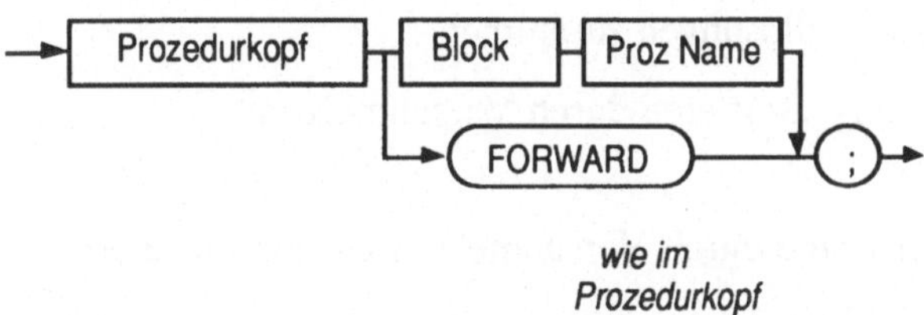

Durch die Angabe des Prozedurkopfs, gefolgt von FORWARD, wird der Name bekanntgemacht, die Implementation, d.h. der eigentliche Rumpf, kann später im gleichen Vereinbarungsteil stehen. Dort ist keine Parameterliste mehr anzugeben.

Beispiel 4-26:   Indirekte Rekursion: Test einer ganzen Zahl $n \geq 0$ auf gerade bzw. ungerade

- Berechnungsmodus:
  n gerade $\Longleftrightarrow$ n = 0 oder n - 1 ungerade
  n ungerade $\Longleftrightarrow$ n > 0 und n - 1 gerade

- rekursive Funktionsdeklaration:

```
PROCEDURE ungerade (n : CARDINAL) : BOOLEAN; FORWARD;

PROCEDURE gerade (n : CARDINAL) : BOOLEAN;
BEGIN
  RETURN (n = 0) OR ungerade(n - 1)
END gerade;
```

```
PROCEDURE ungerade;(* Parameterliste muß fehlen! *)
BEGIN
  RETURN (n > 0) AND gerade(n - 1)
END ungerade;                                              ◆
```

Anwendungen von Rekursion treten vor allem in folgenden Bereichen auf:
- Algorithmen, die durch Versuch und Irrtum („trial and error") ein Ergebnis berechnen; z.B. das Durchsuchen eines Labyrinths,
- Syntaxprüfung,
- Suchen und Einfügen in rekursiv definierten Datenstrukturen (z.B. Bäumen),
- Auswertung eines Ausdrucks,
- Algorithmen, die nach dem Prinzip des *Divide & Conquer* funktionieren:
  Zerlege ein Problem in Teilprobleme mit weniger Daten.
  Löse die Teilprobleme.
  Setze die Lösung aus den Teillösungen zusammen.

Als Beispiel dafür betrachten wir das „Sortieren durch Verschmelzen".

Beispiel 4-27:   Sortieren einer Folge durch Verschmelzen zweier sortierter Teilfolgen

Das Sortieren einer Folge durch Verschmelzen zweier sortierter Teilfolgen mit Hilfe der rekursiven Prozedur `VerschmelzSort` geht wie folgt vor:

(1) Zerlege die zu sortierende Folge in 2 etwa gleich große Teilfolgen (Divide-Schritt).
(2) Sortiere jede der beiden Teilfolgen (wenn sie mehr als ein Element enthält) mit Hilfe von *VerschmelzSort* (Conquer-Schritt).
(3) Füge die sortierten Teilfolgen mit Hilfe einer Prozedur *Verschmelze* zusammen.

Es seien folgende Typdefinitionen gegeben:

```
CONST
  n = 100;

TYPE
  Elementtyp = CARDINAL;
  Folge = ARRAY [1..n] OF Elementtyp;
```

Eine mögliche Realisierung der Prozedur Verschmelze sieht folgendermaßen aus:

```
PROCEDURE Verschmelze
   (VAR f : Folge;
    links, mitte, rechts : INTEGER);
(* Verschmilzt die sortierten Folgenhälften
 f[links]..f[mitte] und f[mitte + 1]..f[rechts]
 zu einer Folge *)
VAR g : Folge; (* Hilfsfeld zum Verschmelzen *)
    h, i, j, k : INTEGER;

BEGIN
  i := links;
  j := mitte + 1;
  k := links;

  WHILE (i <= mitte) AND (j <= rechts) DO
  (* Teilfolgen noch nicht abgearbeitet *)
    IF f[i] <= f [j]
    THEN (* Übernimm f[i] nach g[k] *)
      g[k] := f[i];
      INC (i)
    ELSE (* Übernimm f[j] *)
      g[k] := f[j];
      INC (j)
    END (* IF *);
    INC (k)
  END (* WHILE *);

    IF i > mitte
  THEN (* linke Teilfolge abgearbeitet,
        übernimm Rest der rechten Teilfolge *)
    FOR h := j TO rechts DO
      g[k+h-j] := f [h]
    END
  ELSE (* rechte Teilfolge abgearbeitet, übernimm
        der Rest der linken Teilfolge *)
    FOR h := i TO mitte DO
      g[k+h-i] := f [h]
    END
  END; (* IF *)
  f := g
END Verschmelze;
```

Die rekursive Prozedur `VerschmelzSort` **ist ganz kurz:**

```
PROCEDURE VerschmelzSort
   (VAR f: Folge; links,rechts :INTEGER);
(* sortiert die Folge f durch Verschmelzen *)
VAR mitte: INTEGER;

BEGIN
   IF (links < rechts) (* sonst leere oder
                            einelementige Folge *)
   THEN
     mitte := (links + rechts) DIV 2;
       (* ermittle Mitte der Folge);
     VerschmelzSort (f, links, mitte);
     VerschmelzSort (f, mitte+1, rechts);
     (* f[links]..f[mitte] und
        f[mitte+1]..f[rechts] sind sortiert *)
     Verschmelze (f, links, mitte, rechts)
   END (*IF *)
END VerschmelzSort;
```
◆

Beispiel 4-28:   Suchen eines Wertes in einer sortierten Liste

Die Funktion `Suche` sucht nach dem *Divide & Conquer-Prinzip* nach dem Element
`wert` im Feld `1`, in dem die Elemente aufsteigend sortiert sind.

```
...
CONST
  n = 100;

TYPE
   Elementtyp = CARDINAL;
   Liste = ARRAY [1..n] OF Elementtyp;

PROCEDURE Suche
   (VAR 1 : liste; VAR wert: Elementtyp;
    links, rechts : INTEGER):INTEGER;
(* sucht in der Liste 1 zwischen Position links und
   Position rechts nach dem Element wert;
   zurückgegeben wird die Position von wert,
   falls wert in der Liste vorkommt, 0 sonst *)

VAR
   k : INTEGER;
```

```
BEGIN
  IF links > rechts
  THEN RETURN 0 (* wert nicht in Liste *)
  ELSE
    k := (links + rechts) DIV 2;
    IF l[k] = wert
    THEN
      RETURN k(* gefunden *)
    ELSIF l[k] < wert(* betrachte rechte Listenhälfte *)
    THEN
      RETURN Suche (l, wert, k+1, rechts)
    ELSE (* betrachte linke Listenhälfte *)
      RETURN Suche (l, wert, links, k-1)
    END (* IF *)
  END (* IF *)
END Suche;
```

4.8   Prozedurtypen und -variablen

4.8.1   Ein einführendes Beispiel: Nullstellenberechnung

Das binäre Suchverfahren aus Beispiel 4-28 läßt sich auch verwenden, um die Nullstelle einer Funktion f(x) in einem Intervall [a,b] zu finden. Falls f(a) und f(b) unterschiedliche Vorzeichen besitzen, so enthält das Intervall [a,b] mindestens eine Nullstelle x_0 von f. Diese läßt sich durch fortgesetzte Intervallhalbierung gewinnen.

Algorithmus: Nullstelle (f, a, b)
Voraussetzung f(a) * f(b) < 0
(1)   m := (a + b) / 2
(2)   Falls f(m) * f(a) < 0
     dann
        b := m
     sonst
        a := m
(3)   Wiederhole (1), (2) solange bis b - a < 10^{-6}
(4)   RETURN m := (b - a) / 2

Bemerkung: Wie bei der Nullstellenbestimmung üblich, wird nicht iteriert, bis der Funktionswert, sondern bis der Abstand zweier Abszissen klein geworden ist. Wir sehen, daß der Ablauf des Verfahrens von der speziellen Funktion f(x) nicht abhängt. Die Funktion f wird genau wie a und b an die Funktion Nullstelle übergeben. In Modula-2 wird dieses Problem durch Einführung eines Prozedurtyps gelöst.

Beispiel 4-29:   Prozedurtypen: Nullstellenberechnung

```
MODULE Nullstellenberechnung;

TYPE realfunc = PROCEDURE (REAL): REAL;
   (* Typdefinition für Funktionen mit einem
      REAL-Parameter und dem Ergebnistyp REAL *)

PROCEDURE Nullstelle (f: realfunc; a,b: REAL):REAL;
    (* f dient als formale Funktion
      im Rumpf von Nullstelle *)
    (* Nullstelle setzt f(a) * f(b) < 0 voraus *)

   VAR m: REAL;

   BEGIN
      (* iterative Version *)
      WHILE b - a >= 1.0E-6 DO
        m := 0.5 * (b + a);
        IF f(m) * f(a) <= 0.0
        THEN b := m  (*Nullstelle zwischen a und m*)
        ELSE a := m  (*Nullstelle zwischen m und b*)
        END (* IF *)
      END; (*WHILE*)
      RETURN (b + a) * 0.5
END Nullstelle;

PROCEDURE f(x: REAL): REAL;
   (*Prozedur(konstante) vom Typ realfunc*)
   BEGIN
      RETURN   sin(x / 3.0) - 0.2 * x + 1.0
   END f;

VAR func: realfunc;   (*Prozedurvariable*)
    x0: REAL;
BEGIN
   func := f;   (*Zuweisung ist möglich*)
   x0 := Nullstelle (func, 0.0, 10.0)
               (*Aufruf mit aktueller Funktion*)

   ...
END Nullstellenberechnung.
```

♦

4.8.2   Vereinbarung

19 Prozedur Typ

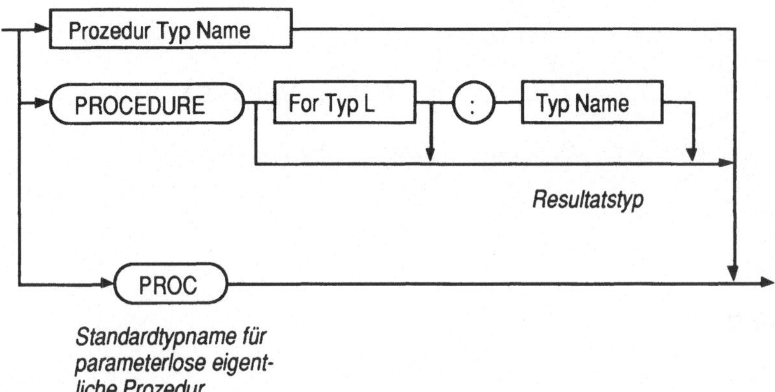

20 Formale Typliste (For Typ L)

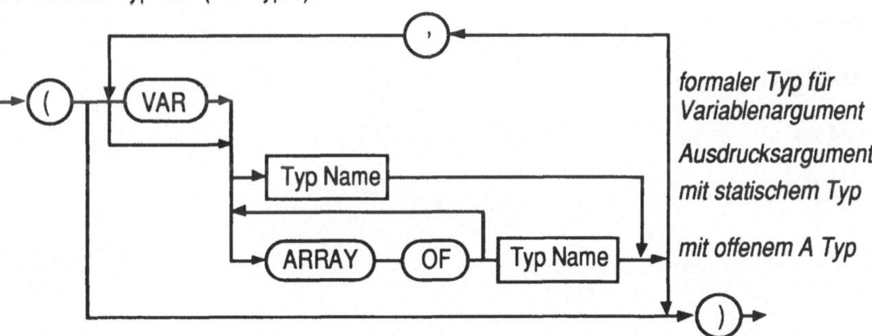

Ein *Prozedurtyp* wird durch *Anzahl, Art und Reihenfolge der Parametertypen*, an-gegeben in der formalen Typliste, charakterisiert. Fehlen formale Typliste und Ergebnistyp, so handelt es sich um eine eigentliche parameterlose Prozedur. Für diesen Typ gibt es den Standardtypnamen PROC. Für Funktionsprozeduren kommt der Ergebnistyp hinzu. Parameterlose Funktionsprozedurtypen weisen eine leere formale Typliste auf.

Beispiel 4-30:   Prozedurtypvereinbarung

```
MODULE Modul;
...
TYPE
  RealProc = PROCEDURE (REAL, VAR REAL);
  RealFunc = PROCEDURE (REAL): REAL;
  MeanProc = PROCEDURE (REAL, VAR REAL, VAR REAL);
  FindFunc = PROCEDURE
                  (ARRAY OF CHAR, CHAR): BOOLEAN;
VAR
  pv: RealFunc;
  q:   REAL;
  pv2 : PROC;

PROCEDURE Quadrat (x: REAL): REAL;
...
BEGIN (*Quadrat, berechnet x hoch 2 *)
  ...
END Quadrat;

BEGIN (*Modul*)
  ...
  pv := Quadrat;
  ...
  q  := pv(x);
  ...
  pv2 := WriteLn;
  ...
END Modul.
```

Ein Prozedurtyp kann wie ein anderer Typ verwendet werden. Das heißt, Variable können vereinbart und zugewiesen werden, und Komponenten in strukturierten Typen können vom Prozedurtyp sein.

Beachte:

* Einer Prozedurvariablen dürfen nur Prozeduren zugewiesen werden, die nicht lokal in anderen Prozeduren deklariert sind.
* Einer Prozedurvariablen dürfen keine Standardprozeduren zugewiesen werden.
* Prozedurvariable und zugewiesene Prozedur müssen prozedurkompatibel sein (s.u.).
* Die zugewiesene Prozedur darf in der Wertzuweisung nur durch ihren Namen bezeichnet sein (sonst wäre es ein Prozeduraufruf).

Die **Prozedurkompatibilität** zwischen Prozedurvariable pv und Prozedur P ist wie folgt definiert:

* pv und P haben die gleiche Anzahl von Formalparametern.
* Die formalen Parameter von pv und P stimmen paarweise überein, d.h. der i-te Parameter von pv und der i-te Parameter von P sind
  — vom selben Datentyp und
  — entweder beide Variable- oder beide Value-Parameter.
* Falls pv eine Funktionsprozedurvariable und P eine Funktionsprozedur ist, dann sind die Datentypen der Funktionswerte gleich.

Beispiel 4-31:   Prozedurtypen: Studentendateiverwaltung

Die Studentendatei einer Universität soll
* einmal alphabetisch nach Namen,
* ein anderes Mal aufsteigend nach Matrikelnummern
sortiert werden.

Typdefinition und Variablenvereinbarung

```
TYPE
   Student  =   RECORD
                   matrikelnr:    CARDINAL;
                   name:          ARRAY [1..30] OF CHAR;
                END;
   Studentendatei = ARRAY [1..1000] OF Student;

VAR
   Datei : Studentendatei;
```

Wir verwenden folgendes Sortierverfahren
(Sortieren durch Auswahl eines Minimums):

* Das Feld `Datei` wird in einen sortierten Teil $s_1, \ldots, s_n$ und einen unsortierten Teil $u_0, \ldots, u_m$ getrennt, und zwar so, daß alle Werte des sortierten Teils kleiner als oder gleich wie alle Werte des unsortierten Teils sind. Das heißt, es gilt: $s_n \leq u_i$ ($i \in \{0..m\}$).

* Das sortierte Teilfeld wird nun um ein Element verlängert, indem das kleinste Element des unsortierten Felds mit dem ersten Element des unsortierten Felds vertauscht wird.

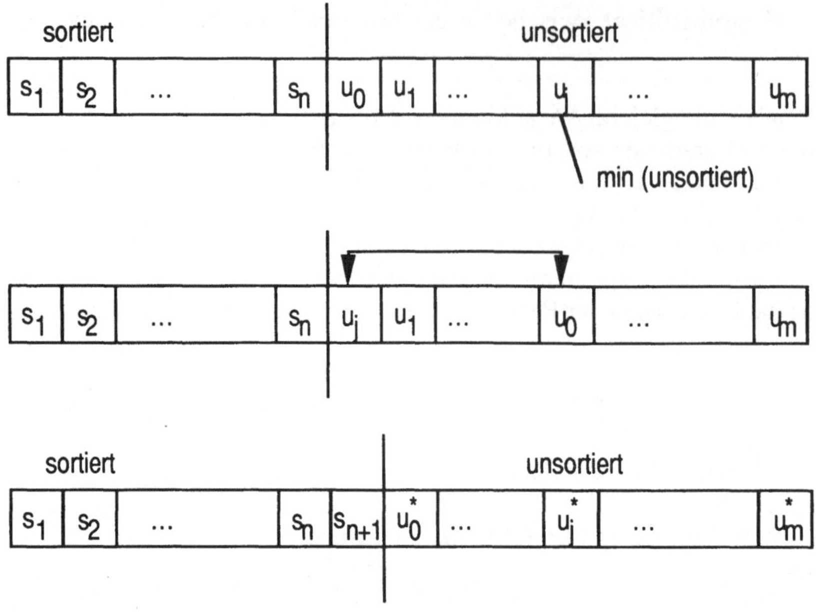

Für den Vergleich zweier Elemente verwenden wir die Funktionsprozedur `vor`:
`vor (x, y) = TRUE`   gdw. 1. Parameter (x) < 2. Parameter (y)

Die Sortierreihenfolge ist nicht vom Algorithmus vorgegeben, sondern wird von der Vergleichsprozedur `vor` bestimmt. Da zwei verschiedene Prozeduren gewünscht sind, vereinbaren wir einen Prozedurtyp:

```
TYPE
   Vergleich = PROCEDURE(Student, Student): BOOLEAN;
```

Die Parameterliste von `Sortiere` enthält eine Vergleichsprozedur:

```
PROCEDURE Sortiere (VAR Datei: Studentendatei;
                    vor: Vergleich);
```

Wir überlassen die Formulierung dem Leser.

Die zwei Vergleichsprozeduren sind im Hauptmodul zu definieren:

```
PROCEDURE NachNamen (al, a2: Student): BOOLEAN;
VAR i : [1..30];

BEGIN
  i := 1;
  WHILE (al.name[i] = a2.name[i]) AND (i < 30)
        AND (al.name[i] # 0C) (*String-Ende*) DO
    INC(i)
  END (*WHILE*);
  RETURN al.name[i] < a2.name[i]
END NachNamen;

PROCEDURE NachMatrikelnummern (al, a2: Student): BOOLEAN;
BEGIN
  RETURN al.matrikelnr < a2.matrikelnr
END NachMatrikelnummern;
```

Die zwei Aufrufe der Prozedur sortiere gestalten sich nun wie folgt:

```
    Sortiere (Datei, NachNamen);
    Sortiere (Datei, NachMatrikelnummern);
```
                                                                    ◆

4.8.3   Prozeduren als Komponentenvariable

Die bisher behandelten strukturierten Datentypen waren Kollektionen von einfachen Datentypen. Für Recordtypen kann man die einzelnen Komponenten als Attribute sehen, die ein Objekt auszeichnen. Zur Beschreibung von Objekten können nun Aktionen oder Operationen, also Prozeduren ebenso dienen wie reine Datenattribute. Durch Komponenten vom Prozedurtyp lassen sich diese Aktionen direkt in die Datenstruktur aufnehmen und brauchen nicht als separate Funktionen behandelt zu werden. Diese Einheit von Daten und Aktionen ist ein wesentliches Merkmal der objektorientierten Programmierung.

Dieser Programmierstil wird von Modula-2 nicht weiter unterstützt. Deshalb begnügen wird uns mit einem Beispiel.

Beispiel 4-32:   Prozeduren als Record-Komponenten: Tabelleneintrag für
verschiedene Sportarten

Vorsicht:
Dieses Beispiel ist noch **kein** korrektes Modula-2-Programmfragment.

```
TYPE
   Vergleich = PROCEDURE
         (Tabelleneintrag, Tabelleneintrag): BOOLEAN;
   Tabelleneintrag = RECORD
                        Name: ARRAY[0...20] OF CHAR;
                        Pluspunkte:  CARDINAL;
                        geschTore:   CARDINAL;
                        erhTore:     CARDINAL;
                           ...
                        Ver: Vergleich
                     END;


PROCEDURE Tordifferenz
   (a,b: Tabelleneintrag): BOOLEAN;
BEGIN
   IF a.Pluspunkte > b.Pluspunkte
   THEN RETURN TRUE
   ELSIF a.Pluspunkte < b.Pluspunkte
   THEN RETURN FALSE
   ELSIF a.Pluspunkte = b.Pluspunkte
   THEN RETURN a.geschTore - a.erhTore
               >= b.geschTore - b.erhTore
   END (* IF *)
END Tordifferenz;


PROCEDURE Torquotient (a,b: Tabelleneintrag): BOOLEAN;
BEGIN
   IF a.Pluspunkte > b.Pluspunkte
   THEN RETURN TRUE
   ELSIF a.Pluspunkte < b.Pluspunkte
   THEN RETURN FALSE
   ELSIF a.Pluspunkte = b.Pluspunkte
   THEN RETURN a.geschTore / a.erhTore
               >= b.geschTore / b.erhTore
END Torquotient;


VAR Eishockey, Fussball: Tabelleneintrag;
...
   Eishockey.Ver    := Torquotient;
   Fussball.Ver     := Tordifferenz;

...
```

In diesem Beispiel verwendet der Prozedurtyp `Vergleich` den Recordtyp `Tabelleneintrag`, in dem er als Komponente auftritt und der zum Definitionszeitpunkt noch nicht bekannt ist. Auch die umgekehrte Definitionsreihenfolge würde gegen die Regel verstoßen, daß ein Name erst dann verwendet werden darf, wenn er bekannt ist. Diese Schwierigkeit tritt auch bei den dynamischen Datentypen auf, wo eine Lösung mit Hilfe des Typs Pointer ermöglicht wird. Dazu wird die Definitionsreihenfolgeregel bei Pointern abgeschwächt (siehe Kapitel 5).

Die korrekte Typdefinition für Beispiel 4-32 lautet also:

```
TYPE
  Tabellenzeiger = POINTER TO Tabelleneintrag;
  Vergleich = PROCEDURE
       (Tabellenzeiger, Tabellenzeiger): BOOLEAN;
  Tabelleneintrag = RECORD
                 Name: ARRAY[0...20] OF CHAR;
                 Pluspunkte:  CARDINAL;
                 geschTore:   CARDINAL;
                 erhTore:     CARDINAL;

                 ...
                 Ver: Vergleich
              END;
```

5   Dynamische Datenstrukturen

5.1   Ein einführendes Beispiel: Dynamische Listen

In unserem Telefonbuchbeispiel hatten wir für jede Stadt eine Liste von beliebig vielen Teilnehmern anlegen wollen. Dieses Problem wollen wir jetzt näher betrachten.

Wir wollen also einen Datentyp *Liste* mit folgenden Operationen definieren:

    Liste anlegen
    Element einfügen
    Element suchen
    Element löschen
    Liste durchlaufen
    Liste löschen

Die Liste soll dabei dynamisch wachsen oder schrumpfen, d.h. immer nur so viel Speicherplatz belegen wie nötig.

Von den bekannten Datenstrukturen eignet sich höchstens der Typ Array. Da der Speicherplatz für Arrays allerdings zur Übersetzungszeit festgelegt wird, ist die letzte Bedingung sicher verletzt. Man müßte eine Maximalzahl von Elementen vorgeben.

Die Definition eines umfangreichen Feldes (z.B. für 1000 Datensätze) ist vorzunehmen:

```
Textfeld    = ARRAY[0..19] OF CHAR;

Feldtyp     = RECORD
                Name      :   Textfeld;
                Nummer    :   CARDINAL;
                ...
              END;

Telefonverzeichnis = ARRAY[0..999] OF Feldtyp;
```

Dieses Programm verschwendet viel Speicherplatz, falls die Listen nur ca. zehn Einträge enthalten. Andererseits ist es unbrauchbar, falls eine Liste mehr als 1000 Elemente aufnehmen soll.

5.2 Der Datentyp POINTER

5.2.1 Die Idee

Abhilfe wird hier durch Einführung eines Datentyps *Zeiger* geschaffen, mit dessen Hilfe beliebig lange Listen, aber auch andere Strukturen aufgebaut werden können. Ein **Pointer** oder **Zeiger** ist dabei eine Größe, die auf eine andere Variable verweist. So können z.B. Listen aufgebaut werden, indem jedes Element neben den eigentlichen Daten einen Verweis auf seinen direkten Nachfolger enthält. Kennt man den Anfang der Liste, so läßt sie sich Element für Element durchlaufen.

Wichtige Eigenschaften von Pointern

- Pointer enthalten selbst keinen "eigentlichen" Wert, sondern zeigen auf Variablen, die Daten enthalten können.
- Diese Variablen heißen auch **referenzierte Variablen** oder **Bezugsvariablen.** Ihr Typ wird *Bezugstyp* genannt.
- Ein Pointer ist vorstellbar als Speicherplatzadresse der referenzierten Variablen.
- Der Speicherplatz für die Bezugsvariablen wird dynamisch während der Laufzeit des Programms durch einen Prozeduraufruf erzeugt und wieder freigegeben.
- Die Bezugsvariablen sind also **dynamische Variablen,** im Gegensatz zu den bisher bekannten Variablen, deren Speicherplatz zu Blockbeginn angelegt wurde und dann bis zum Blockende bestehen blieb.
- Mehrere Pointer können auf die gleiche Bezugsvariable verweisen.
- Es ist vom Programmierer dafür zu sorgen, daß noch benötigte dynamische Variablen tatsächlich über einen Pointer erreicht werden können und daß der Speicherplatz für nicht mehr benötigte freigegeben wird.

5.2.2   Definition von Pointertypen

Syntax:

Ausschnitt aus: 15 Typ

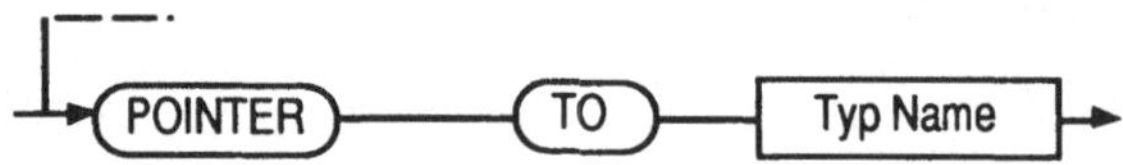

Jeder Pointertyp hat einen und nur einen referenzierten Typ. Es gelten die gleichen
Typkompatibilitätsregeln wie für andere Typen, d.h. nur gleiche (oder in einer
Typdefinition gleichgesetzte) Typnamen sind kompatibel.

Beispiel 5-1:   Variable vom Typ POINTER

```
TYPE   ptInt = POINTER TO INTEGER;

VAR    p : ptInt;
```

Beispiel 5-2:   Liste

```
TYPE   Liste   =   POINTER TO element;

       element = RECORD
                    wert : INTEGER;
                    next : Liste
                 END;

VAR    l : Liste;
```

Das zweite Beispiel zeigt die Definition eines Datentyps *Liste*, in dem jedes Element
auf seinen Nachfolger verweist. Der Typ Liste hat als referenzierten Typ den
Typ element, der als Komponententyp den Typ Liste besitzt. Die Regel, daß
alle Namen vor ihrer Verwendung vereinbart sein müssen, ist hier also verletzt.
Diese gegenseitige Verwendung ist nicht zu umgehen. Sie wird aufgelöst, indem bei
der Pointertypdefinition die Verwendung eines noch nicht bekannten Bezugstyps
erlaubt ist. Der muß aber noch im selben Vereinbarungsteil definiert werden.

Pointertypen können in Datenstrukturen auftauchen. In den meisten Fällen wird
der referenzierte Typ ein Recordtyp sein, von dem mindestens eine Komponente
vom Typ POINTER ist, um entsprechende Listen aufbauen zu können.

5.2.3   Pointervariable und Bezugsvariable

Vorbemerkung:
  Statt „Variable vom Typ POINTER" wird häufig „Pointervariable" geschrieben. Diese Begriffe sind synonym.

Die Bezugsvariable von p wird durch p^ angesprochen.

Ausschnitt aus: 39 Variable (Var)

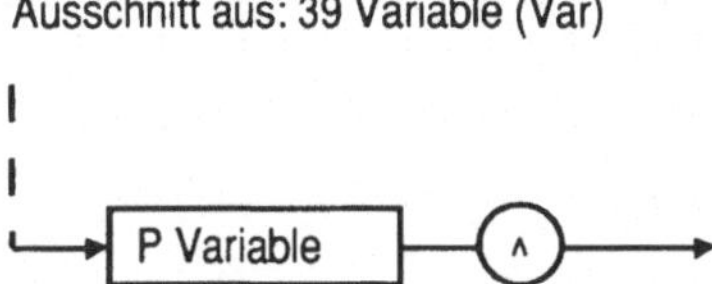

Pointer und Listenstrukturen werden häufig durch graphische Symbole veranschaulicht:

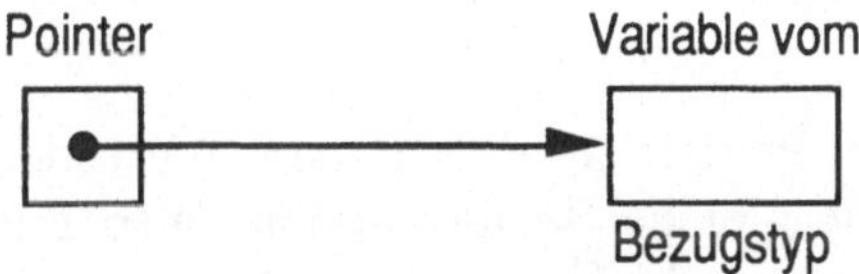

Es muß sorgfältig zwischen Pointervariable und Bezugsvariable unterschieden werden. Insbesondere sind die verschiedenen Situationen bei der dynamischen Erzeugung von Bezugsvariablen zu beachten.

Variablen vom Typ POINTER werden angelegt wie alle anderen bisher eingeführten Variablen, nämlich durch eine entsprechnede Vereinbarung im Vereinbarungsteil. Sie sind anfangs undefiniert. Die **Erzeugung einer Variablen des Bezugstyps** geschieht durch Aufruf der Prozedur NEW:

Ist p eine Pointer-Variable, dann bewirkt der Prozeduraufruf NEW (p) das Anlegen einer referenzierten Variablen p^, deren Wert unbestimmt ist. Der Wert von p ist nun ein Verweis auf diese Variable p^.

Die Prozedur NEW (p) ruft ihrerseits die Prozedur
ALLOCATE (p, SIZE (Bezugstyp))
auf. Diese reserviert den für eine Variable des Bezugstyps benötigten Speicherplatz und weist dessen Adresse p zu.

Der Wert der referenzierten Variablen kann nun − wie bisher auch − durch Zuweisungen oder Eingabeanweisungen bestimmt werden.

Pointer können wie alle anderen Größen einander zugewiesen werden.

38-1 Wertzuweisung

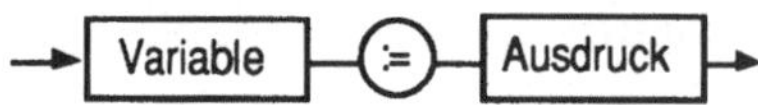

35 [Konst] P Ausdruck (P Ausdruck, PA)

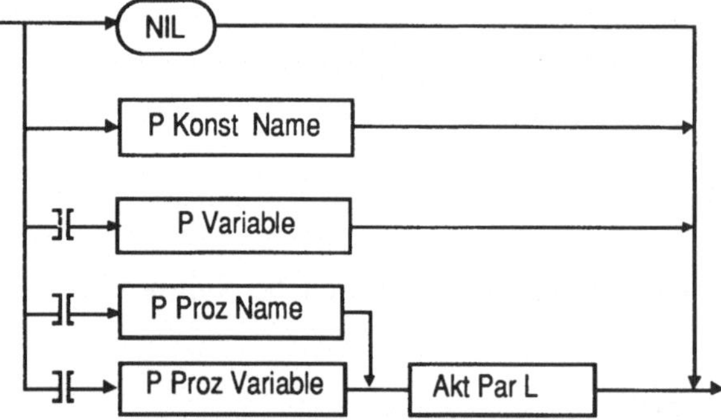

Durch die Zuweisung p := q erhält eine Pointervariable p den Wert der Pointervariablen q, d.h. beide zeigen auf die gleiche Bezugsvariable, also gilt $p^\wedge = q^\wedge$. Trotzdem hat sich der Wert der von p *vor* der Zuweisung referenzierten Variable nicht geändert. Er ist allerdings, sofern nicht eine weitere Pointervariable darauf verweist, nicht mehr zugänglich. Liegt dies in der Absicht des Programmierers, so sollte der Speicherplatz vorher zurückgegeben werden.

Die **Freigabe einer Variablen des Bezugstyps** geschieht durch Aufruf der Prozedur `DISPOSE`, die die Prozedur `DEALLOCATE` aufruft.

Sei p eine Pointer-Variable und $p^\wedge$ eine Variable des Bezugstyps. Dann wird durch die Prozedur DISPOSE(p) bzw. `DEALLOCATE(p, SIZE(Bezugstyp))` der Speicherbereich der Bezugsvariablen $p^\wedge$ im Speicher des Rechners zur weiteren Verwendung freigegeben; p hat anschließend den Wert NIL.

Anmerkung:
> `ALLOCATE` und `DEALLOCATE` müssen aus dem Modul Storage importiert werden, auch wenn `NEW` oder `DISPOSE` verwendet werden. In vielen Implementierungen müssen `ALLOCATE` und `DEALLOCATE` direkt verwendet werden. Diese sind teilweise auch im Modul `System` zu finden.

Der **Gültigkeitsbereich** einer Pointervariablen ist gemäß Blockstruktur statisch, also wie bei allen anderen Variablen. Der Gültigkeitsbereich der referenzierten

Variablen p^ hingegen wird dynamisch festgelegt, d.h. er reicht explizit von
`ALLOCATE` **bis** `DEALLOCATE`.

Die einzige **Operation**, die **auf Pointer** angewendet werden kann, ist der Test
auf Gleichheit oder Ungleichheit. Dabei sind zwei Pointer genau dann gleich, wenn
sie auf dieselbe Bezugsvariable verweisen oder beide NIL sind.

5.2.4   Veranschaulichung

Wir veranschaulichen das Arbeiten mit Pointern zuerst an einem einfachen
syntaktischen Beispiel, bevor wir die Hauptanwendung von Pointern zur Verwaltung dynamischer Listenstrukturen behandeln.

Beispiel 5-3:   Pointeroperationen

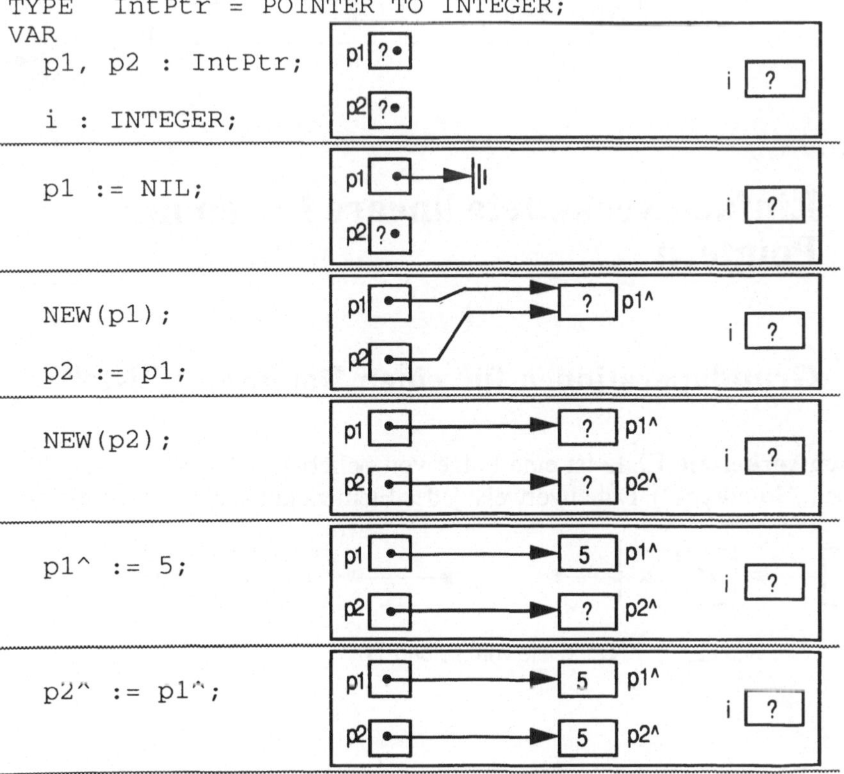

```
p1   := p2;
p1^  := 6;
```

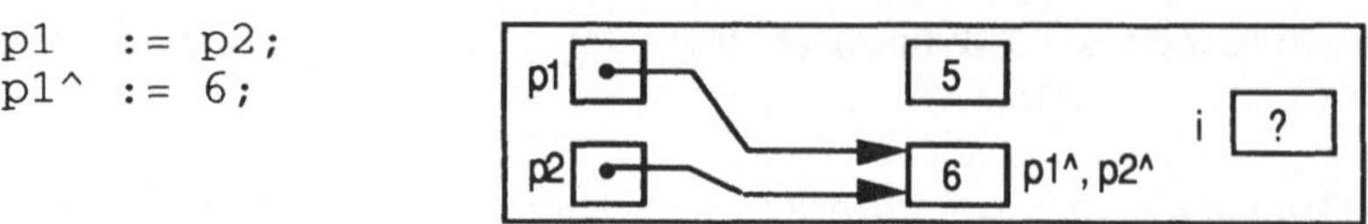

```
(* Die "alte" Bezugsvariable p1^ ist nicht mehr
   ansprechbar, obwohl noch vorhanden *)
```

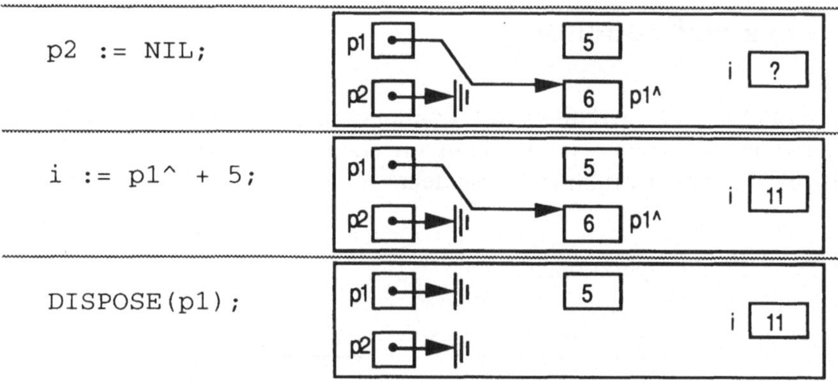

5.3   Einfach verkettete lineare Listen mit Pointern

5.3.1   Grundoperationen für einen Datentyp "Liste"

Eine **einfach verkettete Liste** ist eine Folge von beliebig vielen Elementen desselben Typs („Grundtyps"). Dabei verweist jedes Element auf seinen Nachfolger.

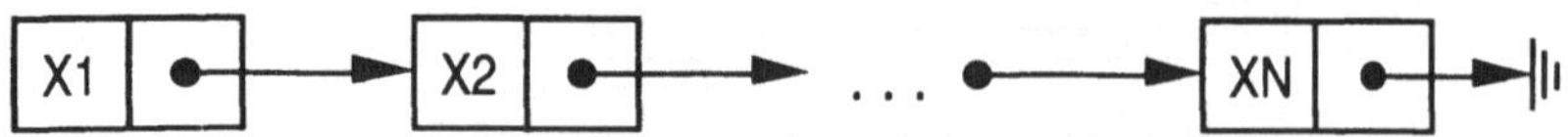

X1, X2, ..., XN sind alle vom selben Typ

Wir verdeutlichen verschiedene Möglichkeiten der Organisation einfach verketteter Listen durch folgende Graphiken:

1)   Zeiger auf den Anfang der Liste

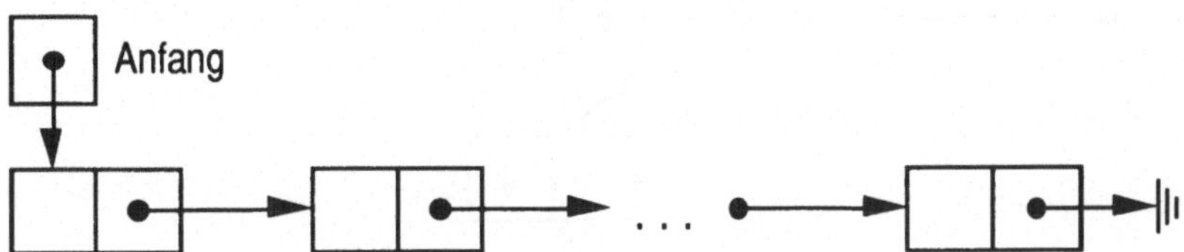

2)   Zeiger auf Anfang und Ende der Liste

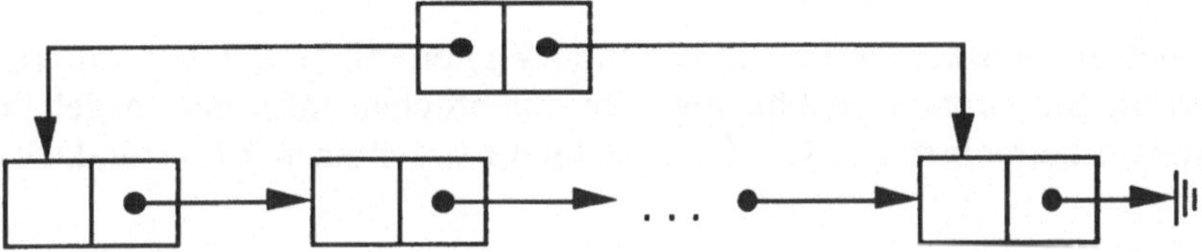

3)   Dummy(Pseudo)-Elemente am Anfang und Ende

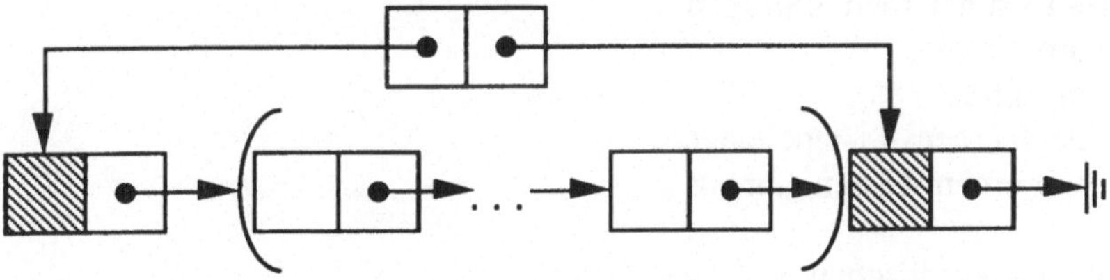

(Das Anfangs- und das Endelement gehören nicht zur Liste.)

4)   ringförmige Verkettung

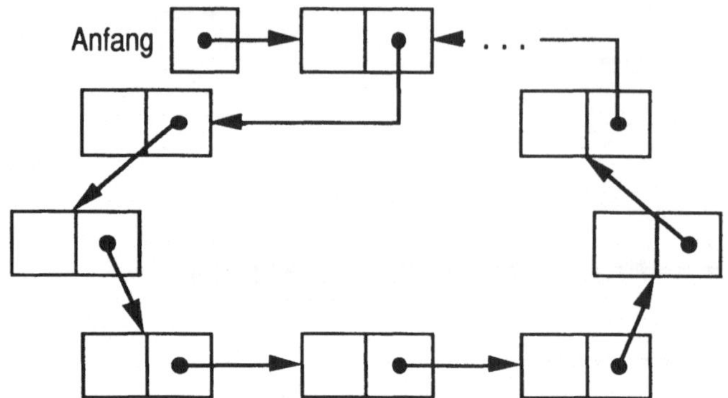

Grundoperationen für einfach verkettete Listen (EVL) erledigen die Verwaltung der Listenstruktur. Sie können unabhängig vom eigentlichen Informationsgehalt der Listenelemente betrachtet werden. Im einzelnen betrachten wir 6 Grundoperationen.

EVL 1:   Liste initialisieren

EVL 2:   Neues Listenelement einfügen
- am Anfang
- am Ende
- nach einem Listenelement
- vor einem Listenelement

EVL 3:   Listenelement löschen
- am Anfang
- nach einem Listenelement
- am Ende

EVL 4:   Liste durchlaufen

EVL 5:   Listenelement suchen
- Listenelement selbst
- Vorgänger eines Listenelements

EVL 6:   Liste löschen

Diese Operationen beschreiben zusammen mit der Definition der Datenstruktur
einen sogenannten "abstrakten Datentyp" *einfach verkettete Liste* (EVL). Wir
wollen diese Grundoperationen am Beispiel einer EVL des Typs 2) in Modula-2
implementieren.

```
TYPE
  Zeiger   = POINTER TO Element;
  Element  = RECORD
    Info : InfoTyp; (* irgendein Typ,
                       hier nicht relevant *)
    next : Zeiger
END; (* Element *)

  EVLliste = RECORD
    Anfang,
    Ende : Zeiger
END; (* EVLliste *)

VAR
  Liste    : EVLliste;
```

zu EVL 1:   Liste initialisieren

```
PROCEDURE EVLinit (VAR  Liste : EVLliste);

(* initialisiert Liste als leere Liste *)

BEGIN
  Liste.Anfang := NIL;
  Liste.Ende  := NIL
END EVLinit;
```

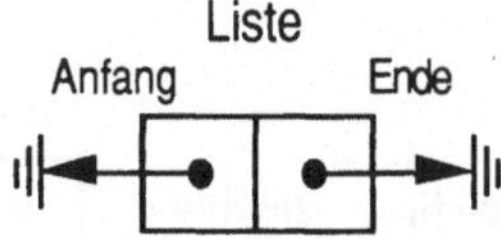

zu EVL 2:   Neues Listenelement am Listen*anfang* einfügen

```
PROCEDURE  EVLeinfuegenA
   (x : InfoTyp; VAR  Liste : EVListe);

(* fügt am Anfang von Liste ein neues  *)
(* Listenelement ein und weist dessen  *)
(* Info-Komponente den Wert x zu    *)

VAR p : Zeiger;

BEGIN
  p := Liste.Anfang;
  NEW (Liste.Anfang);
  Liste.Anfang^.Info := x;
  Liste.Anfang^.next := p;
  IF Liste.Ende = NIL
  (* Liste war vorher leer und hat jetzt
     genau ein Element *)
  THEN
    Liste.Ende := Liste.Anfang
  END (* IF *)
END EVLeinfuegenA;
```

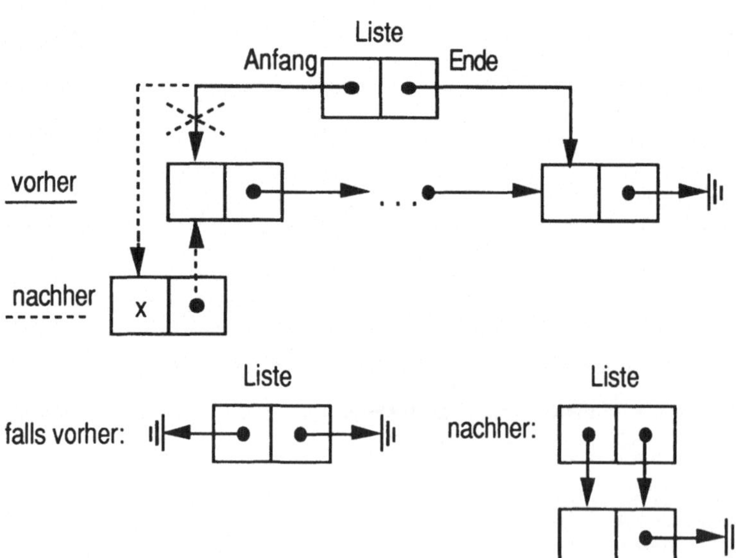

zu EVL 2:   Neues Listenelement am Listen*ende* einfügen

```
PROCEDURE EVLeinfuegenE
   (x : InfoTyp; VAR Liste : EVListe);

(* fügt am Ende von Liste ein neues    *)
(* Listenelement ein und weist dessen  *)
(* Info-Komponente den Wert x zu    *)

VAR p : Zeiger;

BEGIN
  p := Liste.Ende;
  NEW (Liste.Ende);
  Liste.Ende^.Info := x;
  Liste.Ende^.next := NIL;
  IF Liste.Anfang = NIL
  (* Liste war vorher leer und hat jetzt
     genau ein Element *)
  THEN
    Liste.Anfang := Liste.Ende
  ELSE
    p^.next := Liste.Ende
  END (* IF *)
END EVLeinfuegenE;
```

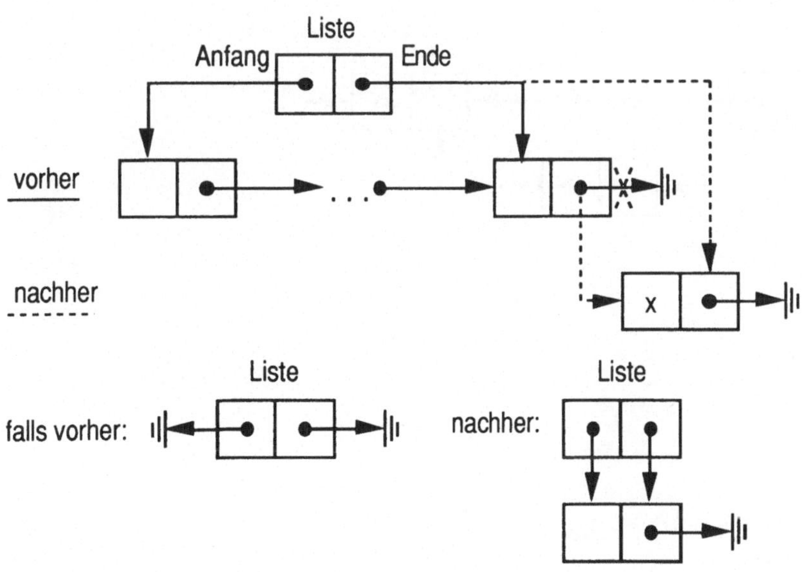

zu EVL 2:   Neues Listenelement *nach* einem Listenelement einfügen

```
PROCEDURE EVLeinfuegenMn
   (x: InfoTyp; Vorgaenger: Zeiger;
    VAR Liste : EVListe);

(* fügt nach dem Listenelement Vorgänger^ von     *)
(* Liste ein neues Listenelement ein und weist    *)
(* dessen Info-Komponente den Wert x zu.          *)

VAR p : Zeiger;

BEGIN
   NEW (p);
   p^.Info := x;
   p^.next := Vorgaenger^.next;
   Vorgaenger^.next := p;(* Reihenfolge wichtig *)
   IF Vorgaenger = Liste.Ende
   THEN
     Liste.Ende := p
   END (* IF *)
END EVLeinfuegenMn;
```

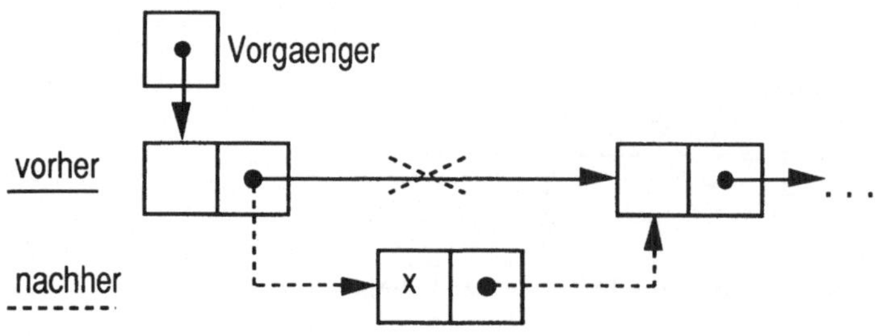

zu EVL 2:   Neues Listenelement *vor* einem Listenelement einfügen

Da jedes Element nur einen Verweis auf den Nachfolger enthält, ist es einfacher, das neue Element **nach** dem Listenelement einzufügen und dann die Werte der Info-Komponenten der beiden Listenelemente zu vertauschen.

```
PROCEDURE EVLeinfuegenMv
   (x : InfoTyp; Nachfolger: Zeiger;
    VAR Liste : EVLIste);

(* fügt vor dem Listenelement Nachfolger^ von     *)
(* Liste ein neues Listenelement ein und weist    *)
(* dessen Info-Komponente den Wert x zu;        *)
(* verwendet "Einfügen nach einem Listenelement" *)

BEGIN
   EVLeinfuegenMn (x, Nachfolger, Liste);
   Nachfolger^.next^.Info := Nachfolger^.Info;
   Nachfolger^.Info := x
END EVLeinfuegenMv;
```

Eine andere Lösung vermeidet das u.U. kostspielige Kopieren der Info-Komponenten; wir setzen dabei voraus – wegen Verwendung der Prozeduren EVLsucheVorg gemäß EVL5 – daß die Info-Komponenten in der Liste alle voneinander verschieden sind:

```
PROCEDURE EVLeinfuegenMv
   (x : InfoTyp; Nachfolger: Zeiger;
    VAR Liste : EVLIste);

(* Liste wird durchlaufen und das neue Element   *)
(* wird vor dem Nachfolger eingefuegt; verwendet *)
(* "Suche des Vorgängers eines Listenelements"   *)
(* (siehe EVL 5)                                 *)

VAR p : Zeiger;

BEGIN
   IF Nachfolger = Liste.Anfang
   THEN
     EVLeinfuegenA (x, Liste);
   ELSE
     p := EVLsucheVorg (Nachfolger^.Info, Liste);
     IF p # NIL
     THEN
       EVLeinfuegeMn (x, p, Liste)
     END; (* IF *)
   END; (* IF *)
END EVLeinfuegenMv;
```

zu EVL 3:   Listenelement am Listenanfang löschen

```
PROCEDURE EVLloeschenA (VAR  Liste : EVListe);

(* löscht das erste Element von Liste *)

VAR p  : Zeiger;

BEGIN
  IF Liste.Anfang <> NIL
  THEN
    p:= Liste.Anfang;
    Liste.Anfang := Liste.Anfang^.next;
    DISPOSE(p);
    IF Liste.Anfang = NIL
    THEN Liste.Ende := NIL
    END (* IF *)
  END (* IF *)
END EVLloeschenA;
```

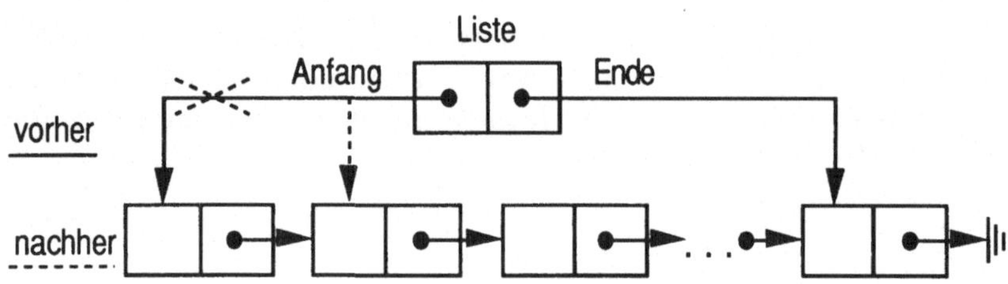

zu EVL 3:   Listenelement nach einem Listenelement löschen

```
PROCEDURE EVLloeschenMn
          (Vorgaenger: Zeiger;VAR  Liste: EVListe);

(* löscht das Listenelement Vorgänger^.next von  *)
(* Liste, falls es existiert                      *)

VAR p  : Zeiger;

BEGIN
  IF Vorgaenger^.next = Liste.Ende
  THEN
  (* Liste.Ende aktualisieren *)
    Liste.Ende := Vorgaenger
  END (* IF *);
```

```
    IF Vorgaenger^.next <> NIL
    THEN
      p:= Vorgaenger^.next ;
      Vorgaenger^.next := Vorgaenger^.next^.next;
      DISPOSE (p)
    END (* IF *)
END EVLloeschenMn;
```

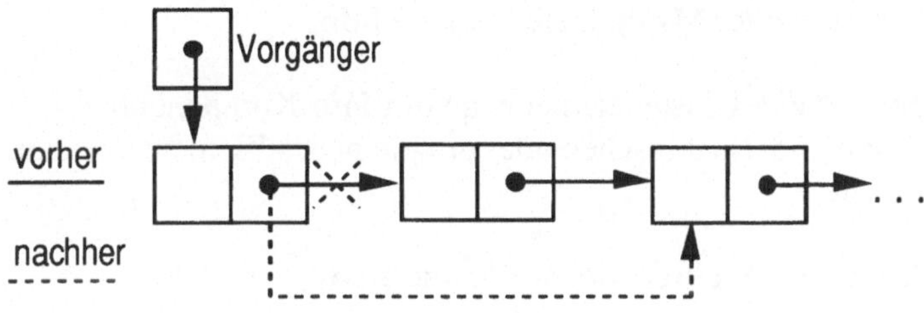

zu EVL 4:   Liste durchlaufen

```
PROCEDURE EVLdurchlaufen (Liste : EVLliste);

(* durchlaufen von Liste;                        *)
(* bearbeiten der Elemente von Liste             *)

VAR p : Zeiger;

BEGIN
  p := Liste.Anfang;
  WHILE p <> NIL DO
    "bearbeite p^.Info";
    p := p^.next
  END (* WHILE *)
END EVLdurchlaufen;
```

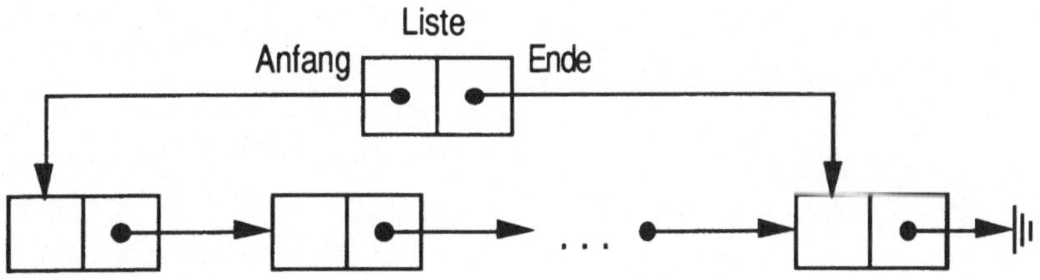

zu EVL 5:   Listenelement suchen

Wir suchen nach einem Listenelement mit einer vorgegebenen Info-Komponente. Falls mehrere Elemente mit dieser Info-Komponente existieren, wird das erste gefunden.

In einer unsortierten Liste dient die Suche nach einem Listenelement $p^\wedge$ mit der Info-Komponente x dem Lesen oder Manipulieren von $p^\wedge$.Info.

Die Suche des Vorgängers $p^\wedge$ eines Listenelements $q^\wedge$ mit Info-Komponente x läßt sich verwenden, um $q^\wedge$ (= $p^\wedge$.next) zu löschen oder um ein neues Element vor dem Listenelement $q^\wedge$ einzufügen.

Suche eines Listenelements in einer unsortierten Liste

```
PROCEDURE EVLsucheEl
            (x: InfoTyp; Liste : EVListe) : Zeiger;

(* gibt einen Zeiger p auf das erste Listen-    *)
(* element zurück, für das p^.Info = x gilt     *)

VAR p : Zeiger;

BEGIN
  IF Liste.Anfang^.Info = x
  THEN
    RETURN Liste.Anfang;
  ELSE
    p := EVLsucheVorg (x, Liste);
    IF p # NIL
    THEN   (* Vorgänger gefunden *)
      RETURN p^.next;
    ELSE
      RETURN p;
    END; (* IF *)
  END; (* IF *)
END EVLsucheEl;
```

Suche des Vorgängers eines Listenelements in einer unsortierten Liste

```
PROCEDURE EVLsucheVorg
             (x: InfoTyp;Liste : EVListe) : Zeiger;

(* liefert einen Verweis auf das erste         *)
(* Listenelement p^ von Liste mit              *)
(* p^.next^.Info  =  x, falls p^ so existiert   *)
(* NIL, sonst.              *)

VAR p  : Zeiger;

BEGIN
  IF  Liste.Anfang = NIL
  THEN (* Liste ist leer *)
    RETURN NIL
  ELSE
    p := Liste.Anfang;
    WHILE (p # Liste.Ende) AND (p^.next^.Info # x) DO
      p := p^.next
    END; (* WHILE *)
    IF p = Liste.Ende
    THEN (* Element nicht gefunden *)
      RETURN NIL
    ELSE
      RETURN p
    END (* IF *)
  END (* IF *)
END EVLsucheVorg;
```

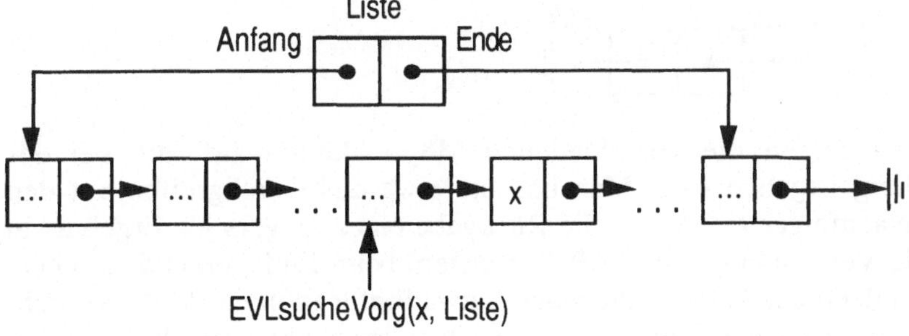

zu EVL 6:   Liste löschen (vgl. EVL 1: Liste initialisieren)

```
PROCEDURE  EVLloeschen (VAR  Liste : EVListe);

(* kennzeichnet Liste als leere Liste und gibt   *)
(* den vorher belegten Speicherplatz frei.        *)

VAR
  p, q : Zeiger

BEGIN
  p := Liste.Anfang
  Liste.Anfang := NIL;
  WHILE p <> NIL DO
    q := p;
    p := p^.next
    DISPOSE (q)
  END; (*WHILE*)
  Liste.Ende := NIL
END EVLloeschen;
```

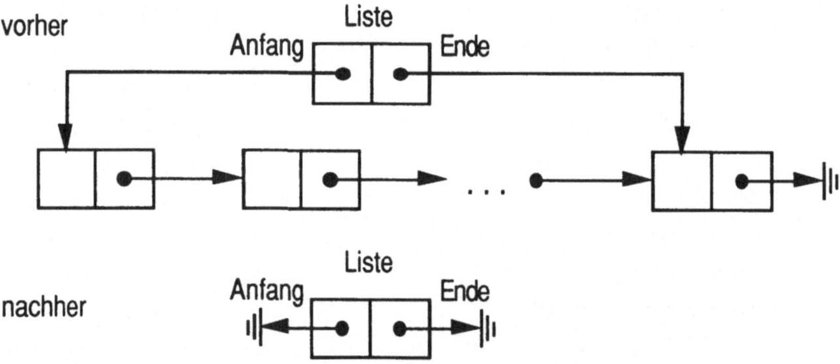

Die Prozeduren zeigen die verschiedenen Möglichkeiten auf, die bei der Zeigerbehandlung gegeben sind. Man beachte etwa das Durchgreifen auf den übernächsten Nachfolger in EVL 3, die Rückgabe eines Zeigers als Ergebnis in EVL 5 oder die Verwendung von VAR-Parametern beim Einfügen und Löschen. Außerdem wird deutlich, daß eine Prozedur – etwa Einfügen in der Mitte – durchaus globale Wirkungen haben kann (neuen Speicherplatz allokieren), ohne daß ihre Parameter oder globale Größen verändert werden.

5.3.2   Telefonverzeichnis als einfach verkettete Liste

Wir stellen als weiteres Beispiel die Listenoperationen für unser Telefonverzeichnis vor. Dabei wählen wir im Unterschied zu den oben besprochenen Listenoperationen eine Listenstruktur mit Zeiger auf den Anfang (Typ 1) und bauen eine
alphabetisch sortierte Liste auf. Dazu verwenden wir die Funktion Compare aus
dem Modul Strings (siehe Kap. 7.4.3).

Beispiel 1-4 h: Listenoperationen für Telefonverzeichnisse

```
MODULE Listen;

FROM STextIO IMPORT WriteChar, WriteString, WriteLn;
FROM SWholeIO IMPORT WriteCard;
FROM Strings IMPORT Compare;
FROM Storage IMPORT ALLOCATE, DEALLOCATE;
FROM Listentypen IMPORT Textfeld, Elementtyp;
      (* Elementtyp und Textfeld werden in einem
         Definitionsmodul "Listentypen" vereinbart
         und von dort importiert (siehe Kapitel 6) *)

TYPE
  Liste = POINTER TO Elementtyp;

  (* Elementtyp =  RECORD
      next: Liste;
      Name: Textfeld;
      Nummer: LONGCARD
  END; *)


PROCEDURE agleichb (a, b: ARRAY OF CHAR): BOOLEAN;
BEGIN
  RETURN Compare(a,b) = 0;
END agleichb;


PROCEDURE avorb (a, b: ARRAY OF CHAR): BOOLEAN;
BEGIN
  RETURN Compare(a,b) = -1
END avorb;
```

```modula2
PROCEDURE leer (l: Liste): BOOLEAN;
(*  Diese Funktionsprozedur prüft, ob die Liste l leer
    ist *)
BEGIN
  RETURN l = NIL
END leer;

PROCEDURE InitialisiereVerzeichnis (VAR l: Liste);
(* Initialisiert das Verzeichnis l *)
BEGIN
  l := NIL
END InitialisiereVerzeichnis;


PROCEDURE ZeigeElemente (l: Liste);
(*  Diese Prozedur zeigt sequentiell alle Elemente
    der Liste l an *)
VAR
  p: Liste;
  i: INTEGER;
BEGIN
  p := l;
  IF (p = NIL)
  THEN
    WriteString ("Liste leer");
    WriteLn;
  ELSE
    REPEAT
      i := 0;
      REPEAT
        WriteString ("Name: ");
        WriteString (p^.Name);
        WriteLn;
        WriteString ("                  Nummer: ");
        WriteCard (p^.Nummer, 14);
        WriteLn;
        WriteLn;
        i := i + 1;
        p := p^.next
      UNTIL (p = NIL) OR (i = 10);
      WriteLn;
      (* zusätzliche Leerzeile nach 10 Datensätzen *)
    UNTIL p = NIL
  END; (*IF*)
END ZeigeElemente;
```

```
PROCEDURE FindeNummer
   (l: Liste; gesName: ARRAY OF CHAR): CARDINAL;
(* Diese Funktionsprozedur liefert die Nummer des
 ersten Elements e der Liste l, für das gilt:
               e.Name = gesName.
 Falls kein Element, das diese Bedingungen erfüllt,
 existiert, wird die Nummer 0 zurückgegeben. *)
VAR
  p: Liste;
BEGIN
  p := l;
  WHILE (p <> NIL) AND NOT
          agleichb(p^.Name, gesName) DO
    p := p^.next
  END; (* WHILE *)
  IF p <> NIL
  THEN
    RETURN p^.Nummer
  ELSE
    RETURN 0
  END (* IF *)
END FindeNummer;

PROCEDURE FuegeElementEin (VAR l: Liste; x: Elementtyp);
(* Diese Prozedur fügt das neue Element x nach
   alphabetischer Ordnung in die Liste l ein. *)
VAR p, q: Liste;
BEGIN
  p := l;
  IF (l = NIL) OR avorb(x.Name, l^.Name)
  THEN
    NEW(l);
    l^.Name := x.Name;
    l^.Nummer := x.Nummer;
    l^.next := p
  ELSE
    WHILE (p^.next <> NIL) AND
            avorb(p^.next^.Name, x.Name) DO
      p := p^.next
    END (* WHILE *);
    NEW(q);
    q^.Name := x.Name;
    q^.Nummer := x.Nummer;
    q^.next := p^.next;
    p^.next := q
  END (* IF *)
END FuegeElementEin;
```

```
PROCEDURE FirstElement
   (l: Liste; VAR x: Elementtyp);
(* liefert 1.Element der Liste l *)
BEGIN
  x := l^
END FirstElement;


PROCEDURE NextElement (VAR l: Liste);
(* l ist Liste ohne 1. Element *)
BEGIN
  l := l^.next
END NextElement;

END Listen.
```

6 Module

6.1 Einführung

Die Methode der schrittweisen Verfeinerung führte uns auf der Datenseite zu den strukturierten Datentypen und auf der Algorithmenseite zu den Prozeduren. Durch Parameterlisten werden Prozeduren zu einem flexiblen, wiederverwendbaren Konstrukt. Eine Prozedur läßt sich also, sofern sie nur allgemein genug geschrieben ist, in mehreren Programmen verwenden.

Wiederverwendbarkeit von Prozeduren erfordert, daß keine Veränderung oder Verwendung globaler Größen vorkommt, daß alle Parametertypen bekannt sind und daß die Prozeduren im verwendenden Programm neu übersetzt werden.

Sowohl vom Schreiber der Prozedur als auch von ihrem Verwender wird also Programmierdisziplin gefordert, da eine Prozedur nicht immer unabhängig von ihrer Umgebung ist. Diese Schwächen werden durch Module beseitigt, die noch die wertvolle Eigenschaft mitbringen, die Zerlegbarkeit (Modularisierung) des Programms in einzelne, voneinander unabhängige Teile zu unterstützen.

Stellen wir uns vor, es soll ein größeres Softwareprojekt mit mehreren Mitarbeitern durchgeführt werden. Mit dem gegenwärtigen Kenntnisstand würde man wie folgt vorgehen:

- Zu Beginn eines Softwareprojekts erfolgt die Festlegung der wichtigsten Datenstrukturen,
- dann werden die Teilprobleme getrennt bearbeitet (d.h. die Strukturen werden auf unterschiedliche Weise manipuliert).

Die Manipulation der Strukturen erfolgt durch eine Reihe von Prozeduren, deren Quelltext vom Entwerfer den anderen Gruppen zur Verfügung gestellt werden muß. Da die verschiedenen Prozeduren gleichzeitig entwickelt werden, muß zwischenzeitlich mit leeren Prozedurrümpfen gearbeitet werden. Liegt der Quelltext vor, so besteht die Gefahr, daß eine Gruppe Prozeduren ändert, die eigentlich in der Zuständigkeit einer anderen Gruppe liegen, um so für ihre Teilaufgabe die

Effizienz zu steigern. Außerdem kann der Zugriff auf Einzelheiten der benutzten Datenstrukturen nicht unterbunden werden. Dieser Zugriff bedeutet aber, daß ein Programm an vielen Stellen und von mehreren Gruppen geändert werden muß, falls die Struktur geändert wird.

Dieser Mangel wird beseitigt durch die Festlegung von sogenannten "abstrakten Datentypen", deren Schnittstelle nach außen – zu anderen Datentypen – nur aus den Typnamen (notwendig zur Variablendeklaration) und den Prozedurköpfen der Operationen (notwendig für deren Aufruf) besteht.

Nun lernt der Programmierer (des Anwendungsprogramms) die Implementation des Datentyps (= interne Datenstruktur) nicht kennen. Eine Änderung der Implementation ist ohne Änderung des Anwendungsprogrammes möglich, und umgekehrt kann der Anwendungsprogrammierer die Implementation des Datentyps nicht ändern. Diese Vorgehensweise wird durch das Modulkonzept unterstützt.

Bevor wir Einzelheiten betrachten, fassen wir kurz die wichtigsten Eigenschaften von Modulen zusammen:

- Module sind wie Prozeduren eine Zusammenfassung von Programmelementen.
- Module können getrennt übersetzt werden, müssen also nicht wie Prozeduren textueller Bestandteil der Umgebung (Programm) sein, in der sie eingesetzt werden. Die Vorteile, die daraus resultieren, sind die Verkleinerung des Quellprogramms und damit kürzere Übersetzungszeiten.
- Module unterstützen ihre Verwendung in unterschiedlichen Programmen und damit die unabhängige, arbeitsteilige Programmentwicklung.
- Module bilden eine Hülle um die in ihnen vorkommenden Objekte. Der Modulprogrammierer bestimmt die Durchlässigkeit der Hülle explizit. Sie dienen also der **Datenkapselung**.
- Durch Aufteilung in Definition und Implementation und das mögliche Verbergen von internen Datenstrukturen unterstützen Module die Programmierung **abstrakter Datentypen.**
- Die Verwendung von in Modulen zusammengefaßten Objekten geschieht durch expliziten Import in das aktuelle Programm (Modul). Wir kennen diese Vorgehensweise bereits von den Ein- und Ausgabeprozeduren oder mathematischen Standardfunktionen, die nichts anderes als in Standardmodulen vereinbarte Prozeduren darstellen.
- In diesem Sinn erlauben Module auch das Verbergen von maschinenabhängigen Implementationsdetails und erhöhen so die Portabilität der Programme.

- Vom syntaktischen Standpunkt aus betrachtet gibt es drei Kategorien von Modulen:
  - Programm-Module (jedes Modula-Programm)
  - interne Module (lokale Module):
    Module, die textuell in andere Module integriert sind
  - externe Module (Library Modules, Bibliotheksmodule):
    Module, die vorübersetzt vorliegen und in anderen Modulen beliebig oft benutzt werden können.

Bevor wir uns die syntaktischen Einzelheiten ansehen, geben wir für jede neue Kategorie ein Beispiel.

Interne Module stellen durch die feste Hülle und die gegenüber Prozeduren geänderten Gültigkeits- und Lebensdauerregeln ein wirkungsvolles Konstrukt zur Strukturierung von Algorithmen dar.

Beispiel 6-1:   internes Modul: Zufallszahlengenerator

Ein einfacher Zufallszahlengenerator produziert ganze Zahlen zwischen 0 und `Limit` nach folgendem Algorithmus:

Sei `u` die letzte produzierte Zufallszahl, so ist
`u := (u + increment) MOD Limit`
die nächste Zufallszahl; dabei ist `increment` eine zu `Limit` teilerfremde Zahl.

Wir schreiben ein einfaches Programm, das eine parameterlose Funktion enthält.

```
MODULE Hauptprogramm;
FROM SWholeIO IMPORT WriteInt;
VAR i, u: INTEGER;
CONST
  Startwert = 17;

PROCEDURE Random (): INTEGER;
  CONST
    Limit = 75;
    increment = 53;
  BEGIN
    u := (u + increment) MOD Limit;
    RETURN u
  END Random;

BEGIN
  u := Startwert;
  FOR i := 1 TO 10 DO
    WriteInt (Random (), 7)
  END (* FOR i *)
END Hauptprogramm.
```

Die globale Größe u muß initialisiert werden und darf außerhalb der Prozedur
Random nicht verändert werden. Dies muß der Anwender und nicht der Entwerfer
von Random beachten. Eigentlich gehört aber die Variable u zur Prozedur
Random und sollte nur dort manipuliert werden. Bei jedem Aufruf von Random
sollte u den beim vorherigen Aufruf erhaltenen Wert noch besitzen. Die Lebensdauer und der Gültigkeitsbereich von u im obigen Programm entsprechen jedoch
denen des Hauptprogramms; u könnte also nach jedem Aufruf wieder verändert
werden. Eine Variable, deren Lebensdauer gleich der des Hauptprogramms ist,
deren Gültigkeitsbereich aber dem der Prozedur entspricht, heißt *statisch*. Der
Begriff statisch wird hier anders verwendet als bisher (bisher: fester Speicher-
bedarf; jetzt zusätzlich: alter Wert bei neuem Aufruf vorhanden). Um diesen
Schwierigkeiten abzuhelfen, packen wir jetzt die Variable u zusammen mit der
Funktion Random in ein Modul.

```
MODULE Hauptprogramm;
CONST Startwert = 17;
MODULE Zufallszahlen;
   IMPORT Startwert;
     (*Startwert wird von außen importiert*)
   EXPORT Random;
     (*die Funktion Random wird exportiert, d.h.
       der Umgebung des Moduls bekannt gemacht*)
   CONST Limit = 75;
         increment = 53;
   VAR u: INTEGER;
     (*nur im Modul Zufallszahlen sichtbar*)
   PROCEDURE Random () : INTEGER;
     BEGIN
       u := (u + increment) MOD Limit;
       RETURN u
     END Random;
   BEGIN
     u := Startwert (*einmalige Initialisierung*)
   END Zufallszahlen;

VAR i: INTEGER;
BEGIN
   FOR i := 1 TO 10 DO
     WriteInt (Random (), 7)
   END (*FOR*)
END Hauptprogramm.
```

Die Variable u ist im Hauptprogramm nicht sichtbar und kann deshalb auch nur
von der Funktion Random verändert werden. Die Initialisierung erfolgt bei der
Aktivierung des Moduls, ist also in jedem Fall sichergestellt. Die zusammenge-
hörenden Größen u und Random werden tatsächlich zusammengefaßt.   ◆

Externe Module erlauben den Aufbau von Programmbibliotheken.

Beispiel 6-2:   Bibliotheksmodul: Komplexe Arithmetik[4]

Aufgabe:
Erstellen einer Bibliothek für Arithmetik mit komplexen Zahlen.

Die *Realisierung* erfolgt mit einem „externen Modul", das Datentyp und Operationen bereitstellt. Dieses besteht aus zwei Teilen: dem Definitionsmodul und dem Implementationsmodul. Das *Definitionsmodul* enthält die Typdefinitionen und die Schnittstellen der Prozeduren, d.h. die Information, die zum Aufruf nötig ist.

```
DEFINITION MODULE komplZahlen;

TYPE
  komplex = RECORD
    Re : REAL;
    Im : REAL;
  END (*Record*);

PROCEDURE addiere (a, b : komplex): komplex;
    (* c := a+b *)
PROCEDURE subtrahiere (a, b : komplex): komplex;
    (* c := a-b *)
PROCEDURE multipliziere (a, b : komplex): komplex;
    (* c := a*b *)
PROCEDURE dividiere (a, b : komplex): komplex;
    (* c := a/b *)
END komplZahlen.
```

---

[4]   Dieses Modul ist im neuen Sprachstandard, der den Datentyp COMPLEX mit den vier arithmetischen Operatoren enthält, unnötig.

Das *Implementationsmodul* enthält die vollständigen Prozeduren:

```
IMPLEMENTATION MODULE komplZahlen;

PROCEDURE addiere (a, b : komplex): komplex;
VAR c: komplex;
BEGIN
   c.Re := a.Re + b.Re;
   c.Im := a.Im + b.Im;
   RETURN c
END addiere;

PROCEDURE subtrahiere (a, b : komplex): komplex;
VAR c: komplex;
BEGIN
   c.Re := a.Re - b.Re;
   c.Im := a.Im - b.Im;
   RETURN c
END subtrahiere;

PROCEDURE multipliziere (a, b : komplex): komplex;
VAR c: komplex;
BEGIN
   c.Re := a.Re * b.Re - a.Im * b.Im;
   c.Im := a.Re * b.Im + a.Im * b.Re;
   RETURN c
END multipliziere;

PROCEDURE dividiere (a, b : komplex): komplex;
VAR c: komplex;
(* Voraussetzung: b # 0! *)
BEGIN
   c.Re := (a.Re * b.Re + a.Im * b.Im) /
           (b.Re * b.Re + b.Im * b.Im)
   c.Im := (a.Im * b.Re - a.Re * b.Im) /
           (b.Re * b.Re + b.Im * b.Im)
   RETURN c
END dividiere;

END komplZahlen.
```
◆

Beachte:
Die Typdefinition wird im Implementationsteil nicht wiederholt, da sie im
Definitionsteil bereits vollständig ausgeführt ist.

Beispiel 6-3:   Nutzung eines Bibliotheksmoduls

Ein Anwendungsprogramm, das das Bibliotheksmodul für komplexe Arithmetik
komplZahlen verwendet, könnte folgendermaßen aussehen:

```
MODULE AnwendungFuerKomplexeZahlen;
FROM komplZahlen IMPORT komplex,
     addiere, subtrahiere, multipliziere, dividiere;
FROM STextIO IMPORT WriteLn, WriteString;
FROM SRealIO IMPORT WriteReal;

TYPE string = ARRAY [0..20] OF CHAR;

VAR
  k1, k2, k3 : komplex;

PROCEDURE gibaus (k: komplex; text: string);
  BEGIN
    WriteLn;
    WriteString(text);
    WriteReal(k.Re, 14);
    WriteString(" + i*");
    WriteReal(k.Im, 14);
    WriteLn
  END gibaus;

BEGIN (*AnwendungFuerKomplexeZahlen*)
  k1.Re := 3.0;
  k1.Im := 4.0;
  gibaus (k1, "k1 = ");
  k2.Re := 3.0;
  k2.Im := 4.0;
  gibaus (k2, "k2 = ");
  gibaus(addiere (k1, k2), "k1 + k2 = ");
  gibaus(subtrahiere (k1, k2), "k1 - k2 = ");
  gibaus(multipliziere (k1, k2), "k1 * k2 = ");
  gibaus(dividiere (k1, k2), "k1 / k2 = ")
END AnwendungFuerKomplexeZahlen.
```                                                            ◆

6.2   Interne (lokale) Module

6.2.1   Vereinbarung und Ausführung

In jedem Block können interne Module definiert werden.

5 Modulvereinbarung

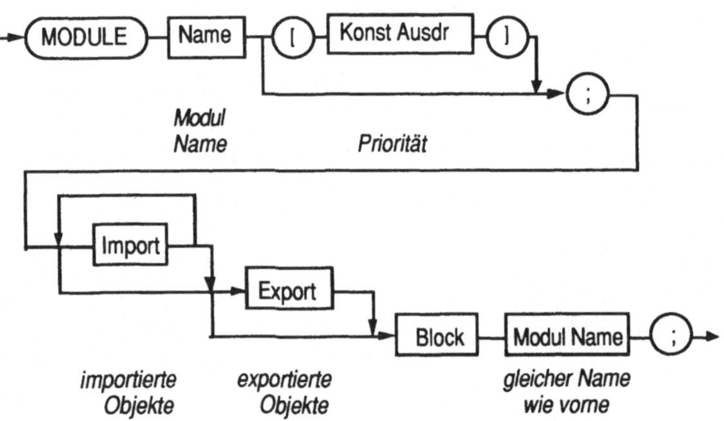

4 Block

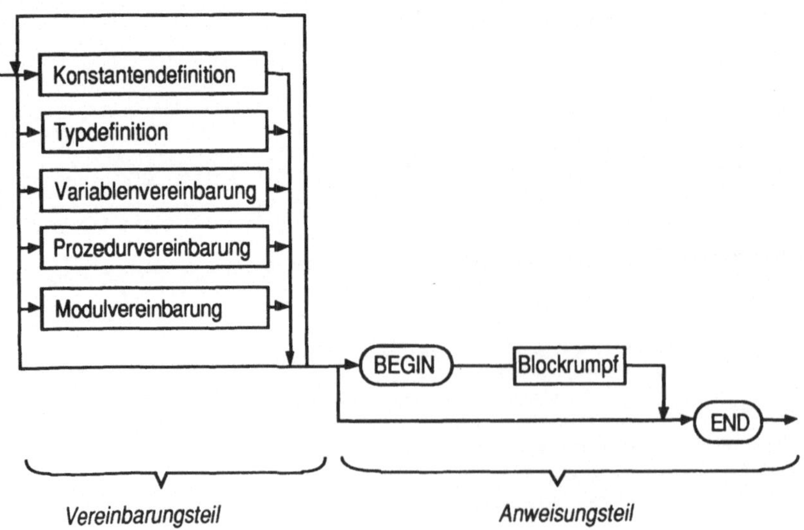

4a Blockrumpf

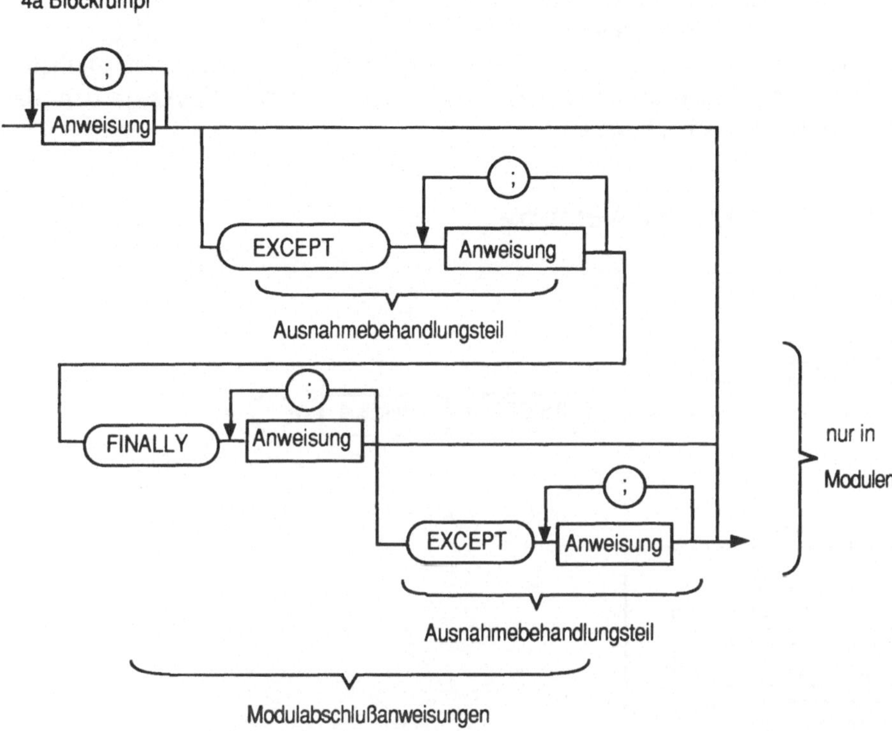

- Der im Modulkopf auftauchende konstante Ausdruck dient der möglichen Angabe von Prioritäten, die für die Steuerung von Prozeßunterbrechungen benötigt werden (wird hier nicht behandelt).
- Der Block umfaßt die Beschreibung der Objekte und Prozeduren, die nicht von der Umgebung importiert werden (inklusive derer, die exportiert werden), sowie optional eine Folge von Aktionen, die bei der erstmaligen Aktivierung des Moduls ausgeführt werden sollen.
- Im neuen Standard kann durch das Schlüsselwort FINALLY eingeleitet eine Folge von Anweisungen angegeben werden, die bei der Deaktivierung des Moduls ausgeführt werden.
- Vor Ausführung des Blocks B, in dem das Modul M deklariert ist (bzw. in den es importiert ist), werden für das Modul M ein Block mit entsprechenden Speicherzellen erzeugt und die Initialisierungsanweisungen des Modulrumpfs ausgeführt. Somit kann ein internes Modul verwendet werden, um vor der Ausführung der ersten Anweisung des definierenden Blocks Variablen zu initialisieren.
- Beim Verlassen des Blocks B werden die Finalisierungsanweisungen von M ausgeführt, anschließend werden die Speicherzellen des Moduls freigegeben.

- Auf die einem Modul M zugeordneten Speicherzellen kann dann z.B. über exportierte Variablen vom umgebenden Block B zugegriffen werden.
- Die für die Ausführung des Moduls bereitgestellten Speicherzellen bleiben – im Gegensatz zu Prozeduren – für die Lebensdauer des Blocks, in dem das Modul deklariert ist, bestehen.

6.2.2   Import-Anweisung

6 Import

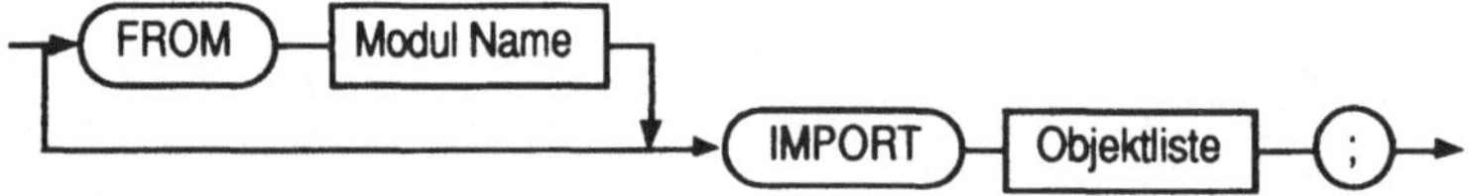

8 Objektliste

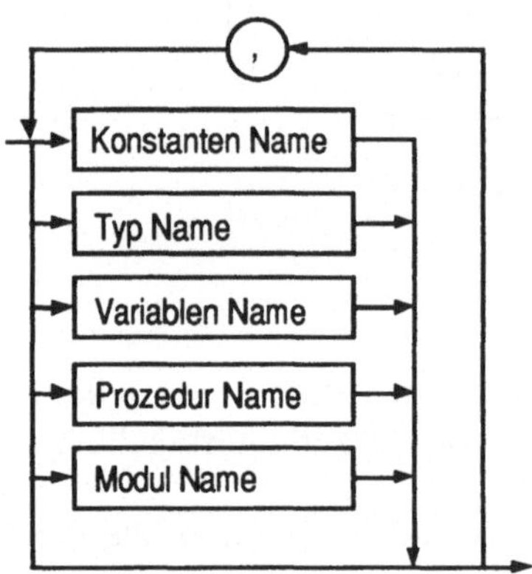

- Für interne Module ist die *Import-Anweisung ohne FROM* gebräuchlich.

  z.B.:   `MODULE Mod;`

  `IMPORT M;`

  In der Objektliste werden die Namen aufgezählt, die in der Umgebung bekannt sind und im Modul verwendet werden sollen.

  Wird ein Modulname M importiert, können innerhalb des Moduls Mod, in dem die Import-Anweisung steht, alle Namen, die das Modul M exportiert, benutzt werden: Diese Namen müssen mit dem Modulnamen qualifiziert werden.

- *Import-Anweisung mit FROM* (in einem Modul Mod):

  z.B.:   `MODULE Mod;`

  `FROM M IMPORT P;`

Nach IMPORT müssen alle Namen aufgezählt werden, die von M exportiert und im Modul Mod benutzt werden sollen.

Alle aus dem Modul M exportierten und in der Objektliste genannten Namen werden in Mod deklariert und direkt sichtbar. Eine Qualifizierung ist nicht möglich.

- Neben den explizit durch die Importliste importierten Namen werden einige Namen implizit importiert:
  — Wird der Name eines Record-Typs importiert, so sind die Namen seiner Komponenten implizit importiert.
  — Wird der Name eines Aufzählungstyps importiert, so sind die Namen seiner Aufzählungskonstanten implizit importiert.
  — Alle vordeklarierten Bezeichner sind in jedem Modul implizit importiert.
- Importierte Namen dürfen innerhalb eines Moduls nicht neu deklariert werden.

Beispiel 6-4:   Importe in interne Module

```
MODULE Haupt;
VAR A: INTEGER;

MODULE EINS;
   EXPORT DREI, C;
   VAR B, C: INTEGER;

   MODULE DREI;
      EXPORT D;
      VAR D: INTEGER;
      (* sichtbar: D aus DREI *)
   END DREI;

   (* sichtbar: D aus DREI; B, C, aus EINS *)
END EINS;

MODULE ZWEI;
   IMPORT A, DREI;
   FROM EINS IMPORT C;
   (*sichtbar: A aus HAUPT; D aus DREI, C aus EINS*)

   BEGIN (* ZWEI *)
     C := DREI.D + C * A;
   END ZWEI;
BEGIN (* HAUPT *)
   (*sichtbar: A aus HAUPT; D aus DREI, C aus EINS*)
   C := 1 + DREI.D
END HAUPT.
```

♦

6.2.3   Export-Anweisung

7 Export

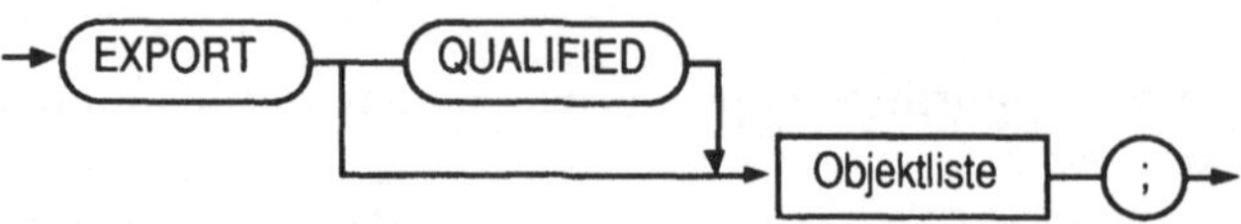

8 Objektliste

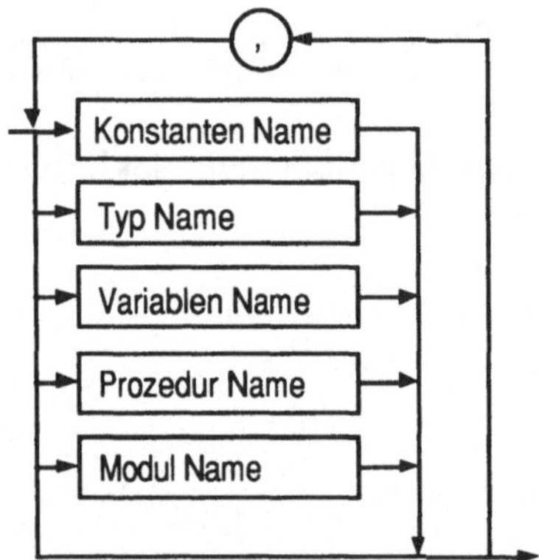

- Die Namen der Exportliste werden der Umgebung, in der das Modul deklariert ist oder in die es importiert ist, bekannt gemacht.
- Wird das Schlüsselwort QUALIFIED benutzt, müssen die exportierten Namen außerhalb des Moduls M mit dem Namen des Moduls M qualifiziert werden. Das ist sinnvoll, um Namenskonflikte zu vermeiden.
- Alle Namen in der Exportliste müssen im Block des exportierenden Moduls deklariert sein oder von einem darin enthaltenen internen Modul unqualifiziert exportiert werden.

Syntaxbeschreibung qualifizierter (vollständiger) Namen:

45a Vollständiger Name

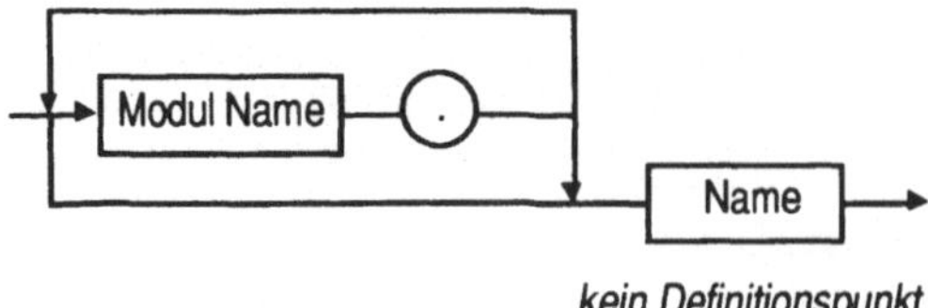

kein Definitionspunkt

Eine aus einem anderen Modul importierte Größe, die direkt sichtbar ist, kann
sowohl mit ihrem eigentlichen Namen (unqualifiziert) als auch mit dem vollständigen Namen (qualifiziert) angesprochen werden.

Beispiel 6-5:   Import/Export

```
MODULE Beispiel;

FROM STextIO IMPORT ReadChar, WriteLn;
FROM SWholeIO IMPORT WriteInt;

MODULE inneres1;
  IMPORT ReadChar
      (*aus "Beispiel" und nicht aus "STextIO"
        importiert*)

  EXPORT a, b, c, tunix;

  TYPE
    a = RECORD
          a1 : CARDINAL;
          a2 : BOOLEAN
        END;
    b = (rot, weiss, gruen);

  VAR
    c : INTEGER;
    d : REAL;

  PROCEDURE tunix;
    BEGIN
    END tunix;

  END inneres1;

MODULE inneres2;
  EXPORT QUALIFIED a, b, tuwas;

  TYPE
    a = ARRAY [1 .. 20] OF CARDINAL;

  VAR
    b : REAL;

  PROCEDURE tuwas (zahl : INTEGER);
    BEGIN
      zahl := zahl DIV 1
    END tuwas;

  END inneres2;
```

```
VAR
   feld  : a;
   farbe : b;
   folge : inneres2.a;

BEGIN (*Beispiel*)
   feld.a1 := 2;
   feld.a2 := TRUE;
   farbe := weiss;
   folge[2] := 30;
   inneres1.c := 0;
       (*Qualifikation kann angegeben werden*)
   inneres2.b := 23.5668;
       (*Qualifikation muß angegeben werden*)
   tunix;
   inneres2.tuwas(c)
       (*Qualifikation muß angegeben werden*)
END Beispiel.                                                    ◆
```

6.2.4 Gültigkeitsbereich und Lebensdauer von Objekten

Wir stellen die Sichtbarkeitsregeln für Prozeduren und Module gegenüber:

- Prozeduren „sehen" alle Objekte ihrer Umgebung.
- Module „sehen" nichts von ihrer Umgebung, außer es wird ihnen explizit mitgeteilt.
- Lokale Objekte von Prozeduren sind für die Umgebung in jedem Fall unsichtbar.
- Lokale Objekte von Modulen sind für die Umgebung unsichtbar, außer sie werden der Umgebung explizit mitgeteilt.
- Mit diesen Unterscheidungen gelten die Regeln über die Gültigkeit der Namen von Objekten in geschachtelten Blöcken hier entsprechend.
- Lokale Variablen in Prozeduren „existieren" nur solange, bis die Abarbeitung des aktuellen Aufrufs beendet ist.
- Die lokalen Variablen eines Moduls „existieren" solange wie die lokalen Variablen des Blocks, in dem das Modul deklariert ist.

Beispiel 6-6:   internes Modul: Statistik

Im Modul `statistik` soll eine vorgegebene Anzahl Zahlen eingelesen werden.
Für diese Zahlen sind Mittelwert und Varianz zu ermitteln.

Diese Funktionalität soll durch Prozeduren zur Verfügung gestellt werden, die in
einem internen Modul vereinbart worden sind.

```modula2
MODULE statistik;

FROM STextIO IMPORT
  WriteString, WriteLn, SkipLine;
FROM SWholeIO IMPORT ReadCard;
FROM RealInOut IMPORT ReadReal, WriteReal;

VAR
  i, Anzahl : CARDINAL;
  Zahl, Mittelwert, Varianz : REAL;
  ch : CHAR;

MODULE berechnungen;
  IMPORT ReadReal, SkipLine;
        (* Nicht aus "SRealIO" bzw. "STextIO",
          sondern aus "statistik" importiert  *)
  EXPORT werteinles, statpara;

  VAR
    Mittel,Var, Sum, QuadSum : REAL;
    Anzahl : CARDINAL;

  PROCEDURE werteinles (VAR x : REAL);

  BEGIN
    ReadReal(x); SkipLine;
    Sum := Sum + x;
    QuadSum := QuadSum + x * x;
    Anzahl := Anzahl + 1;
    Mittel := Sum / FLOAT(Anzahl);
    IF Anzahl > 1
    THEN
      Var := (QuadSum - Sum * Mittel) / FLOAT(Anzahl - 1)
      (* Var(X) = E(X²) - (E(X))² *)
    ELSE
      Var := 0.0
    END (* IF *)
  END werteinles;
```

```
  PROCEDURE statpara (VAR arithMittel, Varianz : REAL );
  BEGIN
    arithMittel := Mittel;
    Varianz := Var
  END statpara;


  BEGIN  (* berechnungen *)
    Sum := 0.0;
    QuadSum := 0.0;
    Anzahl := 0
  END berechnungen;
BEGIN  (* statistik *)
  WriteString("Anzahl der Werte eingeben: ");
  ReadCard( Anzahl ); SkipLine;
  WriteLn;
  FOR i := 1 TO Anzahl DO
    WriteString("Wert: ");
    werteinles(Zahl);
    WriteLn
  END; (* FOR *)
  WriteLn;
  statpara(Mittelwert, Varianz);
  WriteString("Mittelwert: ");
  WriteReal(Mittelwert, 20);
  WriteLn;
  WriteString("Varianz: ");
  WriteReal(Varianz, 20);
  WriteLn;
  WriteString ("Bitte RETURN drücken..."); SkipLine;
END statistik.
```

Für dieses Beispiel wollen wir anhand von einigen Momentaufnahmen den Ablauf der Modulaktivierung sowie der Lebensdauer- und Gültigkeitsregeln erläutern.

Ausgangssituation bei Eintritt in das Programmodul `statistik` (d.h. vor Ausführung der ersten Anweisung im Block des Programmoduls):

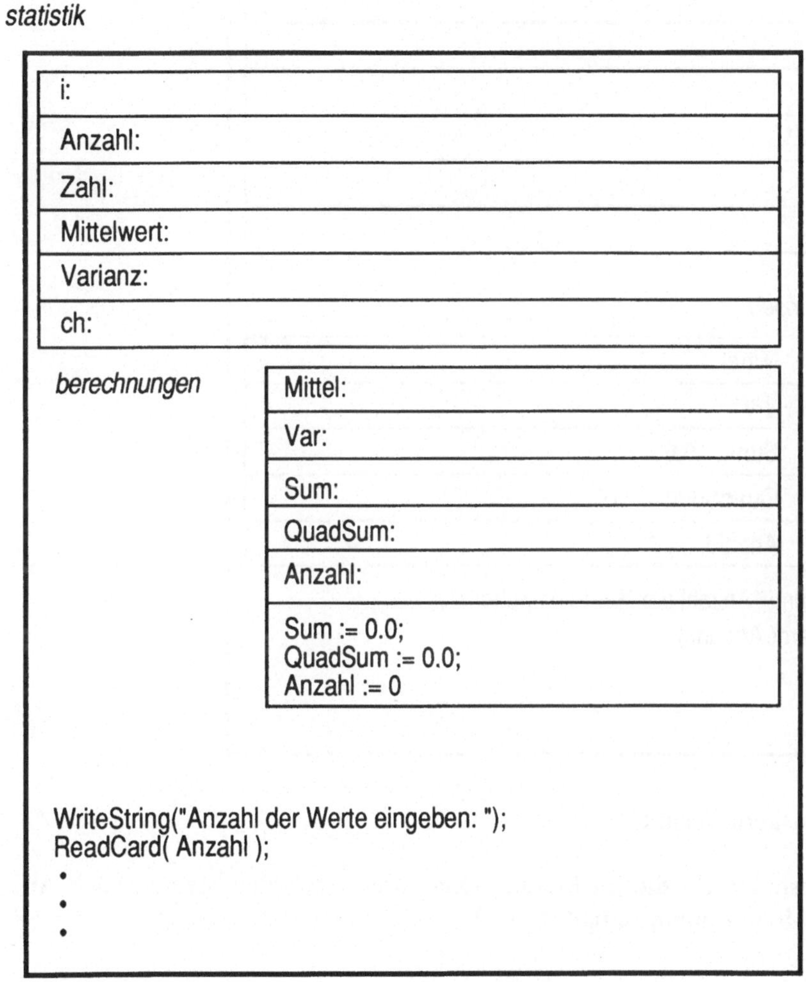

statistik

```
i:
Anzahl:
Zahl:
Mittelwert:
Varianz:
ch:
```

berechnungen
```
Mittel:
Var:
Sum:
QuadSum:
Anzahl:

Sum := 0.0;
QuadSum := 0.0;
Anzahl := 0
```

```
WriteString("Anzahl der Werte eingeben: ");
ReadCard( Anzahl );
    •
    •
    •
```

Im inneren Kästchen stehen die Initialisierungen des Moduls `berechnungen` **an,**

...

statistik

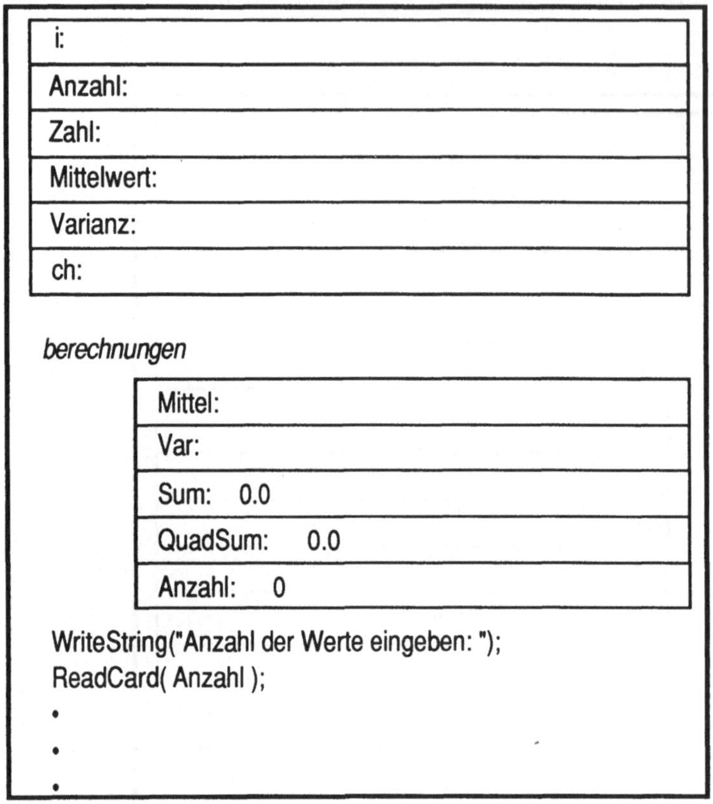

<pre>
┌───┐
│ i: │
├───┤
│ Anzahl: │
├───┤
│ Zahl: │
├───┤
│ Mittelwert: │
├───┤
│ Varianz: │
├───┤
│ ch: │
└───┘

   berechnungen

        ┌────────────────────────────────┐
        │ Mittel: │
        ├────────────────────────────────┤
        │ Var: │
        ├────────────────────────────────┤
        │ Sum: 0.0   │
        ├────────────────────────────────┤
        │ QuadSum: 0.0   │
        ├────────────────────────────────┤
        │ Anzahl: 0   │
        └────────────────────────────────┘

   WriteString("Anzahl der Werte eingeben: ");
   ReadCard(Anzahl);
      •
      •
      •
</pre>

..., die jetzt ausgeführt sind.

Die Speicherstellen für die im Modul deklarierten Variablen bleiben nach Ausführung des Modulrumpfes erhalten.

Situation beim ersten Aufruf der im internen Modul deklarierten Prozedur
`werteinles`:

statistik

```
┌─────────────────────────────────────────┐
│ i:                                       │
├─────────────────────────────────────────┤
│ Anzahl: 10                               │
├─────────────────────────────────────────┤
│ Zahl:                                    │
├─────────────────────────────────────────┤
│ Mittelwert:                              │
├─────────────────────────────────────────┤
│ Varianz:                                 │
├─────────────────────────────────────────┤
│ ch:                                      │
└─────────────────────────────────────────┘
```

berechnungen

```
┌─────────────────────────────────────────┐
│ Mittel:                                  │
├─────────────────────────────────────────┤
│ Var:                                     │
├─────────────────────────────────────────┤
│ Sum: 0.0000000E+00                       │
├─────────────────────────────────────────┤
│ QuadSum: 0.0000000E+00                   │
├─────────────────────────────────────────┤
│ Anzahl: 0                                │
├─────────────────────────────────────────┤
│ werteinles                               │
│   ┌───────────────────────────────────┐ │
│   │ x: ≅ Zahl                         │ │
│   ├───────────────────────────────────┤ │
│   │ ReadReal(x);                      │ │
│   │ Sum := Sum + x;                   │ │
│   │ QuadSum := QuadSum + x * x;       │ │
│   │ Anzahl := Anzahl + 1;             │ │
│   │ Mittel := Sum / FLOAT(Anzahl);    │ │
│   │ IF Anzahl > 1                     │ │
│   │ THEN Var :=(QuadSum - Sum * Mittel)│ │
│   │            /FLOAT(Anzahl - 1)     │ │
│   │ ELSE  Var := 0.0                  │ │
│   │ END                               │ │
│   └───────────────────────────────────┘ │
└─────────────────────────────────────────┘
FOR i := 1 TO Anzahl DO
...
```

Nach dem zehnten Durchlauf der FOR-Schleife und der Eingabe der Werte:
10, 20, 30, 40, 50, 60, 70, 80, 90, 100
erfolgt der Aufruf der Prozedur `statpara` ...

statistik

```
┌─────────────────────────────────────────────┐
│ i:                                            │
│ Anzahl: 10                                    │
│ Zahl: 1.0000000E+02                           │
│ Mittelwert:                                   │
│ Varianz:                                      │
│ ch:                                           │
│                                               │
│ berechnungen                                  │
│     ┌─────────────────────────────────────┐  │
│     │ Mittel: 5.5000000E+01               │  │
│     │ Var: 9.1666669E+02                  │  │
│     │ Sum: 5.5000000E+02                  │  │
│     │ QuadSum: 3.8500000E+04              │  │
│     │ Anzahl: 10                          │  │
│     │                                     │  │
│     │   statpara                          │  │
│     │     ┌───────────────────────────┐   │  │
│     │     │ arithMittel: ≅ Mittelwert │   │  │
│     │     │ Varianz: ≅ Varianz        │   │  │
│     │     │                           │   │  │
│     │     │ arithmMittel := Mittel;   │   │  │
│     │     │ Varianz := Var            │   │  │
│     │     └───────────────────────────┘   │  │
│     └─────────────────────────────────────┘  │
│ WriteString("Mittelwert: ");                  │
│ WriteReal( Mittelwert, 20);                   │
│ WriteLn;                                      │
│ WriteString("Varianz: ");                     │
│ WriteReal( Varianz, 20);                      │
│ Read( ch )                                    │
└─────────────────────────────────────────────┘
```

..., die die Werte `statistik.Mittelwert` und `statistik.Varianz` bestimmt, die dann ausgegeben werden.   ♦

6.3   Externe Module (Bibliotheksmodule)

6.3.1   Übersetzungseinheiten

Wir kennen bereits die Verwendung von vorübersetzten Prozeduren aus Standardmodulen.

Beispiel 6-7:   Import aus Bibliotheksmodulen

```
MODULE sinus;
FROM STextIO IMPORT SkipLine;
FROM SRealIO IMPORT ReadReal, WriteReal;
FROM RealMath IMPORT sin;
VAR x: REAL;

BEGIN
  ReadReal(x); SkipLine;
  WriteReal(sin(x),13)
END sinus.
```
◆

Durch die IMPORT-Anweisungen wird die Existenz der Prozeduren `ReadReal`, `WriteReal` und `sin` mitgeteilt. Deren korrekter Aufruf muß bei der Übersetzung überprüft werden, d.h. die Parameterlisten (Reihenfolge, Art und Anzahl der Parameter) müssen bekannt sein. Erst bei der Ausführung ist dagegen der Rumpf der Prozeduren, der die Anweisungen enthält, wichtig. Die Aufteilung eines Bibliotheksmoduls in Definitions- und Implementationsteile ist also sinnvoll.

Mit einem selbstdefinierten Modul sieht das Beispiel so aus:

Beispiel 6-8:   Import aus selbstdefiniertem Modul

```
DEFINITION MODULE esel;
PROCEDURE asinus (x: REAL): REAL;
END esel.
```

```
IMPLEMENTATION MODULE esel;
PROCEDURE asinus(x: REAL): REAL;
  CONST pi = 3.141592654;
  BEGIN
    RETURN pi/3.0 * 11.0
  END asinus;
END esel.

MODULE benutzer;
FROM esel IMPORT asinus;
FROM STextIO IMPORT SkipLine;
FROM SRealIO IMPORT ReadReal, WriteReal;
BEGIN
  ReadReal (x); SkipLine;
  WriteReal (asinus(x), 13)
END benutzer.
```
                                                                     ♦

Ein Programm besteht aus mehreren Teilen, deren Abhängigkeit voneinander durch Importklauseln geregelt wird. Definitions- und Implementationsmodule sowie das benutzende Programmmodul sind eigenständige Übersetzungseinheiten. Die Abhängigkeiten müssen eine Übersetzungsreihenfolge der separaten Einheiten erlauben, die folgende Punkte berücksichtigt:

- Wird eine Einheit übersetzt, die aus externen Modulen Objekte oder Prozeduren benutzt, braucht der Compiler Informationen über die zu importierenden Elemente, etwa um den korrekten Aufruf einer Prozedur überprüfen zu können. Die benötigten Informationen besorgt sich der Compiler aus bereits übersetzten Definitionsmodulen. Zum Zeitpunkt der Übersetzung einer Einheit müssen also nur die vorübersetzten Definitionsmodule der verwendeten Module vorhanden sein.
- Soll die so übersetzte Einheit ausgeführt werden, wird zusätzliche Information benötigt, die in einer entsprechenden Form vorliegt (Objekt-Code). Dazu müssen zunächst die zugehörigen Implementationsmodule übersetzt werden. Der so erzeugte Objekt-Code wird zur Ausführungszeit mit dem ausführenden Programm verknüpft.
- Die verwendende Einheit braucht keine Kenntnis der Realisierung der eingesetzten Module zu haben. Die Realisierung der verwendeten Module kann geändert werden, ohne eine Änderung oder Neuübersetzung der verwendenden Programme nach sich zu ziehen. Damit wird eine Zerlegung großer Programme in „unabhängige Teile", die von unterschiedlichen Bearbeitern erstellt werden können, ermöglicht.

6.3.2   Vereinbarung von externen Modulen

Definitionsmodul

3 Definitionsmodul

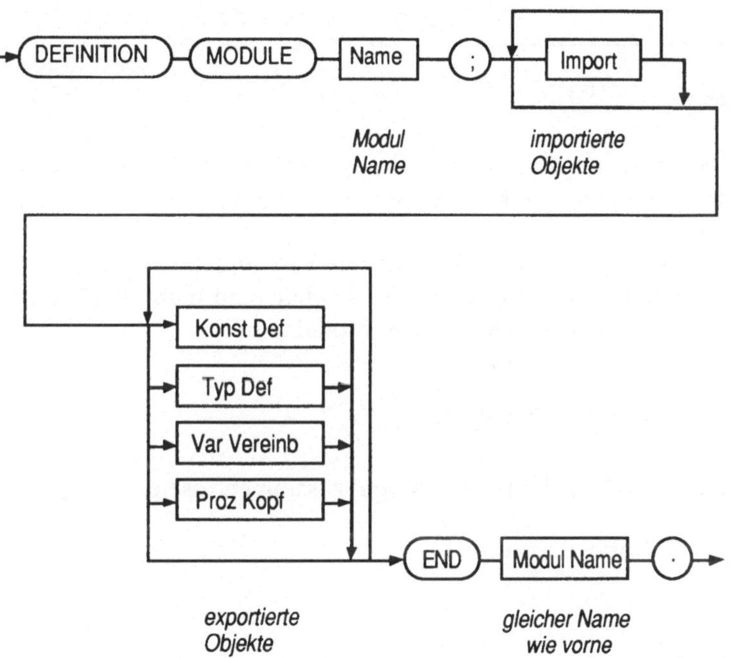

Zweck: Definition aller exportierten Namen

- Das Definitionsmodul beschreibt, wie ein Modul „von außen" benutzt werden kann. Die Bedeutung der Namen wird festgelegt (Deklaration).
- Die Konstantendefinition und Variablendeklaration erfolgt wie im Programmodul.
- Die Prozedurschnittstellendeklaration besteht nur aus dem Prozedurkopf. Damit ist festgelegt, wie die Prozedur aufgerufen werden kann.
- Die Typdefinition ist gegenüber dem Programmodul erweitert, da die Typangabe fehlen kann. Man spricht dann von **opaken Datentypen** (siehe Kap. 6.3.3).

10 Typdefinition (Typ Def)

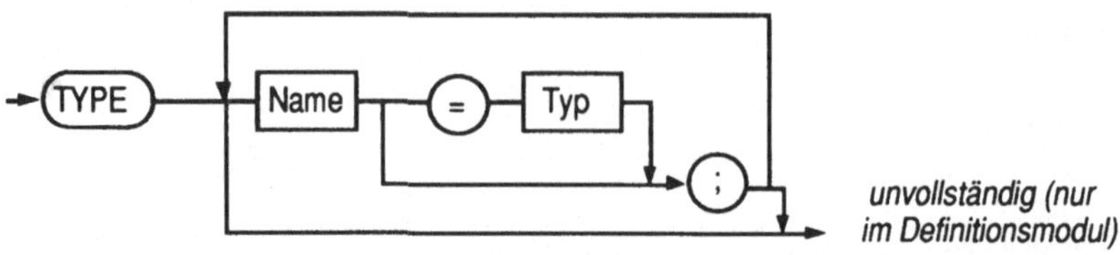

- Für externe Module ist die *Import-Anweisung mit FROM* üblich. Die importierten Objekte können direkt oder mit dem Modulnamen qualifiziert angesprochen werden.
- Die *Import-Anweisung ohne FROM* wird nur verwendet, um Module zu importieren. Die exportierten Objekte dieser Module sind nicht direkt sichtbar, bedürfen also der Qualifikation mit dem Modulnamen.

Beispiel 6-9:   Definitionsmodul: Konstanten

Oft benötigte Konstanten lassen sich in einem Modul zusammenfassen:

```
DEFINITION MODULE Abkuerzungen;

CONST
  Uni = "Universität";
  TH = "Technische Hochschule";
  D = "Diplom";
  St = "Studium";
  P = "Promotion"
END Abkuerzungen.
```

Hier ist kein Implementationsmodul nötig.   ◆

Beispiel 6-10:   zulässige und unzulässige Importe

```
MODULE Beispiel;
IMPORT RealMath;
    (* importiert das externe Modul "RealMath"
       in das Programmodul "Beispiel"              *)
```

```
(*nicht zulässig:
IMPORT WriteReal;
     denn die Prozedur "WriteReal"
     aus dem Modul "SRealIO" ist der Umgebung
     des Programmoduls nicht bekannt              *)

FROM SRealIO IMPORT WriteReal, ReadReal;
     (* importiert aus dem externen Modul
        "SRealIO" die beiden Prozeduren           *)

FROM STextIO IMPORT ReadChar, WriteChar, WriteLn;

(*nicht zulässig:
FROM IOChan IMPORT WriteLn;
     denn der Prozedurname WriteLn ist
     schon für Prozedur aus "STextIO" vergeben    *)

(*statt dessen:*)
IMPORT IOChan;
     (* und Verwendung des Prozedurnamens
        WriteLn in der qualifizierten Form
        IOChan.WriteLn etc.                       *)

VAR ...

(*nicht zulässig:
PROCEDURE ReadChar;
  BEGIN
     ...
  END ReadChar;
     denn die Namen importierter Objekte dürfen
     nicht für lokale Deklarationen im Gültigkeits-
     bereich der Import-Anweisung benutzt werden. *)

BEGIN (*Beispiel*)
  ...
  STextIO.WriteLn;
  ...
END Beispiel.
```

Implementationsmodul

Ausschnitt aus: 1 Übersetzungseinheit

IMPLEMENTATION ⟶ Programmodul ⟶ *Implementationsmodul*

Das Implementationsmodul wird entsprechend den Regeln der Programmodule aufgebaut.

2 Programmodul

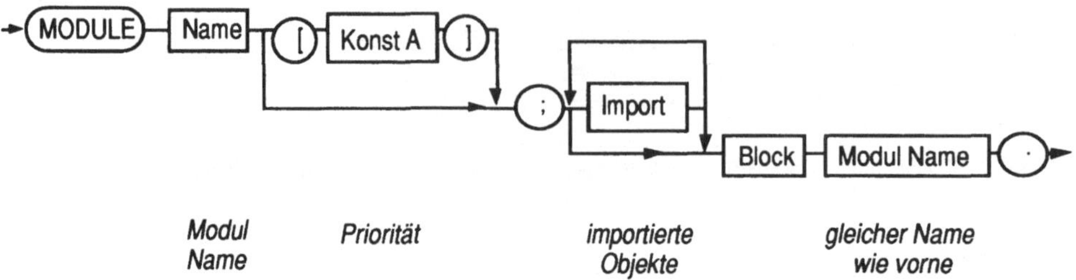

Das Implementationsmodul muß die vollständige Definition aller im Definitionsmodul aufgeführten opaken Datentypen und die vollständige Prozedurdeklaration aller im Definitionsmodul aufgeführten Prozedurköpfe enthalten. Alle anderen im Definitionsmodul aufgeführten Namen dürfen im Implementationsmodul nicht mehr deklariert werden, da sie durch das Definitionsmodul auch im Implementationsmodul deklariert sind.

Beispiel 6-11:   Implementationsmodul: Stringoperationen

Es soll ein Modul geschrieben werden, das die folgenden Stringoperationen enthält:
1.) SucheString:
Innerhalb einer Zeichenkette A soll ab einem gegebenen Index index (einschließlich) nach einer (kürzeren) Zeichenkette B gesucht werden. Falls B in dem Teil von A auftritt, der ab Index index beginnt, soll TRUE, sonst soll FALSE als Funktionswert geliefert werden.
2.) LoescheTeil:
Innerhalb einer Zeichenkette wird das Teilstück zwischen zwei gegebenen Indizes aus dem String herausgelöscht.

```
DEFINITION MODULE Strings;
(* Enthält Operationen, die auf Strings wirken *)

PROCEDURE SucheString
   (VAR   A,B : ARRAY OF CHAR;
         index : CARDINAL)    : BOOLEAN;

PROCEDURE LoescheTeil
   (VAR A : ARRAY OF CHAR; anfang, ende: CARDINAL);

END Strings.
```

```
IMPLEMENTATION MODULE Strings;

(* Stringoperationen *)
PROCEDURE SucheString
   (VAR   A,B : ARRAY OF CHAR;
          index : CARDINAL)   : BOOLEAN;

VAR
   j:   CARDINAL; (* Laufvariable im String B *)
   pos: CARDINAL; (* Laufvariable im String A *)

BEGIN
   pos := index;   (* Anfang der Suche *)
   (* Durchlaufen aller Positionen in A *)
   WHILE (pos <= HIGH (A)) AND
          (A[pos] <> CHR(0)) DO
     (* Prüfen, ob B ab dieser Position steht *)
     j := 0;
     WHILE (j <= HIGH(B)) AND
            (B[j] <> CHR(0)) AND
            (pos + j <= HIGH(A)) AND
            (A[pos + j] <> CHR(0)) AND
            (A[pos + j] = B [j]) DO
       INC (j)
     END; (* WHILE *)
     IF (j > HIGH(B)) OR (B[j] = CHR(0))
     THEN RETURN TRUE (* B gefunden *)
     ELSE
        (* nächste Position in A suchen *)
        INC (pos)
     END (* IF *)
   END (* WHILE *);
   RETURN FALSE
END SucheString;

PROCEDURE LoescheTeil(VAR A : ARRAY OF CHAR;
                      anfang, ende: CARDINAL);

(* Innerhalb der Zeichenkette A wird der Teil von Index
"anfang" bis zum Index "ende" einschließlich aus dem
String herausgelöscht. *)
BEGIN
   IF (ende    <= HIGH(A)) AND
       (anfang <= ende)
   THEN
      INC (ende);
      (* restlichen String vorschieben *)
```

```
    WHILE (ende <= HIGH(A)) AND
          (A[ende] <> CHR(0)) DO
      A[anfang] := A[ende];
      INC (anfang);
      INC (ende)
    END (* WHILE *);
    (* String abschließen *)
    IF anfang <= HIGH(A)
    THEN A[anfang] := CHR (0)
    END (*IF *)
  END (*IF *)
END LoescheTeil;
END Strings.
```
◆

6.3.3   Datenabstraktion und -kapselung

Bei der schrittweisen Verfeinerung trifft man immer wieder Situationen an, bei denen Datenstrukturen (-typen) und die dazugehörigen Operationen nur durch abstrakte Funktionen oder Axiome definiert werden. Ein abstrakter Datentyp besteht also aus einem Wertebereich und einer Menge festgelegter Operationen. Die Repräsentation des Wertebereichs und die Implementierung der Operationen sind für den Benutzer an dieser Stelle unwichtig.

Zur Realisierung von abstrakten Datentypen in Modula-2[5] kann das Modulkonzept verwendet werden. Im Definitionsmodul wird lediglich der Typname und die Schnittstelle der Operationen vereinbart. Der Typ wird als *opaker Datentyp* exportiert, seine innere Struktur damit verborgen, und Manipulationen sind nur mittels der mitexportierten Operationen möglich.

Beispiel 1-4 i: Abstrakter Datentyp: Telefonteilnehmerlisten

```
DEFINITION MODULE Listen;
  (* Zusammenstellung der Listenoperationen *)

TYPE Liste;
(* genaue Definition des Typs wird verschoben auf
   Implementationsmodul *)

  Textfeld = ARRAY [0..19] OF CHAR;
```

---

[5]   Eine detaillierte Beschreibung abstrakter Datentypen befindet sich im Band II dieses Grundkurses Angewandte Informatik [RSS93a].

```
Elementtyp = RECORD
    Name: Textfeld;
    Nummer: CARDINAL;
    next: Liste;
END;

PROCEDURE leer (l: Liste): BOOLEAN;
  (* Diese Funktionsprozedur prüft, ob die Liste l
     leer ist *)

PROCEDURE InitialisiereVerzeichnis (VAR l: Liste);
  (* Initialisiert das Verzeichnis l *)

PROCEDURE ZeigeElemente (l: Liste);
  (* Diese Prozedur zeigt sequentiell alle
     Elemente der Liste l an *)

PROCEDURE FindeNummer
    (l: Liste; gesName: ARRAY OF CHAR): CARDINAL;
    (* Diese Funktionsprozedur liefert die Nummer des
       ersten Elements e der Liste l, für das gilt:
              e.Name = gesName
       Falls kein Element existiert, das diese Bedingung
       erfüllt, wird die Nummer 0 zurückgegeben. *)

PROCEDURE FuegeElementEin
    (VAR l: Liste; x: Elementtyp);
    (* Diese Prozedur fügt das neue Element x nach
       alphabetischer Ordnung in die Liste l ein. *)

PROCEDURE FirstElement
    (l: Liste; VAR x: Elementtyp);
    (* liefert 1. Element der Liste l *)

PROCEDURE NextElement (VAR l: Liste);
    (* l ist Liste ohne 1. Element *)

END Listen.                                              ♦
```

Fehlt im Definitionsmodul die Typangabe, so wird die Struktur des Datentyps verborgen. Sie muß im Implementationsmodul beschrieben werden. Es handelt sich um einen **opaken** (undurchsichtigen) Export dieses Typs (Gegensatz: transparenter Export).

Ein opaker Typ kann in einem importierenden Modul zur Variablendeklaration verwendet werden. Für Variablen eines solchen Typs sind nur die Zuweisung, Prüfung auf Gleichheit bzw. Ungleichheit und Operationen, die von dem definierten Modul als exportierte Prozeduren zur Verfügung gestellt werden, erlaubt. Im Gegensatz dazu kann bei einem transparenten Export auf alle Komponenten eines Typs zugegriffen werden.

Modula-2 erlaubt die *Implementierung* opaker Datentypen im Implementationsmodul nur mittels des Datentyps Pointer.

Dient die Beschreibung eines abstrakten Datentyps nur dazu, ein oder wenige Exemplare dieses Typs anzulegen und zu verwalten, so ist es zweckmäßig, auch die Variablenvereinbarung im Modul vorzunehmen und diese Variablen somit total abzukapseln.

Beispiel 6-12:   Datenkapselung: Zähler

Ein Modul soll einen Zähler verwirklichen, der inkrementiert und dekrementiert werden kann, ohne eine explizite Variable zur Verfügung zu stellen. Die nötige Initialisierung erfolgt durch den Modulrumpf und kann deshalb nicht vergessen werden.

```
DEFINITION MODULE Zaehlmodul;

PROCEDURE increment;
PROCEDURE decrement;
PROCEDURE zaehlerwert(): INTEGER;

END Zaehlmodul.


IMPLEMENTATION MODULE Zaehlmodul;

VAR Zaehler: CARDINAL;

PROCEDURE increment;
BEGIN
  INC(Zaehler)
END increment;

PROCEDURE decrement;
BEGIN
  DEC(Zaehler)
END decrement;

PROCEDURE zaehlerwert;
BEGIN
  RETURN Zaehler
END zaehlerwert;
```

```
BEGIN
  Zaehler := 0
END Zaehlmodul.
```
                                                                    ♦

Das Modulkonzept erlaubt, durch Einführen neuer Typen und Operationen die
Funktionalität der Sprache zu erweitern, ohne den Kern, d.h. den Compiler zu
ändern. Außerdem lassen sich auch maschinenabhängige Details abkapseln und
damit die Portabilität erhöhen. Eine erste Anwendung sind die Ein- und Aus-
gaberoutinen oder die mathematischen Standardfunktionen. Wir beschreiben diesen Aspekt im folgenden Kapitel.

7 Basis- und Bibliotheksmodule

7.1 Das Konzept

Im Kern der Programmiersprache Modula-2 kommen keine Befehle für Ein- und Ausgabe oder für andere elementare Operationen vor, deren Implementation sich mehr oder weniger direkt mit der Hardware des Rechners, der Betriebssoftware oder der Peripherie auseinanderzusetzen hätte. Dies ist einer der vielen Gründe für die gute Standardisierbarkeit dieser Programmiersprache. Allerdings wäre es zum einen vermessen zu behaupten, man käme ohne derartige Operationen aus, denn dann könnte man lediglich ein paar Deklarationen vornehmen und Programmstrukturen beschreiben; zum anderen wäre es nicht besonders sinnvoll, keine Empfehlungen für diese Operationen – d.h. deren Syntax und Semantik – vorzugeben, denn dann müßte jedes Modula-Programm völlig umgeschrieben werden, wenn es von einem Compiler zum anderen oder von einem Rechner zum anderen portiert werden soll, und jeder Programmierer müßte beim Wechsel des Compilers bzw. Rechners diese neuen Operationen erst kennenlernen. Wirth hat bei der Entwicklung von Modula-2 bereits die nach seiner Ansicht wichtigsten Konstanten, Typen, Variablen und Operationen beschrieben, die in externen Modulen zur Verfügung gestellt werden sollten. Im Lauf der Zeit haben sich einige der vorgeschlagenen Teile bewährt, andere wurden abgeändert, optimiert und ergänzt.

Grundsätzlich kann unterschieden werden zwischen zwei Klassen von Modulen, die Konstanten, Typen, Variablen und Operationen exportieren. Die erste Klasse beinhaltet Teile, deren Realisierung mit Modula-2-Konstrukten prinzipiell nicht möglich ist, da es sich um vollkommen rechnerabhängige Elementaroperationen bzw. Datenstrukturen handelt: z.B. Datenelemente des Hauptspeichers, Operationen zum Identifizieren, Lesen und Schreiben dieser Elemente, Operationen zur elementaren Koordination paralleler Prozesse. Diese Module sind daher in Wirklichkeit auch nicht in Modula-2 geschrieben, wenn sie uns auch zur einfachen und gewohnten Handhabung in Form von Definitionsmodulen bekannt gemacht werden; sie müssen vom Systementwickler direkt integriert werden. Die andere Klasse von Modulen sind Bibliotheksmodule, die regelmäßig benötigte Operationen standardisiert zur Verfügung stellen und damit den Anwendungsprogrammierer von Routinearbeiten entlasten.

In den bisherigen Implementationen der Sprache existierte – meist orientiert an den obengenannten Beschreibungen von Wirth – in der Regel ein Modul SYSTEM. Dieses beinhaltete die rechnerabhängigen Typdefinitionen sowie Variablen- und Prozedurvereinbarungen zur direkten Nutzung des Hauptspeichers und zur Prozeßkoordination bei paralleler Programmierung. Die übrigen Module waren in der „Library" zusammengefaßt, die aus den Modulen InOut (für allgemeine Ein- und Ausgabe), RealInOut (für die Ein- und Ausgabe reeller Zahlen), Storage (zur Speicherverwaltung bei Pointern), Files (zur elementaren Datei-verwaltung), MathLib (für zahlreiche mathematische Funktionen) und vielen weiteren Modulen bestand.

Der neue Modula-2-Standard (2nd Commitee Draft Standard, [ISO92]) sieht nun ein erweitertes Konzept vor, das den gestiegenen Anforderungen der Programmie-rer Rechnung tragen soll. Dieses Konzept wird im folgenden vorgestellt. Es besteht aus folgenden Teilen:

- den System-Modulen (SYSTEM-Modules),

- den notwendigen Zusatzmodulen (Required Separate Modules) und

- den Standardbibliotheken (Standard Libraries).

Wichtige Typen, Variablen und Prozeduren dieser Module werden genannt und deren Semantik kurz beschrieben. Die tatsächliche Implementation muß den Hand-büchern der jeweiligen Compiler entnommen werden.

Der Begriff *Standard* ist so zu verstehen, daß zwar nicht alle der nachstehend beschriebenen Module implementiert sein müssen. Wenn aber Module, Konstanten, Typen oder Prozeduren implementiert werden, die den jeweiligen Namen der Standardkonstrukte tragen, so soll die Syntax und Semantik der Implementation dem Standard entsprechen. In dem obengenannten neuen Modula-Standard ist daher u. a. eine präzise formale Semantikbeschreibung für weite Teile des Stan-dardisierungsvorschlags mitgegeben, um die Verifizierung der Standard-konformität einer Implementation zu ermöglichen.

7.2   Systemmodule

7.2.1   Das Modul SYSTEM

Das Modul SYSTEM dient der direkten Nutzung der Speicher des Rechners. Hierzu werden verschiedene Typen deklariert, insbesondere LOC, die kleinste adressierbare Speichereinheit des Rechners, und ADDRESS = POINTER TO LOC, die Adresse einer bestimmten Speichereinheit. Diverse Funktionen zur Ermittlung der Speicheradresse von deklarierten Variablen (ADR), zur Ermittlung des Speicherbedarfs von Variablen bestimmter Typen (TSIZE) u. v. a. m. stehen zur Verfügung. Die Funktion CAST transferiert einen Wert (den 2. Parameter) in einen anderen Typ (1. Parameter). Dabei wird das repräsentierende Bitmuster nicht verändert. Diese Funktion ersetzt die im früheren Standard mögliche funktionale Anwendung von Typnamen.

Die Möglichkeiten, die dem Programmierer durch dieses Modul gegeben werden, sollten nur mit äußerster Vorsicht, nur im unbedingt benötigten Umfang und mit sehr guter Dokumentation ausgeschöpft werden. Da die Programmteile, die sich dieses Moduls bedienen, in den meisten Fällen maschinenspezifisch sind, ist anzuraten, sie in ein getrenntes Modul auszulagern, das bei Portierung der Software an den neuen Rechner anzupassen ist.

Es sei noch einmal angemerkt, daß es sich bei dem Modul SYSTEM um ein Systemmodul handelt, das fest im Compiler implementiert ist und für das kein Definitionsmodul vorliegt, wenn auch meist zur syntaktischen Beschreibung der Schnittstelle dieses Moduls ein Definitionsmodul herangezogen wird.

7.2.2   Das Modul COROUTINES

Das Modul COROUTINES ist ebenso wie SYSTEM ein Systemmodul. Es stellt dem Anwendungsprogrammierer Typen und Funktionen zur Verfügung, die zur Programmierung paralleler Prozesse benötigt werden. In früheren Implementationen war dieses Modul in das Modul SYSTEM integriert; zur Wahrung der Übersichtlichkeit wurde es im neuen Standard von SYSTEM getrennt.

Koroutinen[6] sind Unterprogramme, die sich gegenseitig aufrufen können und bei denen – anders als bei Prozeduren – die Ausführung bei einem erneuten Aufruf an der Stelle fortgesetzt wird, an dem die Koroutine vorher verlassen wurde. In dem Modul wird der Typ COROUTINE (früher PROCESS) vereinbart, der sich wie ein opaker Datentyp verhält, d.h. Zuweisung und Test auf Gleichheit sind möglich.

Eine Variable dieses Typs wird mittels der Prozedur NEWCOROUTINE kreiert:

```
PROCEDURE NEWCOROUTINE
   (body: PROC;   (* Ausführungscode der Koroutine *)
    workspace: ADDRESS; (* Adresse und *)
    size: CARDINAL;   (* Größe des Arbeitsbereichs *)
  VAR cr: COROUTINE); (* zu kreierende Koroutine *)
```

Koroutinen nehmen bzw. lösen mittels der Prozeduren ATTACH bzw. DETACH eine Verbindung mit Interrupts auf. Der entsprechende Interrupt wird als Parameter angegeben. Der Typ des Parameters ist implementationsabhängig.

Der gegenseitige Aufruf erfolgt mittels der Prozeduren TRANSFER und IOTRANSFER:

```
PROCEDURE TRANSFER (to: COROUTINE);
  (* ruft Koroutine auf *)

PROCEDURE IOTRANSFER
  (to: COROUTINE; VAR from: COROUTINE);
  (* ruft Koroutine to auf, schaltet bei der nächsten
     Unterbrechung dann auf Koroutine from um *)
```

7.2.3 Die Module EXCEPTIONS und M2EXCEPTION

Das Systemmodul EXCEPTIONS dient dazu, Fehlersituationen, die zum Beispiel zu Programmabbrüchen führen, erkennen zu können. Dem Anwendungsprogrammierer soll die Möglichkeit gegeben werden, Programmabstürze zu vermeiden oder zumindest den dadurch entstehenden Schaden rechtzeitig begrenzen zu können. Außerdem kann er eigene Ausnahmen definieren und auslösen.

Die für den MODULA-2 Sprachkern typischen Ausnahmezustände sind im Modul M2EXCEPTION in dem Aufzählungstyp M2Exceptions vorgesehen, z.B.

---

6   Eine tiefere Diskussion von Koroutinen und deren Einsatzmöglichkeiten findet man im Band II dieses Grundkurses Angewandte Informatik [RSS93a].

`indexException`, `rangeException`. Weitere Ausnahmen sind in den Bibliotheksmodulen definiert. Diverse Prozeduren gestatten die Feststellung des Fehlerzustands mit dem Ziel, für diesen Fehlerzustand im Ausnahmebehandlungsteil gezielte Maßnahmen zu treffen.

Nähere Beschreibungen dieser noch in der Definition befindlichen Module sind den Beschreibungen der Implementationen zu entnehmen.

Wir führen hier nur ein einfaches Beispiel zur Fehlerbehandlung ein.
Paare von reellen Zahlen sollen eingelesen werden und ihre Quotienten ausgegeben werden. Falls eine Division durch 0 auftritt, soll das Programm nicht abgebrochen, sondern nur ein Zähler erhöht werden. Bei einem Lesefehler (etwa durch Eingabe eines Buchstabens zu erzielen) wird der Zählerwert ausgedruckt und das Programm beendet.

Beispiel 7-1:   Ausnahmebehandlung

```
MODULE Ausnahmebehandlung;

FROM Zaehlmodul IMPORT increment, zaehlerwert;
  (* Beispiel 6-12 *)

FROM SRealIO IMPORT ReadReal, WriteReal;
FROM STextIO IMPORT WriteString, WriteLn;
FROM M2EXCEPTION
  IMPORT M2Exceptions, IsM2Exception, M2Exception;

VAR
  x, y: REAL;

BEGIN
  LOOP
    ReadReal (x);
    ReadReal (y);
    WriteReal (x/y, 7);
  END (* LOOP *)
  (* Endlosschleife, Abbruch durch Eingabefehler: es
     wird EXCEPT-Anweisung ausgeführt. *)
  EXCEPT
    IF IsM2Exception()
    THEN
      IF M2Exceptions() = realDivException
      THEN
        increment();
        RETRY
      END (* IF *)
```

```
    ELSE
      (* Eingabefehler *)
      WriteInt (zaehlerwert(), 3);
      WriteLn;
      WriteString ("Division(en) durch 0")
    END (* IF *)
END Ausnahmebehandlung.
```

7.2.4   Programmterminierung

Normalerweise wird ein Programm beendet, falls das Ende des Anweisungsteils
des Programmoduls erreicht ist. Durch Aufruf der Standardprozedur HALT kann
eine Terminierung auch an beliebiger Stelle bewirkt werden. Das Systemmodul
TERMINATION stellt Funktionen zur genauen Analyse des Terminierungszu-
standes zur Verfügung.

7.3   Notwendige Zusatzmodule

7.3.1   Das Modul Storage

Das Modul Storage dient dazu, Speicherplatz zur Laufzeit eines Programms zur
Verfügung zu stellen bzw. wieder freizugeben.

Das Definitionsmodul besitzt u.a. folgende Vereinbarungen:

```
DEFINITION MODULE Storage;
FROM SYSTEM IMPORT ADDRESS;

PROCEDURE ALLOCATE (VAR v: ADDRESS; n: CARDINAL);

PROCEDURE DEALLOCATE (VAR v: ADDRESS; n: CARDINAL);

END Storage.
```

Die Prozedur ALLOCATE stellt einen Speicherplatz von n aufeinanderfolgenden
LOCs (siehe Kap. 7.2.1: Das Modul SYSTEM) zur Verfügung und weist die
Anfangsadresse dieses Speicherbereichs der Variablen v zu.

Die Prozedur `DEALLOCATE` gibt einen Speicherbereich der Größe n LOCs frei, beginnend an der von der Variablen v beschriebenen Startadresse. Nach Prozedurausführung hat v den Wert `NIL`.

7.3.2   Die Module LowReal und LowLong

Die Module `LowReal` und `LowLong` dienen der individuellen Implementation von Prozeduren zur Verarbeitung von reellen Zahlen. Zugriffe auf implementationsabhängige Konstante (größte, kleinste Zahl; maximale Anzahl von Stellen; ...) und Prozeduren (ermittle Exponent, Mantisse; ...) erlauben die Formulierung von effizienten Algorithmen auf „niederem", maschinennahem Niveau. In diesen Modulen werden die gleichen Namen für REAL- und LONGREAL-Prozeduren verwendet. Die Unterscheidung geschieht durch den Argumenttyp.

Wichtige Prozeduren aus den Modulen `LowReal` (für `REAL`-Zahlen bzw. `LowLong` (für `LONGREAL`-Zahlen) für die normale Anwendungsprogrammierung sind:

```
PROCEDURE fraction (x: REAL): REAL; bzw.
PROCEDURE fraction (x: LONGREAL): LONGREAL;
```

`fraction` liefert die Mantisse der REAL/LONGREAL-Zahl x.

```
PROCEDURE exponent (x: REAL): INTEGER; bzw.
PROCEDURE exponent (x: LONGREAL): INTEGER;
```

`exponent` liefert den Exponenten der REAL/LONGREAL-Zahl x.

```
PROCEDURE synthezise
    (expart: INTEGER; frapart: REAL): REAL; bzw.
PROCEDURE synthezise
    (expart: INTEGER; frapart: LONGREAL): LONGREAL;
```

`synthezise` liefert die REAL/LONGREAL-Zahl, die aus der Mantisse `frapart` und dem Exponenten `expart` besteht.

```
PROCEDURE succ (x: REAL) : REAL
bzw.
PROCEDURE pred (x: REAL) : REAL
```

liefern die nächstgrößere bzw. nächstkleinere Zahl des Gleitkommaformats.

```
PROCEDURE scale (x: REAL; n: INTEGER) : REAL
```

multipliziert x mit der n-ten Potenz von 2.

7.3.3   Das Modul CharClass

Das Modul CharClass stellt einige Abfrageprozeduren zusammen, die unter anderem erlauben festzustellen, ob ein Zeichen ein Buchstabe ist.

7.4   Standardbibliotheken

7.4.1   Mathematische Bibliotheken

Die beiden mathematischen Bibliotheken `RealMath` und `LongMath` stellen übliche mathematische Funktionen und Konstanten zur Verfügung.

Die Bibliothek `RealMath` ist für Argumente und Funktionsresultate aus der Menge der „normalen" reellen Zahlen (REAL) geschrieben, während die Bibliothek `LongMath` für LONGREAL-Zahlen definiert ist und Ergebnisse vom Typ LONGREAL liefert. Eine Ausnahme ist die Funktionsprozedur `round`, deren Ergebnis vom Typ INTEGER ist. Die größte bzw. kleinste Zahl dieser Standardtypen sowie deren maximale Genauigkeit ist rechner- bzw. implementationsabhängig und kann mit Hilfe des Moduls `LowReal` bzw. `LowLong` festgestellt werden. Die Vorbedingung aller Funktionen ist die Übergabe eines im Definitionsbereich liegenden Arguments; die Nachbedingung steht nachfolgend als Kommentar beim jeweiligen Funktionsprozedurkopf zur Beschreibung der Semantik der Implementation. Ist die Vorbedingung nicht erfüllt, so wird eine Ausnahme ausgelöst.

•   Das Definitionsmodul von `RealMath`:

```
DEFINITION MODULE RealMath;

CONST
  pi = 3.14159265358979932384...;
  exp1 = 2.71828182845904523536...;
```

```
PROCEDURE sqrt(x: REAL): REAL;

(* Das Ergebnis ist eine implementationsabhängige Näherung
   der positiven Wurzel des Arguments x *)

PROCEDURE exp(x: REAL): REAL;

(* Das Ergebnis ist eine implementationsabhängige Näherung
   der Exponentialfunktion des Arguments x *)

PROCEDURE ln(x: REAL): REAL;

(* Das Ergebnis ist eine implementationsabhängige Näherung
   des natürlichen Logarithmus des Arguments x *)

PROCEDURE sin(x: REAL): REAL;

(* Das Ergebnis ist eine implementationsabhängige Näherung
   des Sinus des Arguments x *)

PROCEDURE cos(x: REAL): REAL;

(* Das Ergebnis ist eine implementationsabhängige Näherung
   des Cosinus des Arguments x *)

PROCEDURE tan(x: REAL): REAL;

(* Das Ergebnis ist eine implementationsabhängige Näherung
   des Tangens des Arguments x *)

PROCEDURE arcsin(x: REAL): REAL;

(* Das Ergebnis ist eine implementationsabhängige Näherung
   des Arcus Sinus des Arguments x *)

PROCEDURE arccos(x: REAL): REAL;

(* Das Ergebnis ist eine implementationsabhängige Näherung
   des Arcus Cosinus des Arguments x *)

PROCEDURE arctan(x: REAL): REAL;

(* Das Ergebnis ist eine implementationsabhängige Näherung
   des Arcus Tangens des Arguments x *)
```

```
PROCEDURE power(x, y: REAL): REAL;

(* Das Ergebnis ist eine implementationsabhängige Näherung
   von x hoch y
   (1. Argument hoch 2. Argument) *)

PROCEDURE round(x: REAL): INTEGER;

(* Das Ergebnis ist der auf ganze Zahlen gerundete Wert
   von x, dabei ist die Behandlung von z.5 nicht fest-
   gelegt, d.h. round(1.5) kann gleich 2 oder 1 sein *)

PROCEDURE IsRMathException (): BOOLEAN;

(* liefert TRUE, falls eine zu diesem Modul gehörende
   Ausnahme ausgelöst wird, FALSE, sonst *)

END RealMath.
```

Das Definitionsmodul von `LongMath` enthält die gleichen Objekte und Funktionen für den Typ LONGREAL.

Die Module `ComplexMath` und `LongComplexMath` enthalten die entsprechenden Funktionen für komplexe Zahlen, außerdem die Konstanten `i`, `one` und `zero` sowie Umwandlungen zwischen kartesischer und Polarkoordinatendarstellung.

7.4.2   Die Bibliothek für Ein- und Ausgabe

Die Ein-/Ausgabebibliothek steht zur Dateneingabe von beliebigen Eingabequellen und zur Datenausgabe an beliebige Ausgabeziele zur Verfügung. Es ist einerseits möglich, über bestimmte (Standard-) Einrichtungen (devices) die Ein- bzw. Ausgabe vorzunehmen (z.B. Terminal oder File), andererseits kann geräteunabhängiger Datentransfer über Kanäle (channels) gewählt werden. Für diese zwei Arten des Datentransfers ist die im folgenden beschriebene Bibliothek konzipiert. Sie besteht nach dem neuesten Standard aus 22 Modulen, die in sechs Kategorien aufgeteilt werden können.

Nachstehend sind alle Modulkategorien kurz charakterisiert:

- Geräteunabhängige Ein- und Ausgabe von
  numerischen Zeichenketten als Text
  über selbstgewählte Kanäle oder
  Standardkanäle (erster Buchstabe des Modulnamens ist „S") für
  Zeichen und Zeichenketten (CHAR, ARRAY OF CHAR):
  Module TextIO, STextIO,
  ganze Zahlen (INTEGER, CARDINAL):
  Module WholeIO, SWholeIO,
  reelle Zahlen (REAL):
  Module RealIO, SRealIO,
  „lange" reelle Zahlen (LONGREAL):
  Module LongIO, SLongIO,
  selbstdefinierbare Zahldarstellungen:
  Module RawIO, SRawIO

- Die Module IOResult (SIOResult) stellen die Prozedur ReadResult()
  zur Verfügung, die feststellt, ob die letzte Eingabeoperation erfolgreich war
  oder wegen falschen Datenformats oder Zeilenende etc. scheitert. Der als
  Rückgabe ("logisches Ergebnis" der Eingabeoperation) verwendete Aufzählungstyp ReadResults ist im Modul IOConsts definiert.

- Die primitiven Operationen für Ein/Ausgabekanäle und einige Ausnahmen
  fürGerätefehler sind im Modul IOChan zusammengefaßt.

- Die Identifikation, Auswahl und Freigabe von Ein-/Ausgabekanälen und Ermittlung der (implementationsabhängigen) Standardkanäle erfolgt mit Hilfe
  des Moduls StdChans

- Verknüpfung von Kanälen und Ein-/Ausgabeeinrichtungen
  Kanäle zu Terminals: Modul TermFile
  Kanäle zu sequentiellen Dateien: Modul SeqFile
  Kanäle zu Dateien mit wahlfreiem Zugriff: Modul RndFile
  Kanäle für einen Datenstrom: Modul StreamFile
  Kanäle für Programmargumente: Modul ProgramArgs

- Verbindungen zwischen Kanälen und neuen Ein/Ausgabeeinrichtungen:
  Modul IOLink

- Typen und Konstanten die in den gerätespezifischen Modulen verwendet
  werden, sind im Modul ChanConsts definiert

Mit Hilfe der kommentierten Definitionsmodule werden im folgenden einige
Prozeduren des Moduls mit Standardoperationen zur Ein- und Ausgabe von Text
(STextIO) und der Module mit Standardoperationen zur Ein- und Ausgabe von
Zahlen (SWholeIO, SRealIO, SLongIO) über die (implementationsabhängigen)
Standardkanäle kurz beschrieben:

```
DEFINITION MODULE STextIO;

(* Standardoperationen zur Ein- und Ausgabe von Text über die
   Standardein-/ausgabekanäle

   Das "logische Ergebnis" ist vom Typ IOConsts.ReadResults*)


PROCEDURE SkipLine;

(* überspringt den eingehenden Text bis zum Anfang der nächsten
   Zeile *)

PROCEDURE WriteLn;

(* schreibt das Zeilenendezeichen; der folgende Text wird in eine
   neue Zeile geschrieben *)

PROCEDURE ReadChar(VAR ch: CHAR);

(* Falls noch ein weiteres Zeichen im eingehenden Textdatenstrom
   vorhanden ist, wird dieses der Variablen ch zugewiesen; das
   "logische Ergebnis" der Leseoperation erhält den Wert allRight.
   Andernfalls wird ch der Wert "" zugewiesen, und das "logische
   Ergebnis" der Leseoperation ist endOfLine oder endOfInput. *)

PROCEDURE WriteChar(ch: CHAR);

(* hängt den Inhalt der Variablen ch an den ausgehenden Textdaten-
   strom an *)

PROCEDURE ReadString(VAR s: ARRAY OF CHAR);

(* liest eine Zeichenkette, die die Kapazität von s nicht über-
   schreitet und weist diese s zu; das "logische Ergebnis" der
   Leseoperation ist:
   allRight, falls die Zeichenkette nicht leer ist,
   endOfLine oder endOfInput, falls die Zeichenkette leer ist *)
```

```
PROCEDURE ReadRestLine(VAR s: ARRAY OF CHAR);
```

```
(* liest eine Zeichenkette, die aus den verbleibenden Zeichen der
   aktuellen Zeile gebildet wird,und weist diese s zu; das
   "logische Ergebnis" der Leseoperation ist:
   allRight, falls die gesamte Zeichenkette s zugewiesen werden
           kann,
   outOfRange, falls nur ein Teil der Zeichenkette s zugewiesen
           werden kann,
   endOfLine oder endOfInput, falls die Zeichenkette leer ist *)
```

```
PROCEDURE ReadToken(VAR s: ARRAY OF CHAR);
```

```
(* liest vom eingehenden Textdatenstrom eine Zeichenkette, die
   durch Leerzeichen begrenzt wird und keine Steuerzeichen enthält,
   und weist diese s zu; das "logische Ergebnis" der Leseoperation
   ist:
   allRight, falls die gesamte Zeichenkette s zugewiesen werden
           kann,
   outOfRange, falls nur ein Teil der Zeichenkette s zugewiesen
           werden kann,
   endOfLine oder endOfInput, falls die Zeichenkette leer ist *)
```

```
PROCEDURE WriteString(s: ARRAY OF CHAR);
```

```
(* hängt die Zeichenkette s dem ausgehenden Textdatenstrom an *)
```

```
END STextIO.
```

```
DEFINITION MODULE SWholeIO;
```

```
(* Zur Ein- und Ausgabe ganzer Zahlen in Textform über die
   Standardein-/ausgabekanäle *)
```

```
PROCEDURE ReadInt(VAR int: INTEGER);
```

```
(* liest eine Zeichenkette (wie bei STextIO.ReadString beschrie-
   ben) ein und interpretiert diese als ganze Zahl (mit optionalem
   Vorzeichen); das Ergebnis wird int zugewiesen *)
```

```
PROCEDURE WriteInt(int: INTEGER; width: CARDINAL);
```

```
(* schreibt den Wert von int als Zeichenkette rechtsbündig in ein
   Feld mit mindestens width Stellen; das Vorzeichen erscheint nur
   bei negativen Zahlen *)
```

```
PROCEDURE ReadCard(VAR card: CARDINAL);
```

```
(* liest eine Zeichenkette (wie bei STextIO.ReadString beschrie-
   ben) ein und interpretiert diese als vorzeichenfreie ganze Zahl;
   das Ergebnis wird card zugewiesen *)
```

```
PROCEDURE WriteCard(card, width: CARDINAL);
```

(* schreibt den Wert von card als Zeichenkette rechtsbündig in ein
   Feld mit mindestens width Stellen *)

```
END SWholeIO.
```

```
DEFINITION MODULE SRealIO;
```

(* Zur Ein- und Ausgabe von REAL-Zahlen in Textform über die
   Standardein-/ausgabekanäle *)

```
PROCEDURE ReadReal(VAR real: REAL);
```

(* liest eine Zeichenkette (wie bei STextIO.ReadString beschrieben) ein und interpretiert diese als Konstante vom Typ REAL;
   das Ergebnis wird real zugewiesen *)

```
PROCEDURE WriteFloat(real: REAL;
                     sigFigs: CARDINAL;
                     width: CARDINAL);
```

(* schreibt den Wert von real in Fließpunktdarstellung, d.h.
   optionales Vorzeichen, Mantisse, Exponententeil, mit sigFigs
   signifikanten Ziffern als Zeichenkette rechtsbündig in ein Feld
   mit mindestens width Stellen *)

```
PROCEDURE WriteEng(real: REAL;
                   sigFigs: CARDINAL;
                   width: CARDINAL);
```

(* schreibt den Wert von real in technischer Fließpunktdarstellung, d.h. optionales Vorzeichen, Mantisse, optionaler
   Exponententeil, mit sigFigs signifikanten Ziffern als Zeichenkette rechtsbündig in ein Feld mit mindestens width Stellen *)

```
PROCEDURE WriteFixed(real: REAL;
                     place: INTEGER;
                     width: CARDINAL);
```

(* schreibt den gerundeten Wert von real in Fixpunktdarstellung
   als Zeichenkette rechtsbündig in ein Feld mit mindestens width
   Stellen; gerundet wird bezogen auf die Dezimalstelle, die mit
   place relativ zum Dezimalpunkt beschrieben wird *)

```
PROCEDURE WriteReal(real: REAL; width: CARDINAL);
```

(* schreibt den Wert von real als Zeichenkette wie bei WriteFixed
   beschrieben, falls Vorzeichen und Mantisse in der durch width
   vorgegebenen Feldbreite dargestellt werden können, andernfalls
   wie bei WriteFloat beschrieben; die Anzahl signifikanter Stellen
   hängt von width ab*)

```
END SRealIO.
```

Syntax und Semantik von SLongIO und SRealIO stimmen überein. Lediglich der Typ der REAL-Parameter muß durch LONGREAL ersetzt werden.

Eine Anwendung von sequentiellen Dateien wird stellvertretend für alle Module in Kapitel 7.5 besprochen. Dort findet sich auch das Definitionsmodul SeqFile.

7.4.3   Verarbeitung von Zeichenketten (Strings)

Das Modul Strings bietet zahlreiche Prozeduren zur Prüfung und Veränderung von Zeichenketten (Strings), die als ARRAY OF CHAR implementiert sind. Einige Prozeduren, die von der Programmierlogik aus betrachtet als Funktionsprozeduren hätten implementiert werden sollen, wurden als normale Prozeduren implementiert, da Funktionsprozeduren keine offenen Arrays zurückgeben können.

Einige andere Prozeduren (solche mit dem Namenszusatz All) dienen dazu, vor Ausführung einer anderen Prozedur – nämlich der ohne diesen Namenszusatz – prüfen zu können, ob diese ausführbar ist (z.B. ohne Bereichsüberschreitung), um die Verwendung der Module zur (nachträglichen) Ausnahmebehandlung (Exception) zu vermeiden.

Achtung: Bei den Prozeduren zur Manipulation von Strings wird vorausgesetzt, daß die aktuellen Parameter „wohlgeformt" sind, d.h. es findet keine Prüfung statt, ob die Operation vollständig ausgeführt werden konnte.

Die nähere Beschreibung der Typen und Prozeduren dieses Moduls wird im folgenden mit Hilfe des Definitionsmoduls vorgenommen.

Anmerkung: Unter der Länge eines Strings S (Length(S)) wird die tatsächliche Länge der gespeicherten Zeichenkette verstanden, während die Kapazität (Capacity(S)) die maximal mögliche Länge der Zeichenkette bezeichnet.

```
DEFINITION MODULE Strings;

TYPE String1 = ARRAY [0..0] OF CHAR;
(* Dieser Stringtyp soll zur Wahrung der Konsistenz bei
   Operationen verwendet werden, bei denen ein einzelner Buchstabe
   zugewiesen, eingefügt, angehängt oder gesucht werden soll. *)
```

```
PROCEDURE CanAssignAll
   (sourceLength: CARDINAL;
    VAR destination: ARRAY OF CHAR): BOOLEAN;
```

(* Falls destination eine Zeichenkette der Länge sourceLength
   aufnehmen kann, ist das Ergebnis TRUE, andernfalls FALSE. *)

```
PROCEDURE Assign
   (source: ARRAY OF CHAR;
    VAR destination: ARRAY OF CHAR);
```

(* Die Zeichenkette source wird nach Destination kopiert,
   beginnend am ersten Feld von destination und endend, wenn
   destination gefüllt ist oder wenn source vollständig kopiert
   wurde. Falls source kürzer ist als destination, dann wird an das
   Ende der kopierten Zeichenkette das String-Ende-Zeichen
   (StringTerminator) angehängt. *)

```
PROCEDURE CanExtractAll
   (sourceLength: CARDINAL;
    startIndex: CARDINAL;
    numberToExtract: CARDINAL;
    VAR destination: ARRAY OF CHAR): BOOLEAN;
```

(* liefert:
   (startIndex + numberToExtract <= sourceLength)
   AND (Capacity(destination) >= numberToExtract) *)

```
PROCEDURE Extract
   (source: ARRAY OF CHAR;
    startIndex: CARDINAL;
    numberToExtract: CARDINAL;
    VAR destination: ARRAY OF CHAR): BOOLEAN;
```

(* Beginnend am startIndex wird der Ausschnitt der Länge
   numberToExtract von source nach destination kopiert; falls
   weniger als numberToExtract Felder bei source verbleiben, werden
   alle verbleibenden Felder kopiert. In jedem Fall endet der
   Kopiervorgang, wenn destination voll ist. Falls destination
   nicht vollständig gefüllt wird, wird an das Ende der kopierten
   Zeichenkette das String-Ende-Zeichen (StringTerminator)
   angehängt. *)

```
PROCEDURE CanDeleteAll
   (stringLength: CARDINAL;
    startIndex: CARDINAL;
    numberToDelete: CARDINAL): BOOLEAN;
```

(* liefert:
   (startIndex < stringLength) AND
   (startIndex + numberToDelete <= stringLength) *)

```
PROCEDURE Delete
  (VAR stringVar: ARRAY OF CHAR;
   startIndex: CARDINAL;
   numberToDelete: CARDINAL);
```

(* löscht aus stringValue ab der Position startIndex
   numberToDelete Zeichen *)

```
PROCEDURE CanInsertAll
  (sourceLength: CARDINAL;
   startIndex: CARDINAL;
   VAR destination: ARRAY OF CHAR): BOOLEAN;
```

(* liefert
   (startIndex < Length(destination) AND (sourceLength +
   Length(destination) <= Capacity(destination)) *)

```
PROCEDURE Insert
  (source: ARRAY OF CHAR;
   startIndex: CARDINAL;
   VAR destination: ARRAY OF CHAR);
```

(* Die Zeichen in Destination ab der Indexposition startIndex
   (einschließlich) werden um Length(source) nach hinten
   verschoben. Falls die Länge von destination dafür nicht
   ausreicht, gehen die Zeichen, die hinter dem Ende von
   destination gespeichert werden müßten, verloren. In den durch
   die Verschiebung freigewordenen Platz werden, beginnend an der
   Stelle startIndex, die Zeichen der Zeichenkette source
   eingefügt. *)

```
PROCEDURE CanReplaceAll
  (sourceLength: CARDINAL;
   startIndex: CARDINAL;
   VAR destination: ARRAY OF CHAR): BOOLEAN;
```

(* liefert:
   (startIndex + sourceLength <= Length(destination)) *)

```
PROCEDURE Replace
  (source: ARRAY OF CHAR;
   startIndex: CARDINAL;
   VAR destination: ARRAY OF CHAR);
```

(* Die Zeichenkette von source wird zeichenweise, beginnend an der
   Stelle startIndex, nach destination kopiert. Der Kopiervorgang
   endet entweder sobald source vollständig kopiert oder sobald das
   letzte Zeichen in destination ersetzt wurde. *)

```
PROCEDURE CanAppendAll
  (sourceLength: CARDINAL;
   VAR destination: ARRAY OF CHAR): BOOLEAN

(* liefert:
   (Length(destination) + sourceLength <=
   Capacity(destination)) *)

PROCEDURE Append
  (source: ARRAY OF CHAR;
   VAR destination: ARRAY OF CHAR);

(* fügt die Zeichenkette aus source an die Zeichenkette in
   destination an; überzählige Zeichen aus source gehen
   verloren. *)

PROCEDURE CanConcatAll
  (source1Length, source2Length: CARDINAL;
   VAR destination: ARRAY OF CHAR): BOOLEAN;

(* liefert:
   source1Length + source2Length <=
   Capacity(destination) *)

PROCEDURE Concat
  (source1, source2: ARRAY OF CHAR; VAR destination);

(* fügt source2 an source1 an, das Ergebnis steht in
   destination  *)

PROCEDURE Capitalize
  (VAR stringVar: ARRAY OF CHAR);

(* wendet die Standardfunktion CAP auf alle Elemente der Zeichen-
   kette in stringVar an;
   sinnvoll beim Einsatz von Compare, FindNext, FindPrev, FindDiff,
   sofern die Unterscheidung von Groß- und Kleinschreibung
   unerwünscht ist; *)

TYPE CompareResults = (less, equal, greater);

PROCEDURE Compare
  (stringVal1: ARRAY OF CHAR;
   stringVal2: ARRAY OF CHAR): CompareResults;

(* vergleicht die Zeichenketten in ctringVal1 mit der in
   stringVal2 gemäß der implementationsabhängigen Zeichenfolge und
   liefert ein Ergebnis vom Typ CompareResults nach folgender
   Maßgabe:

   less, wenn der Wert von stringVal1 vor dem Wert von stringVal2
        einzuordnen ist,
   equal, wenn der Wert von stringVal1 gleich dem Wert von
        stringVal2 ist,
   greater, wenn der Wert von stringVal1 nach dem Wert von
        stringVal2 einzuordnen ist *)
```

```
PROCEDURE FindNext
   (pattern: ARRAY OF CHAR;
    stringValue: ARRAY OF CHAR;
    startIndex: CARDINAL;
    VAR patternFound: BOOLEAN;
    VAR posOfPattern: CARDINAL);
(* sucht in der Zeichenkette von stringValue, beginnend an der
   Stelle startIndex, nach dem erstmaligen Auftreten der
   Zeichenfolge, die in pattern abgelegt ist.

   Wenn die Zeichenfolge gefunden wurde,
   dann ist patternFound TRUE,
   sonst ist patternFound FALSE.
   Wenn patternFound TRUE ist, dann liefert posOfPattern die
   Startposition der in stringValue gefundenen Zeichenfolge,
   andernfalls bleibt posOfPattern unverändert. *)

PROCEDURE FindPrev
   (pattern: ARRAY OF CHAR;
    stringValue: ARRAY OF CHAR;
    startIndex: CARDINAL;
    VAR patternFound: BOOLEAN;
    VAR posOfPattern: CARDINAL);
(* sucht in der Zeichenkette von stringValue beginnend an
   der Stelle startIndex (rückwärts voranschreitend) nach
   dem letztmaligen Auftreten der Zeichenfolge, die in
   pattern abgelegt ist.

   patternFound ist TRUE, wenn die Zeichenfolge gefunden
   wurde, andernfalls ist patternFound FALSE.
   Wenn patternFound TRUE ist, dann liefert posOfPattern
   die Startposition der in stringValue gefundenen Zeichen-
   folge; andernfalls bleibt posOfPattern unverändert.

   startIndex muß größer oder gleich der Position des letz-
   ten Zeichens von pattern sein. Falls startIndex größer
   oder gleich der Länge der Zeichenkette von stringValue
   ist, beginnt der Suchvorgang an der letzten Stelle der
   Zeichenkette. *)

PROCEDURE FindDiff
   (stringVal1: ARRAY OF CHAR;
    stringVal2: ARRAY OF CHAR;
    VAR differenceFound: BOOLEAN;
    VAR posOfDifference: CARDINAL);
(* prüft stringVal1 und stringVal2 auf Ungleichheit:
   falls sie ungleich sind, wird differenceFound TRUE,
   andernfalls FALSE;

   Wenn differenceFound TRUE ist, dann wird in posOfDifference die
   Position des ersten Zeichens von stringVal1 gespeichert, das
   sich von dem entsprechenden in stringVal2 unterscheidet.

   Falls die beiden Zeichenketten übereinstimmen, bleibt
   posOfDifference unverändert. *)

END Strings.
```

Die Konversion von numerischen Werten in Strings und umgekehrt ist in den Modulen

`WholeConv, WholeStr`   (CARDINAL und INTEGER)
`RealConv, RealStr`   (REAL) und
`LongConv, LongStr`   (LONGREAL)

beschrieben. Direkt aufrufbare Prozeduren wie z.B.

`PROCEDURE IntToStr (int: INTEGER; VAR str: ARRAY OF CHAR)`

sind in den mit `Str` endenden Modulen enthalten, während die mit `Conv` endenden Module Basisoperationen aufführen. Gemeinsame Typen stellt das Modul `ConvTypes` zusammen.

7.4.4 Weitere Module

Ein auch für die normale Anwendungsprogrammierung sinnvolles Modul ist `SysClock`. Es dient dazu, mit Uhrzeit und Datum des Systems zu arbeiten. Folgende Definitionen werden empfohlen:

```
DEFINITION MODULE SysClock;
CONST
  maxSeconsParts = <implementation-defined integral
                    value>;
TYPE
  Month     = [1..12];
  Day       = [1..31];
  Hour      = [0..23];
  Minute    = [0..59];
  Second    = [0..59];
  Fraction  = [0..maxSecondParts];
  UTCDiff   = [-780..720];
  DateTime =
    RECORD
      year:       CARDINAL;
      month:      Month;
      day:        Day;
      hour:       Hour;
      minute:     Minute;
      second:     Sec;
      fractions: Fraction;       (*  parts of a second *)
      zone:       UTCDiff;       (*  Time zone differential
                                     factor which is the number
                                     of minutes to add to local
                                     time to obtain UTC. *)
      summerTimeFlag: BOOLEAN; (*  Interpretation of flag
                                     depends on local usage. *)
END;
```

```
PROCEDURE CanGetClock(): BOOLEAN;
(* prüft, ob die Uhr gelesen werden kann *)

PROCEDURE CanSetClock(): BOOLEAN;
(* prüft, ob die Uhr gestellt werden kann *)

PROCEDURE IsValidDateTime
   (userData: DateTime): BOOLEAN;
(* prüft, ob der Wert von DateTime gültig ist *)

PROCEDURE GetClock (VAR userData: DateTime);
(* weist userData Datum und Uhrzeit zu *)

PROCEDURE SetClock (userData: DateTime);
(* stellt die Systemuhr auf die in userData gegebenen Daten *)

END SysClock.
```

Zur Implementation paralleler Prozesse stehen zwei Bibliotheksmodule zur Verfügung: das Modul `Processes`, das die grundlegenden Typen und Prozeduren zur Beschreibung paralleler Prozesse exportiert, und das Modul `Semaphores`, das Hilfsmittel zur Verfügung stellt, mit denen die Interaktion von Prozessen gesteuert werden kann. Diese Module sind völlig neu konzipiert und nicht an das Modul `Processes` von Wirth angelehnt.

Die detaillierte Beschreibung dieser Module würde umfangreiche Erläuterungen zu Parallelität und der Implementation paralleler Prozesse erfordern, die den Rahmen eines in die Programmiersprache Modula-2 einführenden Werks sprengten.

7.5 Anwendung: Permanente Datenspeicherung in Dateien

7.5.1 Problemstellung

Betrachten wir zum Abschluß noch einmal unser Programmbeispiel Telefonverzeichnis. Wir können mit diesem Programm Telefonlisten erstellen, ändern, anzeigen lassen und einzelne Nummern suchen. Sobald wir jedoch das Programm verlassen, sind alle Daten verloren. In Kapitel 7.4.2 haben wir Module kennengelernt, die von Modula-2 aus den Zugriff auf permanente Dateien des Rechners ermöglichen. Diese Eigenschaften sind bewußt nicht im Sprachkern enthalten, da die Dateiverwaltung von Rechner zu Rechner unterschiedlich ist. Den Umgang mit Dateien wollen wir jetzt an unserem Telefonbuchbeispiel erläutern. Wir stellen dazu nur die Prozeduren und Typen bereit, die wir verwenden.

Beispiel 1-4 j: Telefonbuchbeispiel mit Verwendung von externen Dateien

Die Aufgabenstellung wird nun noch folgendermaßen ergänzt: Erweitere das Telefonlistenprogramm um die Möglichkeit, das Telefonbuch anfangs aus einer externen Datei zu lesen und nach Verlassen des Programms wieder in eine externe Datei zu schreiben.

Das Hauptprogramm hat dann also folgende Gestalt:

(1)   Initialisierung
(2)   Lesen von externer Datei
(3)   Bearbeiten des Telefonbuchs
(4)   Speichern in externe Datei

Schritt (1) und (3) bilden das alte, unveränderte Hauptprogramm.
Schritt (2) und (4) bestehen aus jeweils drei Teilschritten:

(2a) Prüfe, ob externe Datei mit angegebenem Namen existiert.
      Binde diese Datei an das Programm.
(2b) Lies Telefonbuch von dieser Datei.
(2c) Löse Bindung der Datei zum Programm auf.
(4a) Lege externe Datei mit angegebenem Namen an.
(4b) Schreibe Telefonbuch in Datei.
(4c) Löse Bindung der Datei zum Programm auf.   ◆

7.5.2   Filetyp und Dateiverwaltung

Die Anbindung von externen sequentiellen Dateien an ein Modula-2-Programm wird im Standard von Modula-2 mit dem Modul `SeqFile` vorgenommen, dessen Definitionsmodul die folgende Gestalt hat:

```
DEFINITION MODULE SeqFile;

IMPORT IOChan, ChanConsts;
```

```
TYPE
  ChanId = IOChan.ChanId;
    (*  speichert die Nummer des Kanals, in den die
        Datei geschrieben werden soll              *)
  FlagSet = ChanConsts.FlagSet;
    (*  Set eines Aufzählungstyps, in dem verschiedene
        Flags wie read, write, old gesetzt werden
        können                                     *)
  OpenResults = ChanConsts.OpenResults;
    (*  in diesem Aufzählungstyp sind verschiedene
        Zustände, die beim Öffnen einer Datei zustande
        kommen können (z.B. Datei bereits geöffnet),
        aufgeführt                                 *)

CONST
  read = FlagSet {ChanConsts.readFlag};
    (* es soll auf Speichermedium geschrieben werden    *)
  write = FlagSet {ChanConsts.writeFlag};
    (* es soll von Speichermedium gelesen werden        *)
  old = FlagSet {ChanConsts.oldFlag};
    (* eine Datei kann/muß existieren, bevor der Kanal
       geöffnet wird                              *)
  text = FlagSet {ChanConsts.textFlag};
    (* Textoperationen erforderlich                *)
  raw = FlagSet {ChanConsts.rawFlag};
    (* "rohe" (= unspezifizierte) Operationen
       erforderlich.                              *)

PROCEDURE OpenWrite  (VAR cid: ChanId;
                      name: ARRAY OF CHAR; flags: FlagSet;
                      VAR res: OpenResults);
  (*  Versucht, einen Kanal zu öffnen, in dem die durch
      name spezifizierte Datei gespeichert werden kann.
      Dabei muß das write-Flag nicht explizit angegeben
      werden, es wird automatisch gesetzt.
      In res wird der aktuelle Zustand zurückge-
      geben und, wenn das Öffnen erfolgreich war, in cid
      die Nummer des geöffneten Kanals.           *)

PROCEDURE OpenAppend  (VAR cid: ChanId;
                      name: ARRAY OF CHAR; flags: FlagSet;
                      VAR res: OpenResults);
  (*  Versucht, eine Datei an eine bestehende anzuhängen.
      Wenn eine Datei mit dem durch name angegebenen
      Namen existiert, wird in cid der zugehörige Kanal
      zurückgegeben, ansonsten in res ein Fehlerzustand.
      Das write- und das old-Flag muß nicht angegeben
      werden.                                     *)
```

```
PROCEDURE OpenRead     (VAR cid: ChanId;
                        name: ARRAY OF CHAR; flags: FlagSet;
                        VAR res: OpenResults);
  (*  Wie bei OpenWrite, nur wird versucht, eine Datei zu
      lesen. Das read-Flag muß nicht angegeben werden.  *)

PROCEDURE IsSeqFile  (cid: ChanId): BOOLEAN;
  (*  Testet, ob mit dem angegebenen Kanal eine
      sequentielle Datei (s.u.) verknüpft ist.            *)

PROCEDURE Reread (cid: ChanId);
  (*  Wenn die Kanalnummer cid mit einer geöffneten Lese-
      datei verknüpft ist, wird der Lesekopf an den
      Anfang der Datei gesetzt und der Lesemodus einge-
      schaltet, ansonsten eine Fehlermeldung produziert*)

PROCEDURE Rewrite (cid: ChanId);
  (*  Wenn cid mit einer geöffneten Schreibdatei
      verknüpft ist, wird der Schreibkopf an den Anfang
      der Datei gesetzt (d.h. die bisherige Datei wird
      gelöscht !) und der Schreibmodus eingeschaltet,
      ansonsten wird eine Fehlermeldung produziert.     *)

PROCEDURE Close (cid: ChanId);
  (*  Schließt die durch die Kanalnummer cid
      spezifizierte Datei.                               *)

END SeqFile.
```

Eine sequentielle Datei (File) ist dabei eine beliebig lange Folge von Zeichen. Eine Datei kann verschiedene Zustände annehmen. Sie kann z.B. für das Lesen von Daten eröffnet sein und die Position des Lesekopfs ist das erste Zeichen der Datei. Die verschiedenen Zustandsattribute sind in einem Aufzählungstyp `ReadResults` im Modul `IOResult` zusammengefaßt und mittels der Prozedur `ReadResult` aus diesem Modul ermittelbar. Die einzelnen Komponenten beschreiben Zustandsattribute einer externen Datei. Für unsere Zwecke besonders interessant ist die boolesche Komponente `endOfInput`, die angibt, ob das Ende der Datei erreicht ist.

Das Verwalten von externen Dateien geschieht mittels Variablen vom Typ `ChanId`. Diese geben den Kanal an, mit dem die externe Datei verbunden ist.

Durch den Aufruf einer der Prozeduren `OpenWrite`, `OpenAppend` oder `OpenRead`, die, wie oben angegeben, im Modul `SeqFile` vereinbart sind, wird die externe Datei name an die Variable `cid` gebunden.

Falls bei Aufruf der Prozedur OpenWrite in der Variable flags die Konstante old nicht gesetzt ist und eine Datei des Namens name nicht existiert, wird eine neue Datei angelegt. Andernfalls führt die Nichtexistenz der Datei, ebenso wie beim Aufruf von OpenAppend und OpenRead, wo das old-Flag standardmäßig gesetzt ist, zu einer Fehlermeldung. War das Öffnen einer Datei, deren externer Name name ist, erfolgreich, so können wir diese mittels der Variablen cid im Modula-2-Programm ansprechen und auch verändern. Die Filevariable cid bezeichnet den Dateibeschreibungsblock.

Zum Manipulieren des Dateizustands stehen u.a. die Prozeduren Reread, Rewrite und Close jeweils mit der Filevariablen cid als einzigem Parameter zur Verfügung. Reread bzw. Rewrite setzen dabei die Datei, je nachdem, ob sie zum Schreiben oder zum Lesen geöffnet wurde, auf den Anfangszustand, d.h. ein interner Positionsanzeiger verweist auf das erste Element. Die Bindung der Datei an die Filevariable wird durch den Aufruf der Prozedur Close aufgelöst. Eine Angabe des externen Namens erübrigt sich hier, da ja nur eine einzige Datei mit der Filevariablen verbunden sein kann.

7.5.3   Elementare Ein- und Ausgabe

Eine Datei ist eine beliebig lange Folge von Zeichen. Das heißt aber nicht, daß alle Zeichen druckbar sein müssen und daß die Informationen auf einer Datei in für Menschen gewohnter, lesbarer Form vorliegen. Vielmehr wird üblicherweise ein Datum (oder Wert) in interner Form, also so, wie es (er) im Speicher steht, abgespeichert werden. Da Speicher eigentlich immer Byte-orientiert sind, können wir eine Datei auch als eine Folge von Bytes auffassen. Da der Informationsgehalt eines Bytes gerade einem Zeichen, d.h. einem Wert des Typs CHAR entspricht, sprechen wir weiterhin von Zeichen. Schreibt man also z.B. mehrere Records in eine Datei, so wird für jeden eine Folge von Zeichen ausgegeben. Die Zusatzinformation, wie die Folgen wieder zu gruppieren sind und welche Zeichen welche Komponenten beschreiben, geht verloren. Der Programmierer muß seine Leseoperation so einrichten, daß wieder mit den bekannten Verbunden gearbeitet werden kann (Beispiele hierfür finden wir im Telefonverzeichnisprogramm Beispiel 1-4 k).

Für das Lesen und Schreiben auf Dateien stehen im Prinzip genau die gleichen Prozeduren wie bei der Ausgabe auf dem Bildschirm zur Verfügung. Dies liegt daran, daß der Bildschirm als besonderer Kanal angesehen wird. So existieren für die bisher kennengelernten Module STextIO, SWholeIO, SRealIO und SLongIO Äquivalente ohne das vorangestellte „S". Sie enthalten die Prozeduren, mit denen

Schreib-/Leseoperationen auf beliebige Kanäle möglich ist. Dabei muß als zusätzlicher Parameter immer die Filevariable `cid` mit angegeben werden.

Beispiel:

Statt der Prozedur `WriteCard (card: CARDINAL; width: CARDINAL)` aus dem Modul `SWholeIO`, die eine Zahl vom Typ CARDINAL auf dem Bildschirm ausgibt, muß die Prozedur `WriteCard (cid: ChanId; card: CARDINAL; width: CARDINAL)` aus dem Modul `WholeIO` aufgerufen werden, damit die Zahl in die Datei, die mit dem Kanal `cid` verbunden ist, geschrieben wird.

7.5.4   Telefonverzeichnis mit Dateien

Beispiel 1-4 k: Gesamtbeispiel Telefonverzeichnis

Es ist offensichtlich, daß im Algorithmus von Beispiel 1-4 j sowohl (2a) und (4a) als auch (2c) und (4c) mit Hilfe der gerade eingeführten Konstrukte und Prozeduren durch jeweils einen Prozeduraufruf erledigt werden können.
```
(2a):    OpenRead(TBuchFile, "telverz.cod", read, erg);
(4a):    OpenWrite(TBuchFile, "telverz.cod", write, erg);
```
(Wir nehmen an, das Telefonbuch stehe in der Datei `telverz.cod`.)

```
(2c),(4c):Close(TBuchFile);
```

Für das Lesen und Schreiben einer Telefonverzeichnis-Datei formulieren wir folgende Algorithmen:

`LiesTelFile`
>   Ein: Datei `TBuchFile`
>   Aus: Telefonbuch `TBuch`

   (1)   Initialisiere `TBuchFile` für lesenden Zugriff.
   (2)   Solange Datei nicht leer, wiederhole:
       (a)   Lies Name der Stadt.
       (b)   Lies Name des Teilnehmers.
       (c)   Lies Telefonnummer des Teilnehmers.
       (d)   Trage das eingelesene Element
           in die entsprechende Liste ein.
   (3)   Schließe Datei.

```
SchreibTelFile
```
   Ein: Telefonbuch `TBuch`
   Aus: Datei `TBuchFile`

   (1) Initialisiere `TBuchFile` für Schreiben.
   (2) Durchlaufe die Liste jeder Stadt und
        gib pro eingetragenem Teilnehmer aus:
        —   die Interpretation der Stadt als Zeichenkette,
        —   den Namen,
        —   die Telefonnummer.
   (3) Schließe Datei.

Es folgt das komplette Hauptprogramm mit diesen Änderungen:

```
MODULE Telefonlisten;

FROM Listen IMPORT
   Textfeld, Elementtyp, Liste,
   leer, InitialisiereVerzeichnis, ZeigeElemente,
   FindeNummer, FuegeElementEin, FirstElement,
   NextElement;

FROM STextIO IMPORT
   WriteLn, ReadString, WriteString, ReadChar,
   WriteChar;

FROM SWholeIO IMPORT
   ReadCard, WriteCard;

FROM SeqFile IMPORT
   ChanId, FlagSet, OpenResults, OpenWrite, OpenRead,
   Reread, Rewrite, Close;

FROM IOResult IMPORT ReadResult;

IMPORT TextIO, WholeIO;

PROCEDURE ClearScreen;
(* löscht den Bildschirm *)
BEGIN
   (* implementierungsabhängig, hier nicht implementiert *)
END ClearScreen;

PROCEDURE HoldScreen;
(* wartet auf Eingabe von ENTER *)
BEGIN
   WriteString(" ENTER - Taste drücken ");
   WriteLn; SkipLine;
END HoldScreen;
```

```
TYPE
  Staedte  = (Karlsruhe, Worms, Wuerzburg);
  TBuchTyp = ARRAY Staedte OF Liste;
  CHARSET = SET OF CHAR;

VAR
  c: CHAR;
  ok: BOOLEAN;
  Stadt: Staedte;
  TBuch: TBuchTyp;
(*  Prozeduren für interaktives Programm  *)

PROCEDURE StadtEingabe (VAR s: Staedte);
(* Liest Buchstaben K, k (KA); W, w (WO); G, g (WÜ) zur
Auswahl einer Stadt ein *)

VAR
  c: CHAR;

BEGIN
  WriteString ("K(arlsruhe), W(orms), (Würzbur)g ");
  WriteLn;
  REPEAT
    ReadChar (c); SkipLine;
  UNTIL c IN CHARSET{"K","k","W","w","G","g"};
  WriteLn;
  CASE c OF
    "K","k" : s := Karlsruhe;
  | "W","w" : s := Worms;
  | "G","g" : s := Wuerzburg
  END (* CASE *)
END StadtEingabe;

PROCEDURE LiesText (VAR Text: Textfeld);
(* Liest ein Textfeld ein, bis Benutzer mit der Eingabe
zufrieden ist *)

VAR
  c: CHAR;
  ok: BOOLEAN;
```

```
BEGIN
  REPEAT
    WriteString ("Eingabe (nur die ersten zwanzig
                 Buchstaben werden akzeptiert): ");
    WriteLn;
    ReadString (Text); SkipLine;
    WriteLn;
    WriteString ("Die Eingabe lautet: ");
    WriteString (Text);
    WriteLn;
    WriteString ("Ist die Eingabe ok? (J/N) ");
    WriteLn;
    REPEAT
      ReadChar (c); SkipLine;
      ok := (c = "j") OR (c = "J")
    UNTIL ok OR (c = "n") OR (c = "N")
  UNTIL ok
END LiesText;
PROCEDURE LiesNummer (VAR Nummer: CARDINAL);
(* Liest eine CARDINAL-Zahl ein, bis Benutzer mit der
Eingabe zufrieden ist *)

VAR
  c: CHAR;
  ok: BOOLEAN;

BEGIN
  REPEAT
    WriteString ("Eingabe (maximal ");
    WriteCard (MAX(CARDINAL), 14);
    WriteString ("): ");
    WriteLn;
    ReadCard (Nummer); SkipLine;
    WriteLn;
    WriteString ("Die Eingabe lautet: ");
    WriteCard (Nummer, 14);
    WriteLn;
    WriteString ("Ist die Eingabe ok? (J/N) ");
    WriteLn;
    REPEAT
      ReadChar (c); SkipLine;
      ok := (c = "j") OR (c = "J");
      UNTIL ok OR (c = "n") OR (c = "N")
  UNTIL ok
END LiesNummer;
```

```
PROCEDURE EintragHinzu (VAR TBuch: TBuchTyp);
(* EintragHinzu erfragt zunächst den Ort, dann den neuen
Datensatz und läßt ihn dann in die richtige Liste
einfügen. *)

VAR
   Stadt: Staedte;
   NeuesElement: Elementtyp;

BEGIN
   WriteString (" welche Stadt? ");
   StadtEingabe (Stadt);
   WriteString ("Bitte geben Sie den Namen des
                   Teilnehmers ein!");
   WriteLn;
   LiesText (NeuesElement.Name);
   WriteString ("Bitte geben Sie die Telefonnummer
                 des Teilnehmers ein!");
   WriteLn;
   LiesNummer (NeuesElement.Nummer);
   FuegeElementEin (TBuch[Stadt],NeuesElement)
END EintragHinzu;

PROCEDURE ListeHer (TBuch: TBuchTyp);
(* Gibt Telefonliste für eine Stadt aus *)

VAR
   Stadt: Staedte;

BEGIN
   WriteString ("Welche Liste möchten Sie
                 anzeigen lassen? ");
   StadtEingabe (Stadt);
   ZeigeElemente (TBuch[Stadt]);
   HoldScreen
END ListeHer;

PROCEDURE NummerHer (TBuch: TBuchTyp);
(* Gibt nach Eingabe von Wohnort und Name eines
Teilnehmers dessen Telefonnummer aus *)

VAR
   gesName: Textfeld;
   Stadt: Staedte;
   TelNummer: CARDINAL;
```

```modula
BEGIN
  WriteString ("Bitte geben Sie den Wohnort des
                gesuchten Teilnehmers ein! ");
  StadtEingabe (Stadt);
  WriteString ("Bitte geben Sie den Namen des
                gesuchten Teilnehmers ein!");
  WriteLn;
  LiesText (gesName);
  TelNummer := FindeNummer (TBuch[Stadt],gesName);
  IF TelNummer = 0
  THEN
    WriteString ("Kein Eintrag gefunden!")
  ELSE
    WriteString ("Die Telefonnummer lautet: ");
    WriteCard (TelNummer, 14)
  END; (* IF *)
  WriteLn;
  HoldScreen;
END NummerHer;

PROCEDURE LiesTelFile (VAR TBuch : TBuchTyp);
  (*  liest gesamtes File und baut TBuch auf  *)

VAR
    Stadt : Staedte;
        s : ARRAY OF CHAR;
  Element : Elementtyp;
      cid : ChannelId;
      res : OpenResults;

BEGIN
  OpenRead(cid, "telverz.cod", FlagSet{readFlag}, res);
  Reread (cid);
  WHILE (ReadResult (cid) # endOfInput) DO
    TextIO.ReadString (cid, s);
    CASE s OF
      "Karlsruhe" : Stadt := Karlsruhe;
    | "Worms     : Stadt := Worms;
    | "Wuerzburg  : Stadt := Wuerzburg
    END; (* CASE *)
    TextIO.ReadString (cid, Element.Name);
    WholeIO.ReadCard (cid, Element.Nummer);
    FuegeElementEin (Tbuch[Stadt], Element);
  END; (* WHILE *)
  Close (cid);
END LiesTelFile;
```

```modula2
PROCEDURE SchreibeTelFile (TBuch : TBuchTyp);
  (*  schreibt TBuch auf File  *)

VAR
  Stadt : Staedte:
      l : Liste;
     el : Elementtyp;
      i : CARDINAL;
    cid : ChannelId;
    res : OpenResults;

BEGIN
  OpenWrite (cid, "telverz.cod", FlagSet{Write}, res);
  Rewrite (cid);
  FOR Stadt := Karlsruhe TO Wuerzburg DO
    l := TBuch[Stadt];
    WHILE NOT leer(l) DO
      CASE Stadt OF
          Karlsruhe :TextIO.WriteString (cid, "Karlsruhe");
        | Worms      :TextIO.WriteString (cid, "Worms");
        | Wuerzburg :TextIO.WriteString (cid, "Wuerzburg");
      END; (* CASE *)
      FirstElement (l, el);
      TextIO.WriteString (cid, el.Name);
      WholeIO.WriteCard (cid, el.Nummer, 14);
      NextElement (l);
    END (* WHILE *)
  END (* FOR *)
END SchreibeTelFile;

BEGIN (* Hauptprogramm *)
FOR Stadt := Karlsruhe TO Wuerzburg DO
  InitialisiereVerzeichnis(TBuch[Stadt])
END (* FOR *);
LiesTelFile (TBuch);
REPEAT
  ClearScreen;
  WriteString ("Was wollen Sie tun?");
  WriteLn;
  WriteString ("   Z(eigen eines
              Stadtverzeichnisses)");
  WriteLn;
  WriteString ("   H(inzufügen eines Eintrages) ");
  WriteLn;
  WriteString ("   F(inden einer
              Telefonnummer)");WriteLn;
  WriteString ("   B(eenden des Programms");
  WriteLn; WriteLn;
```

```
    REPEAT
      ok := TRUE;
      ReadChar (c); SkipLine;
      WriteLn;
      IF NOT(c IN CHARSET
           {"Z","z","H","h","F","f","B","b"})
      THEN
        ok := FALSE;
        WriteString ("Unzulässige Auswahl");
        WriteLn
      END (* IF *)
    UNTIL ok;

    CASE c OF
      "Z",  "z": ListeHer (TBuch);
    | "H",  "h": EintragHinzu (TBuch);
    | "F",  "f": NummerHer (TBuch);
    | "B",  "b":  SchreibeTelFile (TBuch)
    END (* CASE *)
  UNTIL (c = "B") OR (c = "b")
END Telefonlisten.
```

♦

8   Anhang

A   Schlüsselwörter

AND	FOR	QUALIFIED
ARRAY	FORWARD	RECORD
BEGIN	FROM	REM
BY	IF	REPEAT
CASE	IMPLEMENTATION	RETRY
CONST	IMPORT	RETURN
DEFINITION	IN	SET
DIV	LOOP	THEN
DO	MOD	TO
ELSE	MODULE	TYPE
ELSIF	NOT	UNTIL
END	OF	VAR
EXIT	OR	WHILE
EXCEPT	PACKEDSET	WITH
EXPORT	POINTER	
FINALLY	PROCEDURE	

B   Standardnamen

ABS	EXCL	LENGTH	PROTECTION
BITSET	FALSE	LFLOAT	RE
BOOLEAN	FLOAT	LONGREAL	REAL
CAP	HALT	LONGCOMPLEX	SIZE
CARDINAL	HIGH	MAX	TRUE
CHAR	IM	MIN	TRUNC
CHR	INC	NEW	UNINTER-
COMPLEX	INCL	NIL	RUPTIBLE
CMPLX	INT	ODD	VAL
DEC	INTEGER	ORD	
DISPOSE	INTERRUPTIBLE	PROC	

C   ASCII-Tabelle

In dieser Tabelle werden die ASCII-Zeichen und ihre zugehörigen Ordnungszahlen im Dezimalsystem gegenübergestellt. Die Zeichen mit den dezimalen Ordnungszahlen zwischen 0 und 31 bzw. mit der Ordnungszahl 127 dienen der Steuerung von angeschlossenen Geräten (sog. Steuerzeichen). Druckbare Zeichen stehen in der Tabelle in Anführungszeichen. Das Zeichen mit Ordnungszahl 10 beispielsweise wird auf einem Drucker für gewöhnlich nicht ausgedruckt, sondern verursacht einen Zeilenvorschub (LF = Line Feed = Zeilenvorschub).

0	NUL	31	US	62	">"	93	"]"	124	"|"
1	SOH	32	" "	63	"?"	94	"^"	125	"}"
2	STX	33	"!"	64	"@"	95	"_"	126	"~"
3	ETX	34	'"'	65	"A"	96	"`"	127	DEL
4	EOT	35	"#"	66	"B"	97	"a"		
5	ENQ	36	"$"	67	"C"	98	"b"		
6	ACK	37	"%"	68	"D"	99	"c"		
7	BEL	38	"&"	69	"E"	100	"d"		
8	BS	39	"'"	70	"F"	101	"e"		
9	HT	40	"("	71	"G"	102	"f"		
10	LF	41	")"	72	"H"	103	"g"		
11	VT	42	"*"	73	"I"	104	"h"		
12	FF	43	"+"	74	"J"	105	"i"		
13	CR	44	","	75	"K"	106	"j"		
14	SO	45	"-"	76	"L"	107	"k"		
15	SI	46	"."	77	"M"	108	"l"		
16	DLE	47	"/"	78	"N"	109	"m"		
17	DC1	48	"0"	79	"O"	110	"n"		
18	DC2	49	"1"	80	"P"	111	"o"		
19	DC3	50	"2"	81	"Q"	112	"p"		
20	DC4	51	"3"	82	"R"	113	"q"		
21	NAK	52	"4"	83	"S"	114	"r"		
22	SYN	53	"5"	84	"T"	115	"s"		
23	ETB	54	"6"	85	"U"	116	"t"		
24	CAN	55	"7"	86	"V"	117	"u"		
25	EM	56	"8"	87	"W"	118	"v"		
26	SUB	57	"9"	88	"X"	119	"w"		
27	ESC	58	":"	89	"Y"	120	"x"		
28	FS	59	";"	90	"Z"	121	"y"		
29	GS	60	"<"	91	"["	122	"z"		
30	RS	61	"="	92	"\\"	123	"{"		

D   Syntaxdiagramme

(alphabetisch sortiert)

30 [Konst] A Ausdruck

37 Aktuelle Parameterliste

38 Anweisung

22 [Konst] Ausdruck

18 Auswahl

29 [Konst] AZ Ausdruck

25 [Konst] B Ausdruck

42 B Konstante

4 Block

4a Blockrumpf

47 Buchstabe

38-3 CASE-Anweisung

28 [Konst] CH Ausdruck

43 CH Konstante

24a [Konst] CX Ausdruck

3 Definitionsmodul

26 [Konst] Einfacher B Ausdruck

38-9 EXIT-Anweisung

7 Export

38-7 FOR-Anweisung

14 Formale Parameterliste

20 Formale Typliste

23 [Konst] G Ausdruck

40 G Konstante

48 Hexadezimalziffer

38-2 IF-Anweisung

6 Import

16 Index Typ

17 Komponente

9 Konstantendefinition

38-6 LOOP-Anweisung

5 Modulvereinbarung

45 Name

8 Objektliste

50 Oktalziffer

35 [Konst] P Ausdruck

2 Programmodul

36 [Konst] PROZ Ausdruck

38-10 Prozeduraufruf

13 Prozedurkopf

19 Prozedur Typ

12 Prozedurvereinbarung

24 [Konst] R Ausdruck

32 [Konst] REC Ausdruck

38-5 REPEAT-Anweisung

38-12 RETRY-Anweisung

38-11b RETURN-Anweisung (für Funktionsproz.)

38-11a RETURN-Anweisung (für Proz.)

41 R Konstante

33 [Konst] SET Ausdruck

34 [Konst] SET Konstruktor

21 Standardfunktionsaufruf

31 [Konst] ST Ausdruck

44 String

15 Typ

10 Typdefinition

1 Übersetzungseinheit

39 Variable

11 Variablenvereinbarung

27 [Konst] Vergleich

45a Vollständiger Name

38-1 Wertzuweisung

38-4 WHILE-Anweisung

38-8 WITH-Anweisung

46 Zeichen

49 Ziffer

1 Übersetzungseinheit

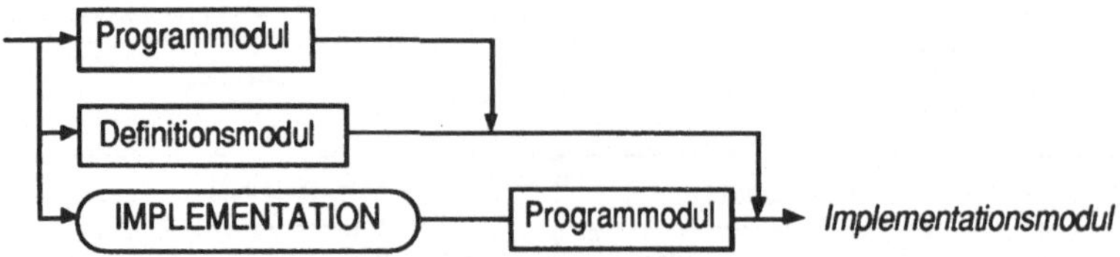

2 Programmodul

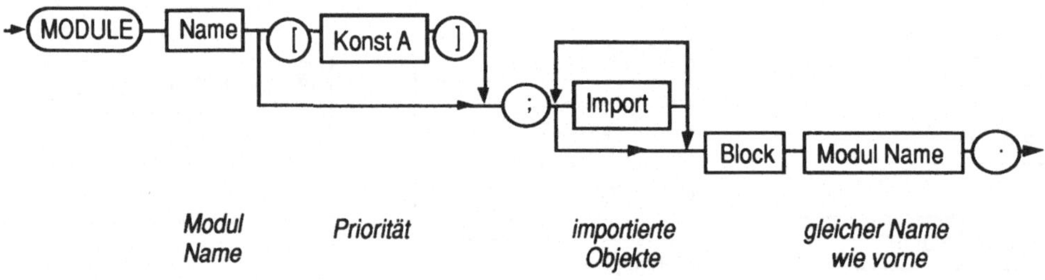

3 Definitionsmodul

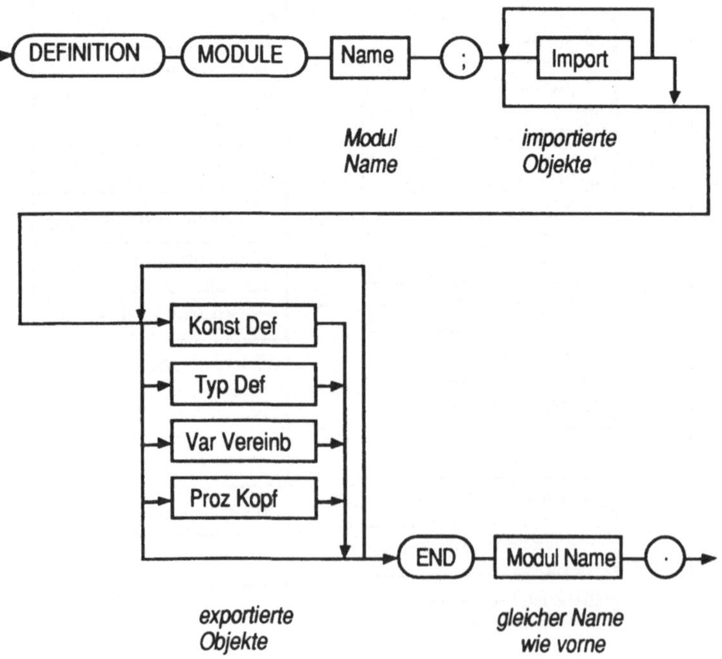

4 Block

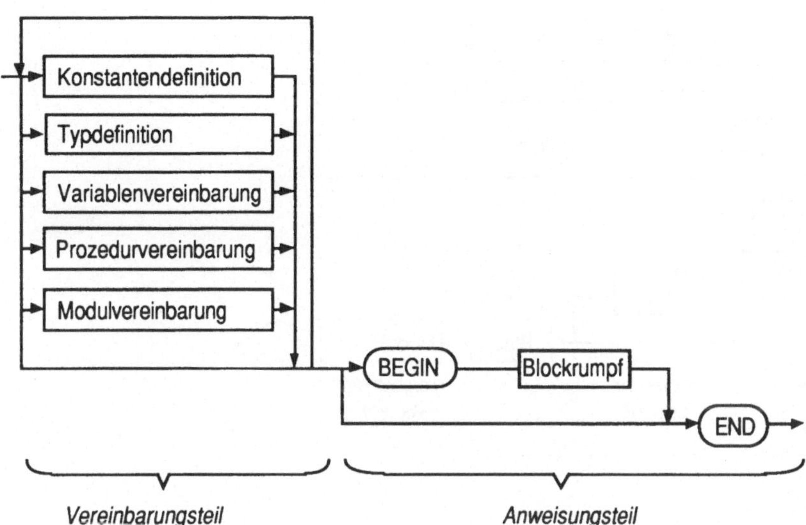

4a Blockrumpf

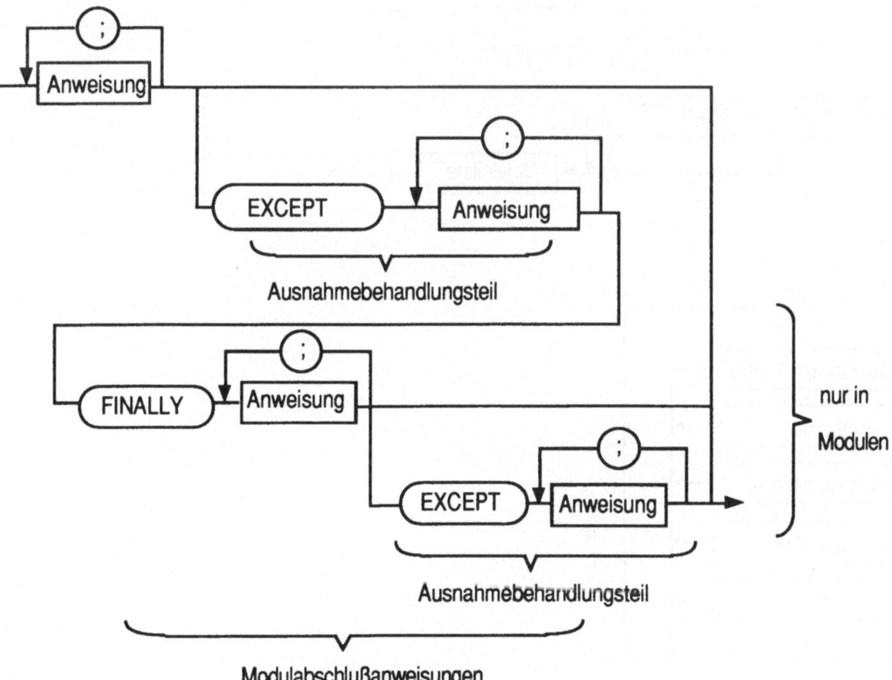

5 Modulvereinbarung

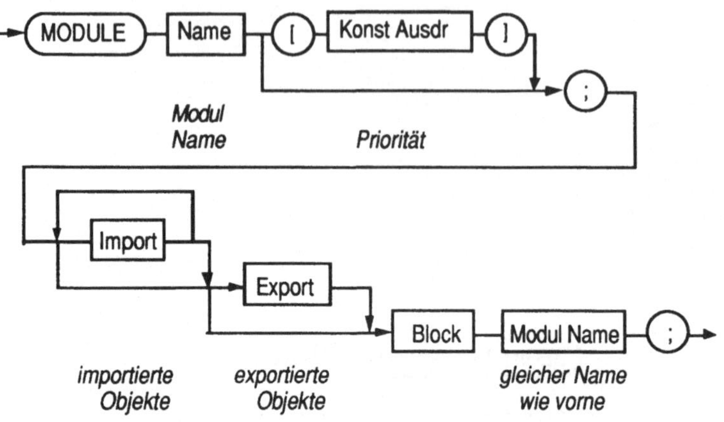

6 Import

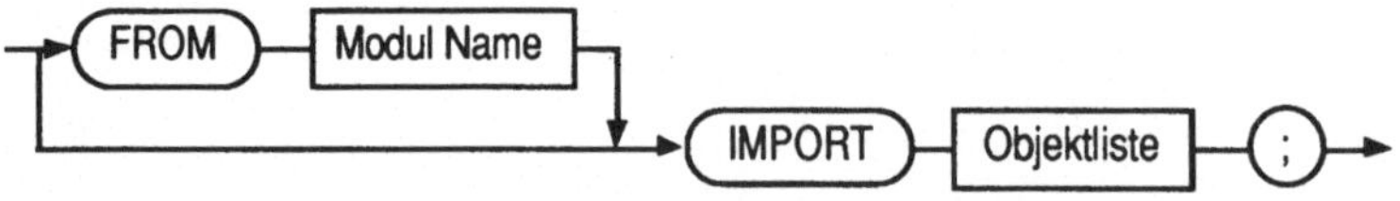

7 Export

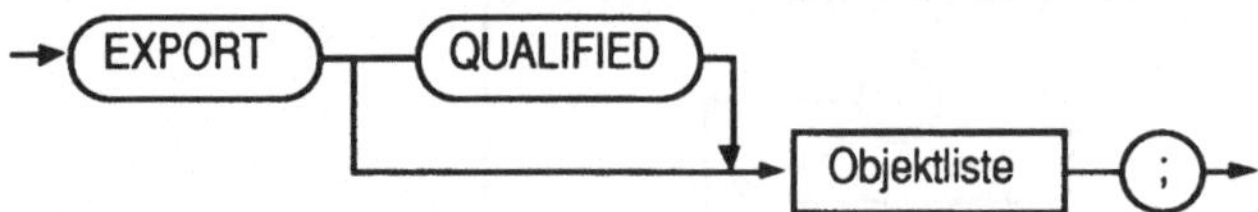

8 Objektliste

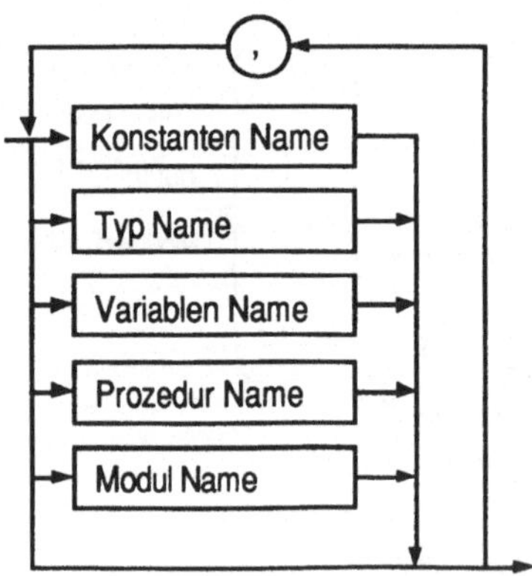

9 Konstantendefinition (Konst Def)

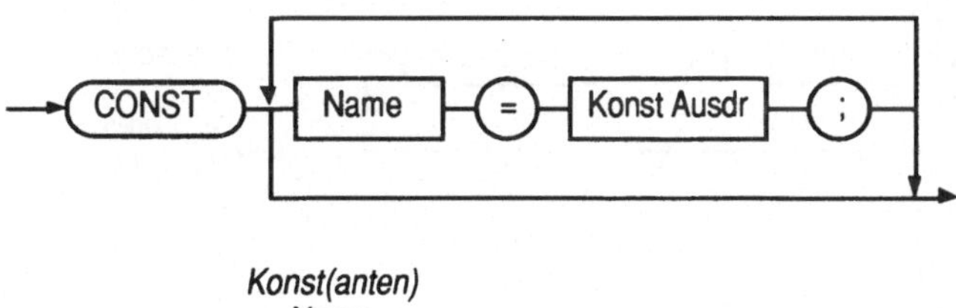

Konst(anten)
Name

10 Typdefinition (Typ Def)

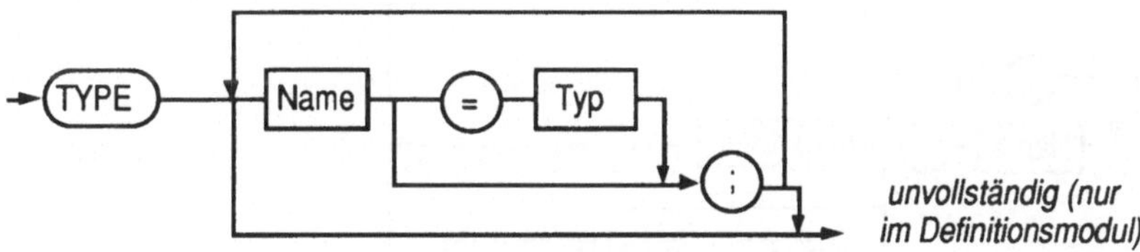

unvollständig (nur
im Definitionsmodul)

Typ Name

11 Variablenvereinbarung (Var Vereinb)

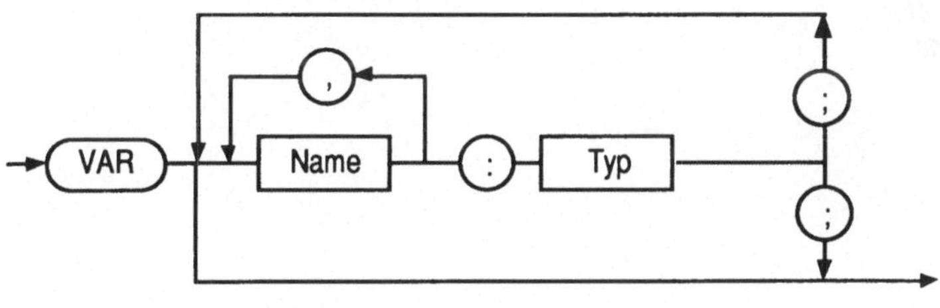

Var(iablen) Name

12 Prozedurvereinbarung

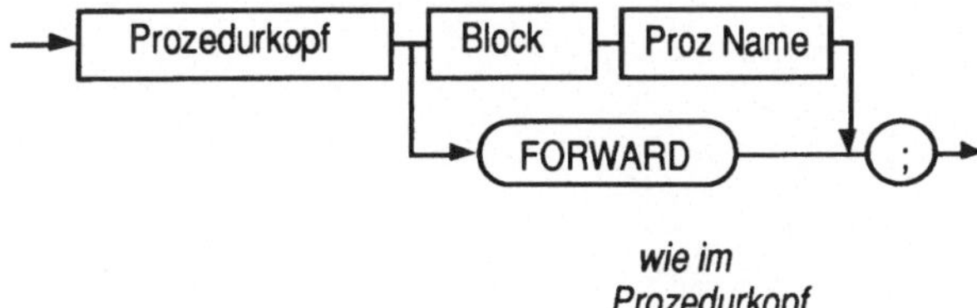

wie im
Prozedurkopf

13 Prozedurkopf (Proz Kopf)

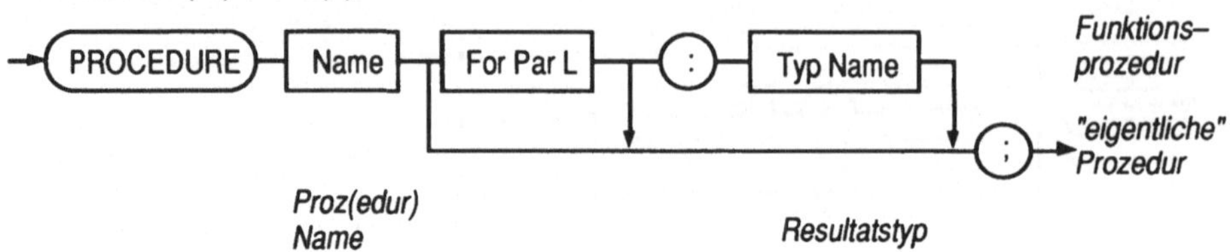

14 Formale Parameterliste (For Par L)

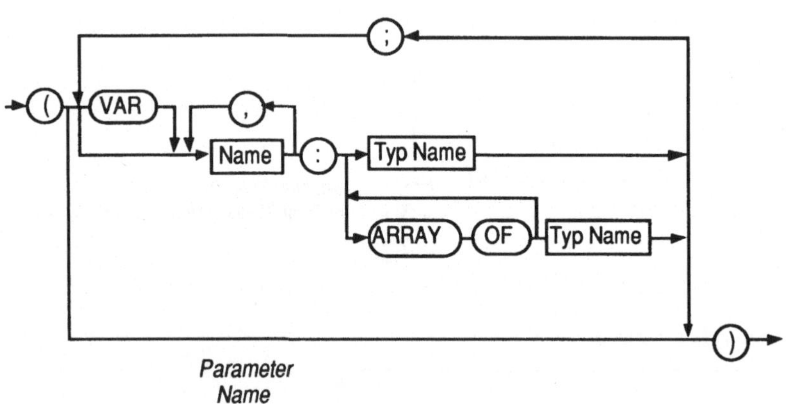

15 Typ

Typ Name
Index Typ
REAL
LONGREAL
COMPLEX
LONGCOMPLEX
ARRAY
Index Typ
OF
Typ
RECORD
Komponente
END
PACKEDSET
SET
OF
Index Typ
BITSET
POINTER
TO
Typ Name
Prozedur Typ
Abk.
R
CX
A
REC
SET
P
PROZ
Einfache
Datentypen
Strukturierte
Datentypen

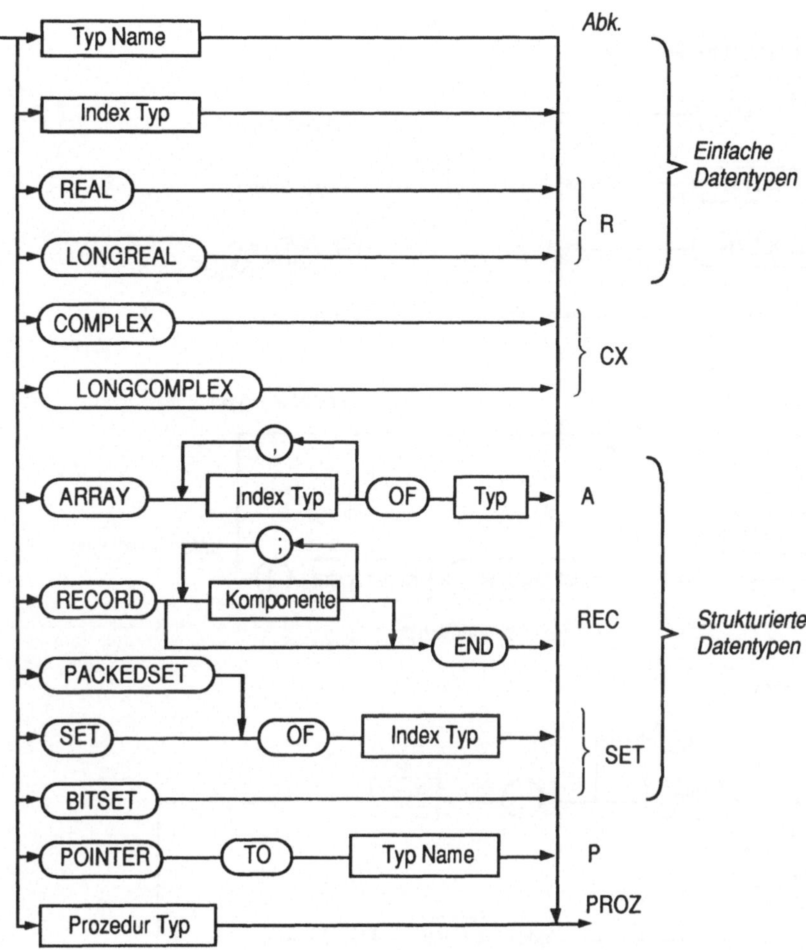

16 Index Typ

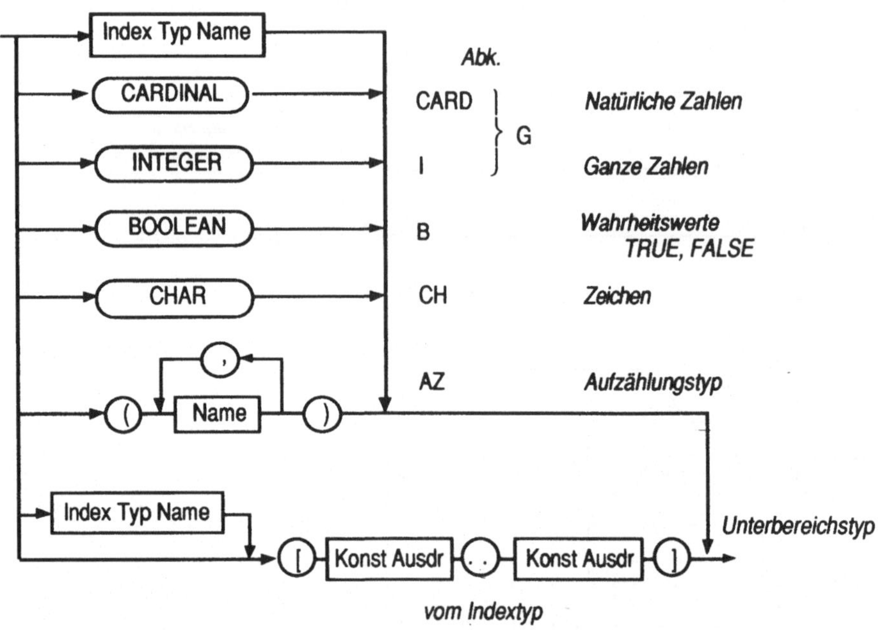

17 Komponente (KP)

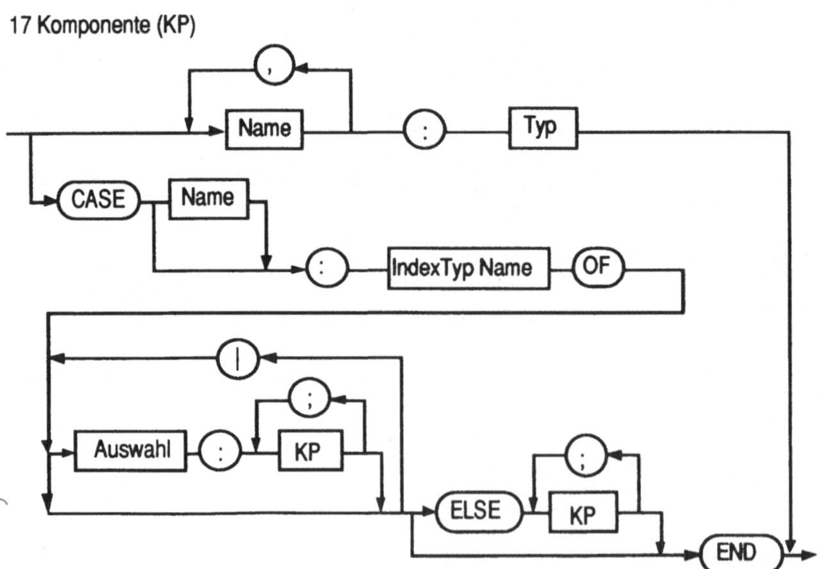

18 Auswahl

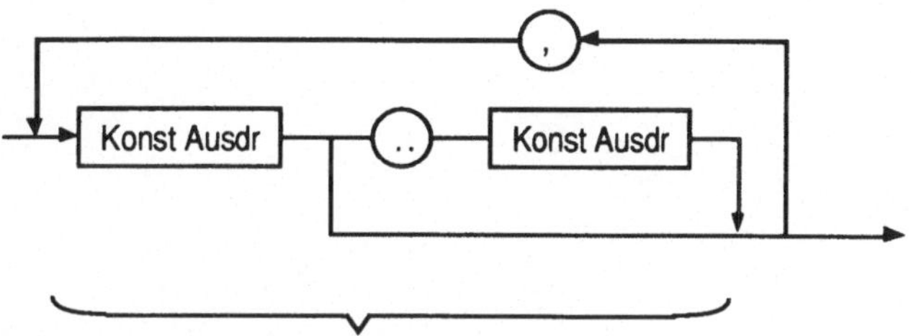

Auswahlmarken von einem Indextyp

19 Prozedur Typ

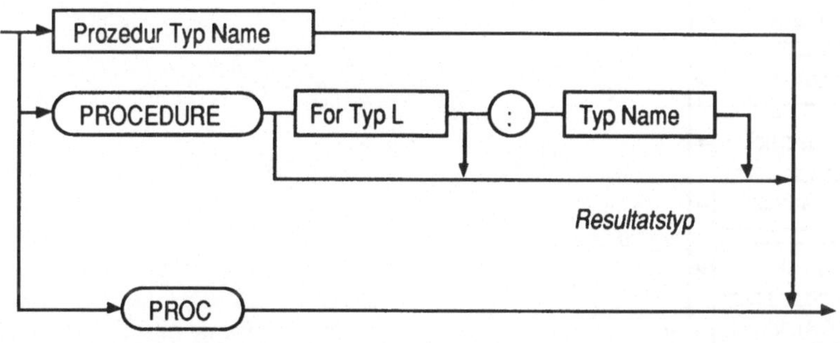

*Standardtypname für
parameterlose eigent-
liche Prozedur*

20 Formale Typliste (For Typ L)

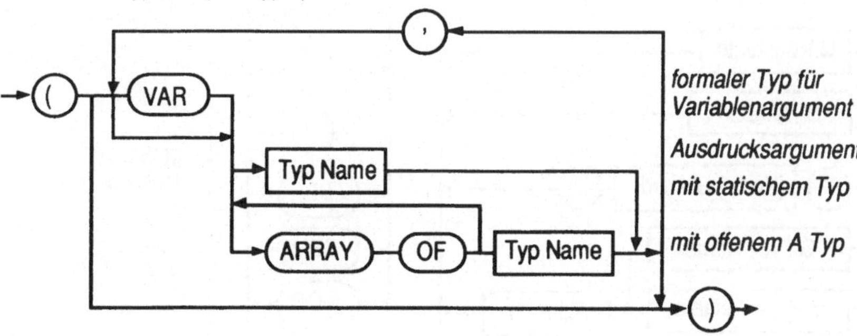

*formaler Typ für
Variablenargument*

Ausdrucksargument

mit statischem Typ

mit offenem A Typ

21 Standardfunktionsaufrufe

siehe Tabelle 2-1

22 [Konst] Ausdruck (Ausdr, A)

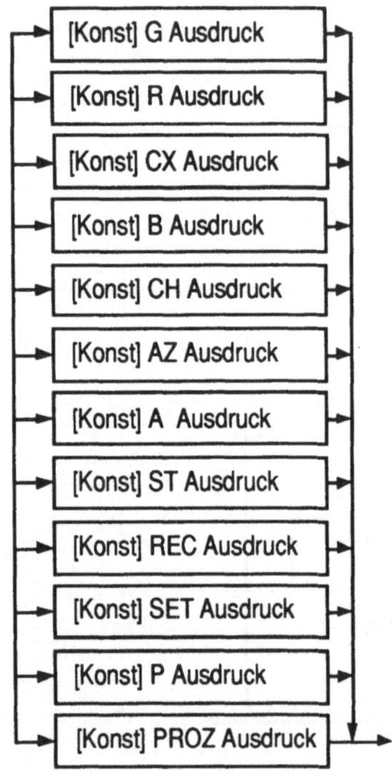

23 [Konst] Ganzzahliger Ausdruck (G Ausdr)

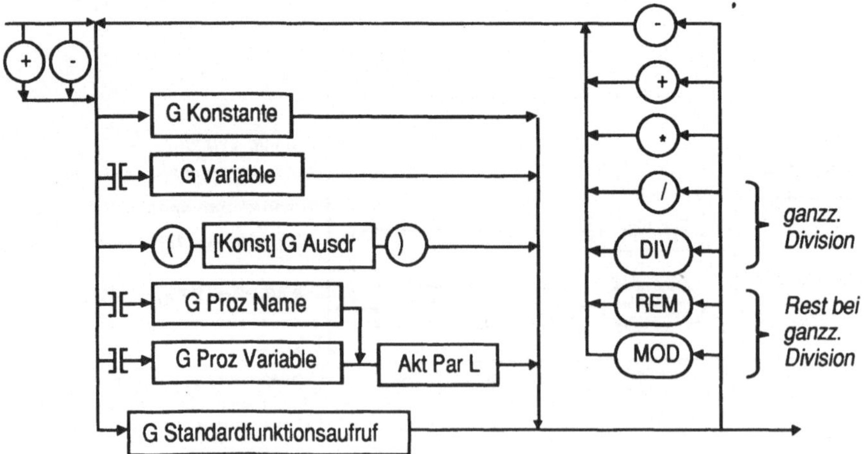

24 [Konst] R Ausdruck (R Ausdr)

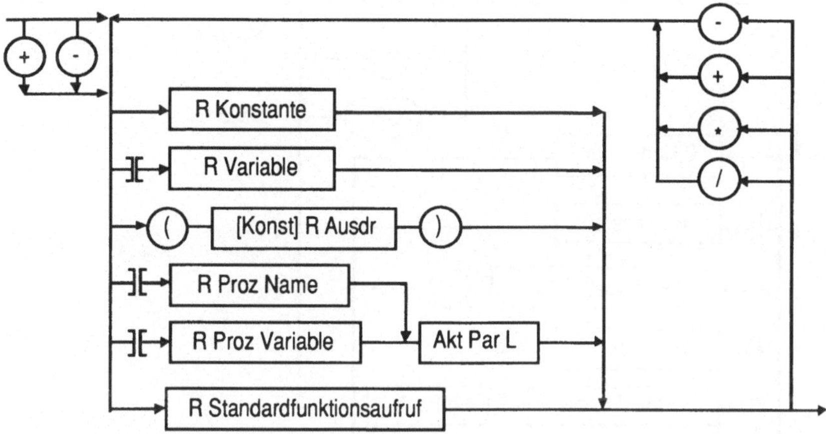

24a [Konst] CX Ausdruck (CX Ausdr)

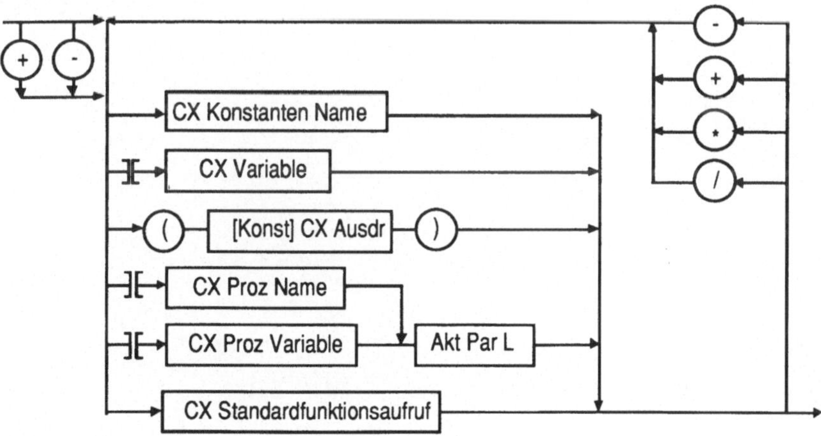

25 [Konst] B Ausdruck (B Ausdr)

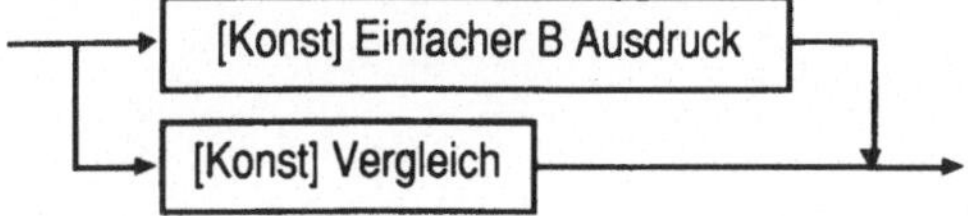

26 [Konst] Einfacher B Ausdruck

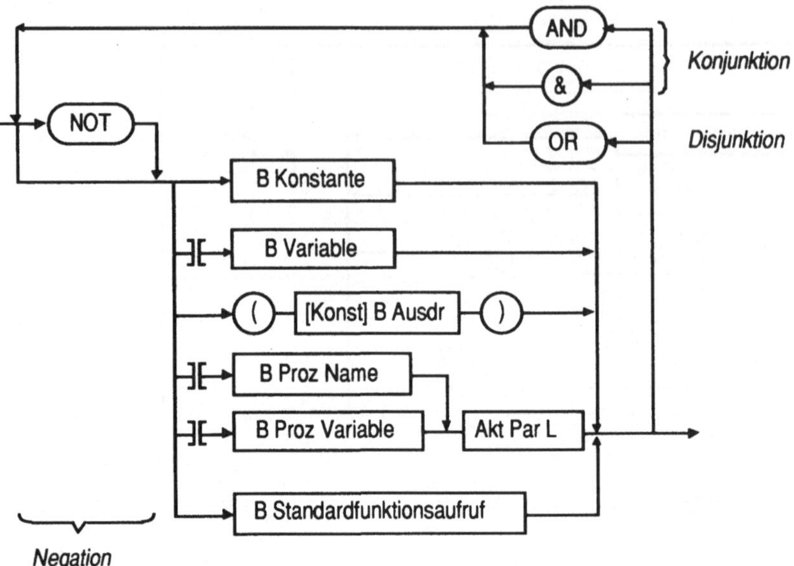

27 [Konst] Vergleich

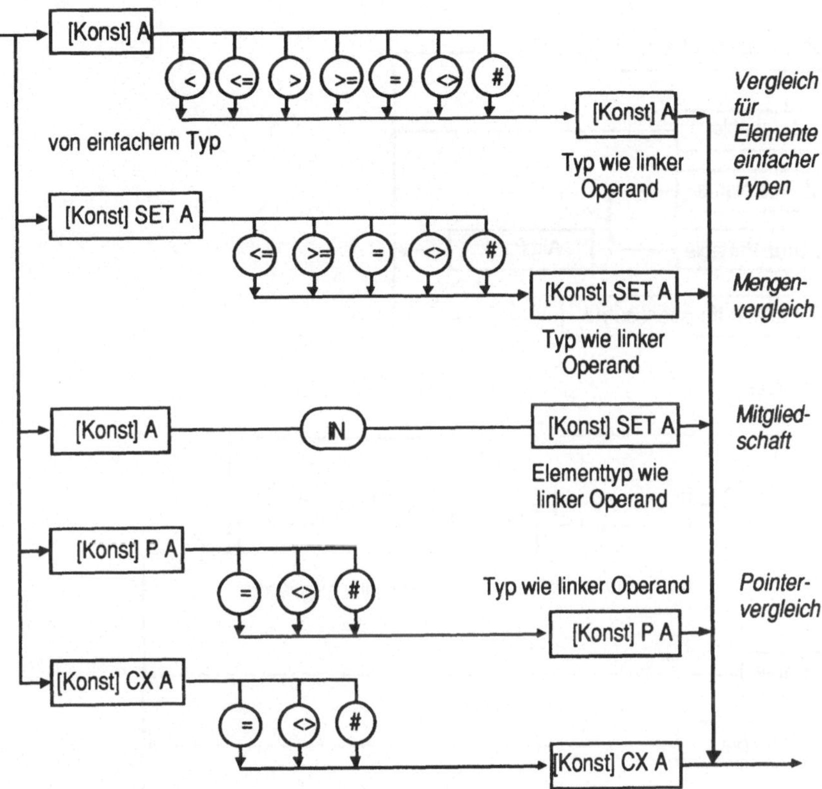

28 [Konst] CH Ausdruck (CH Ausdr)

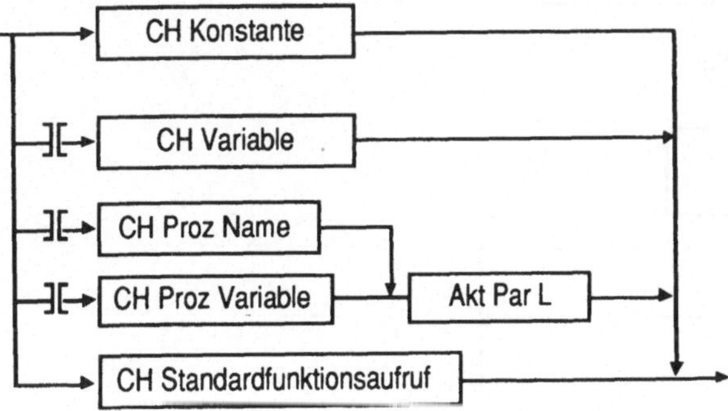

29 [Konst] AZ Ausdruck

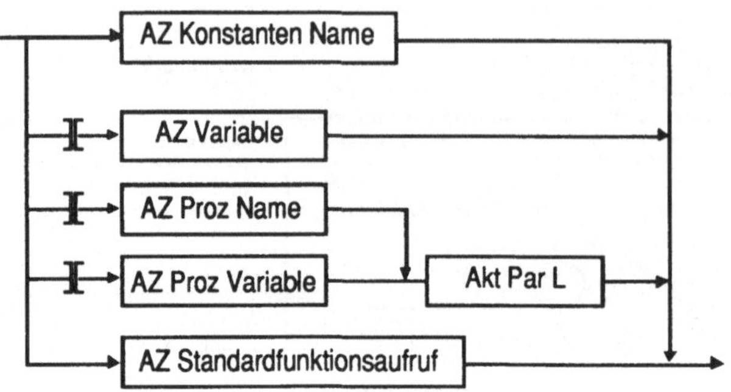

30 [Konst] A Ausdruck

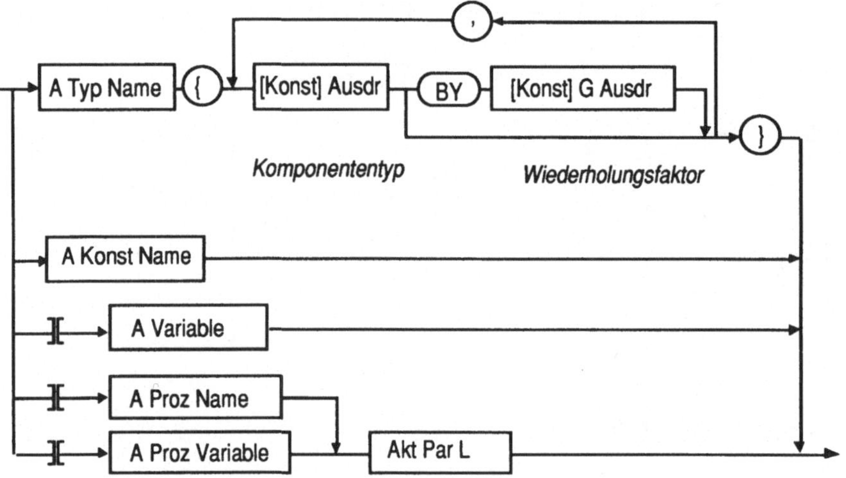

31 [Konst] ST Ausdruck (String Ausdruck)

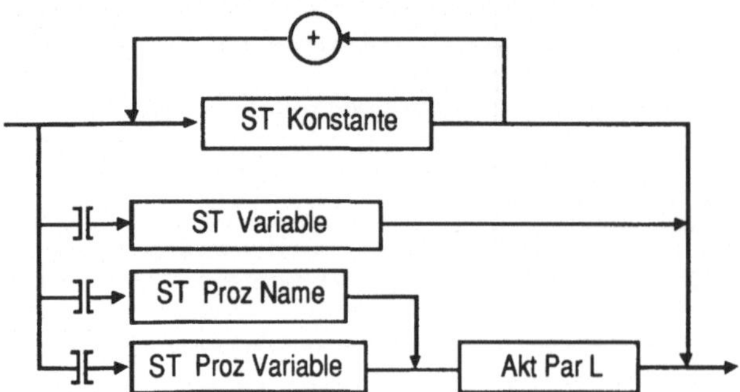

32 [Konst] REC Ausdruck

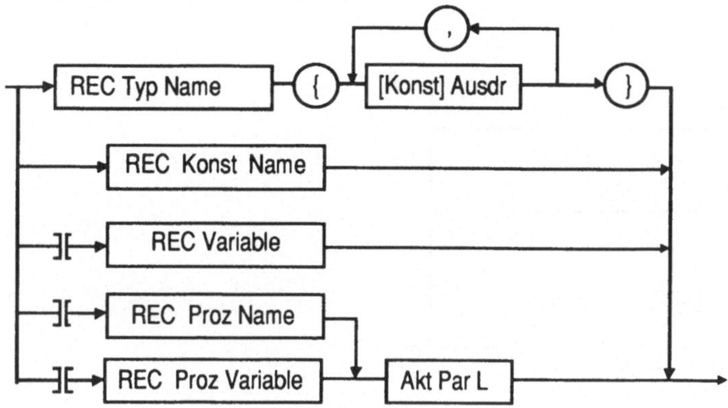

33 [Konst] SET Ausdruck (SET Ausdr, SET A)

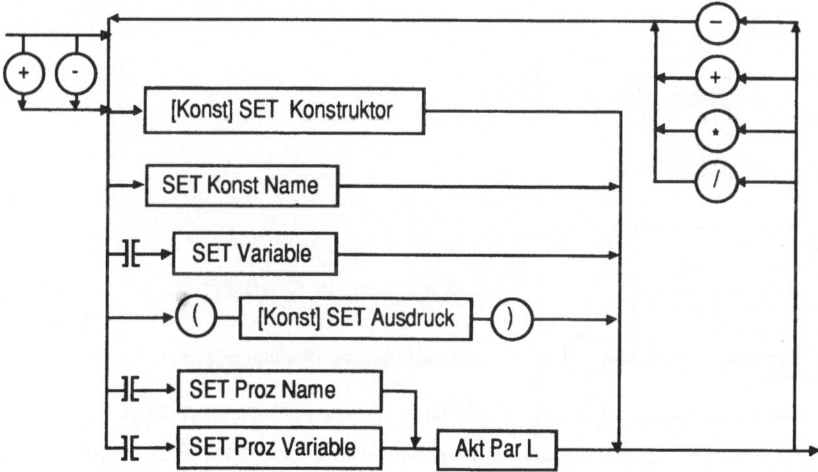

34 [Konst] SET Konstruktor

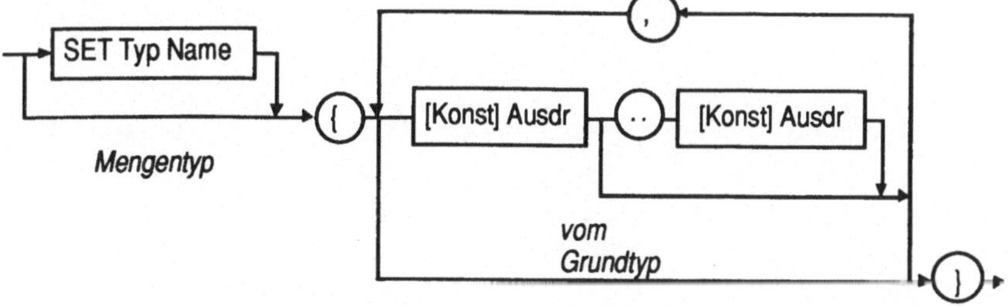

35 [Konst] P Ausdruck (P Ausdruck, PA)

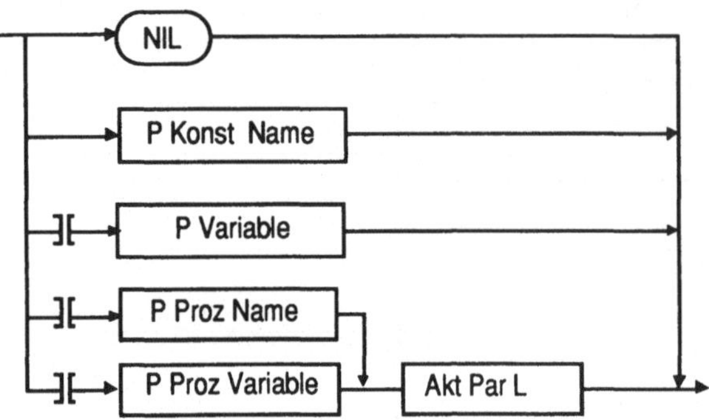

36 [Konst] PROZ Ausdruck

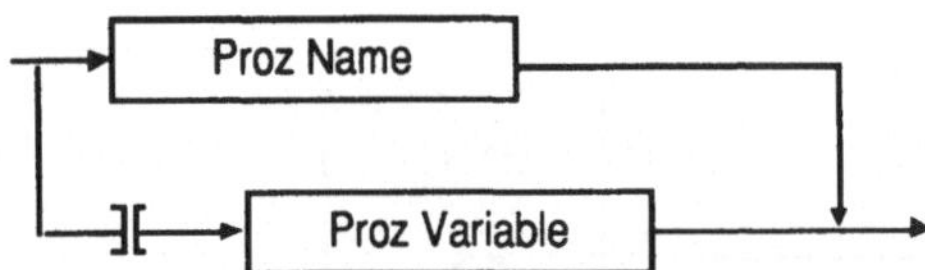

37 Aktuelle Parameterliste (Akt Par L)

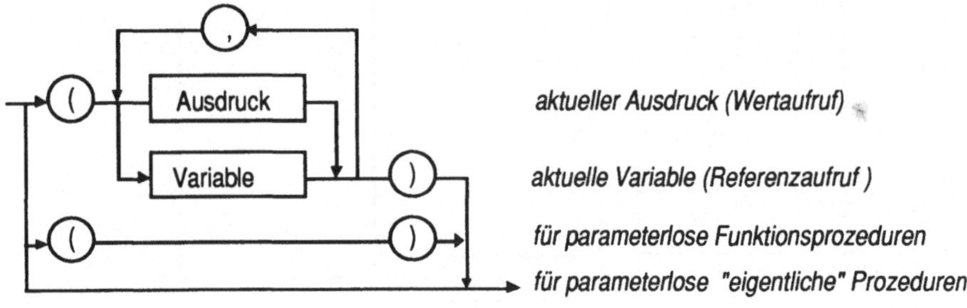

38 Anweisung

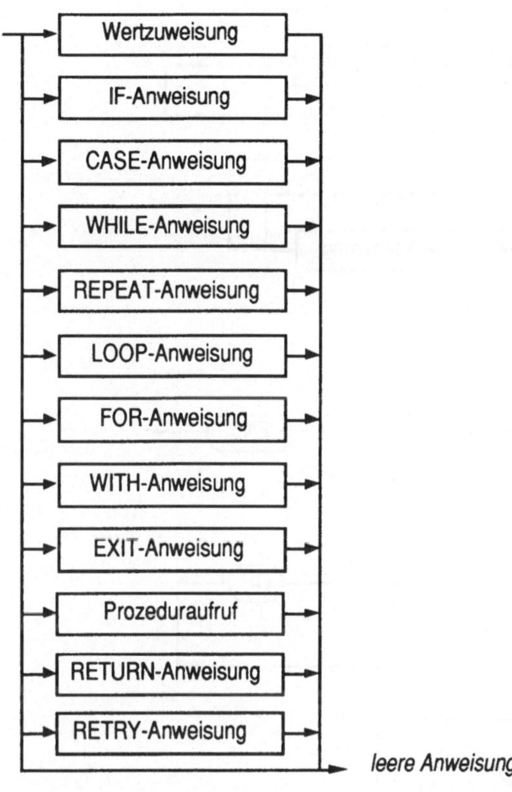

38-1 Wertzuweisung

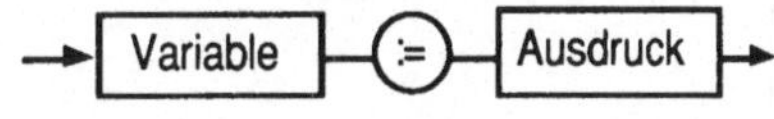

38-2 IF-Anweisung

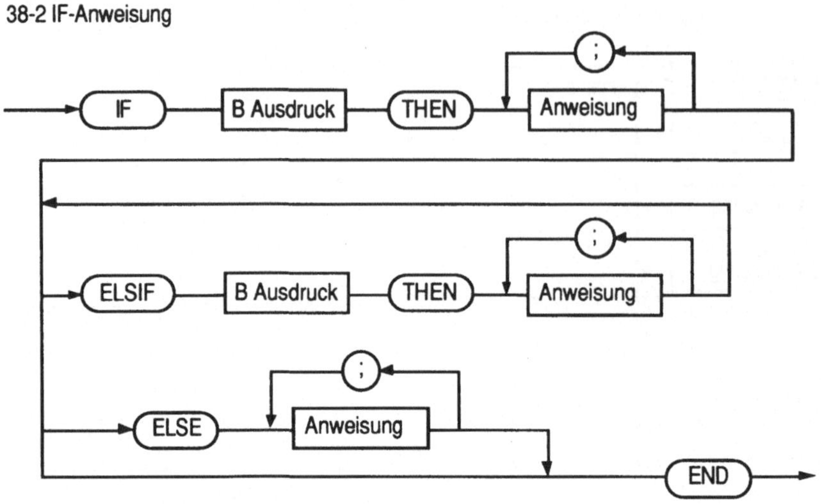

38-3 CASE-Anweisung

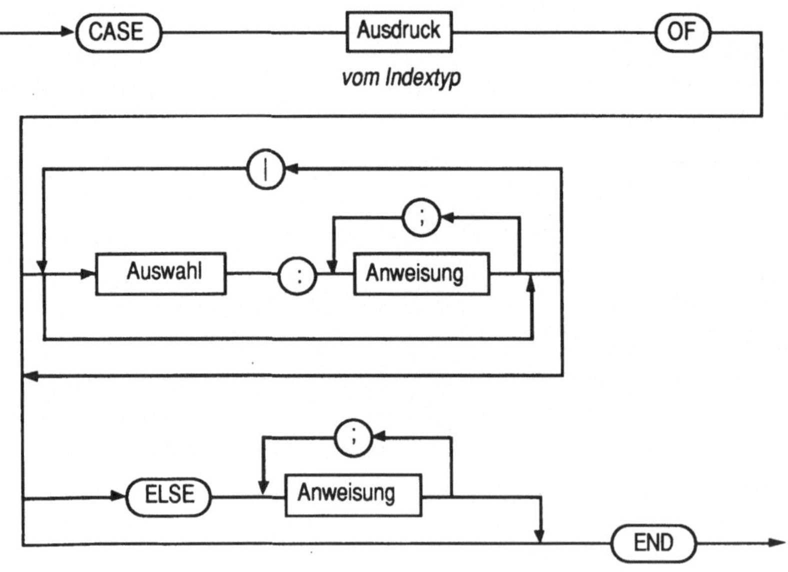

38-4 WHILE-Anweisung

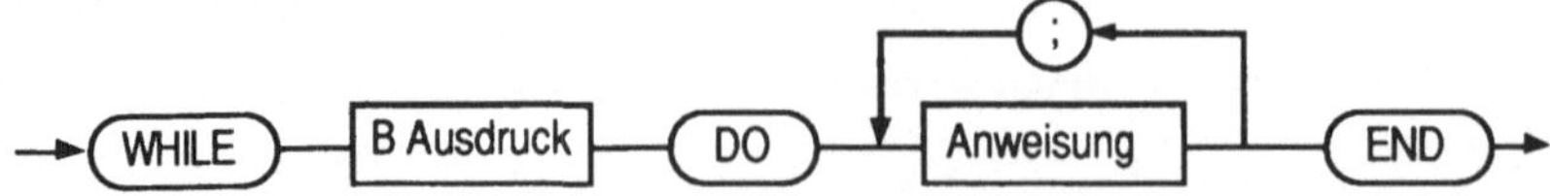

38-5 REPEAT-Anweisung

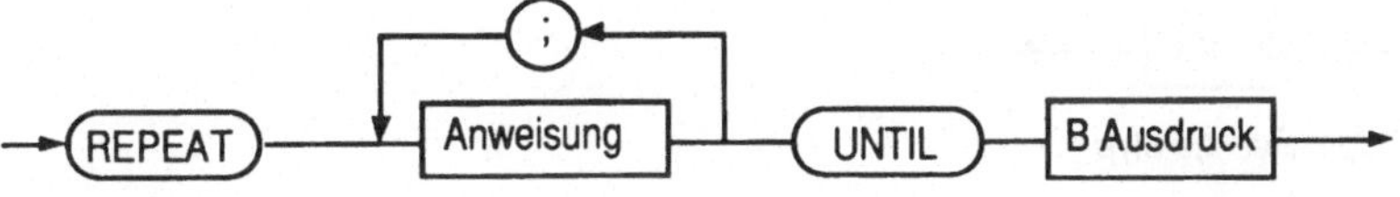

38-6 LOOP-Anweisung

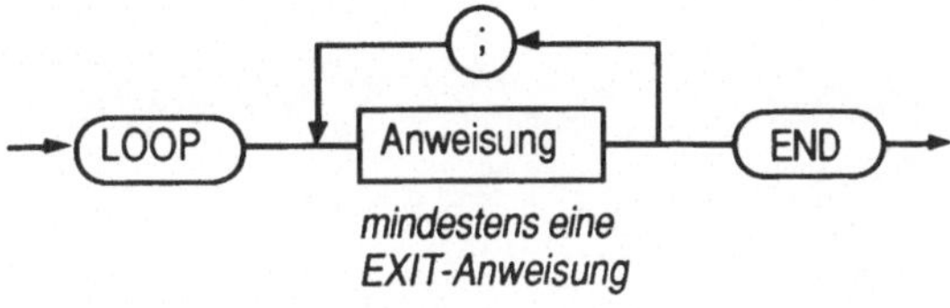

38-7 FOR-Anweisung

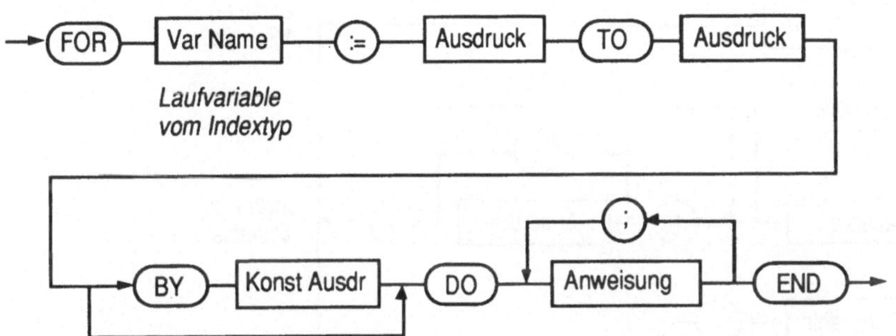

38-8 WITH-Anweisung

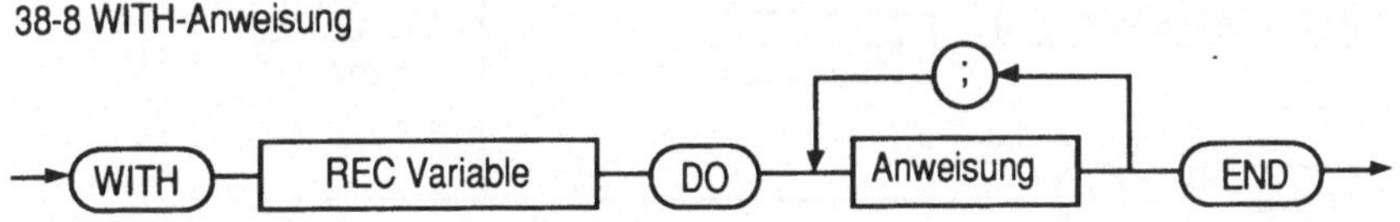

38-9 EXIT-Anweisung

38-10 Prozeduraufruf

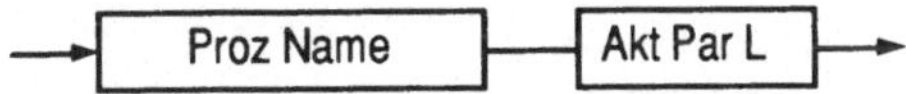

38-11a RETURN-Anweisung (für Prozeduren)

→(RETURN)→

38-11b RETURN-Anweisung (für Funktionsprozeduren)

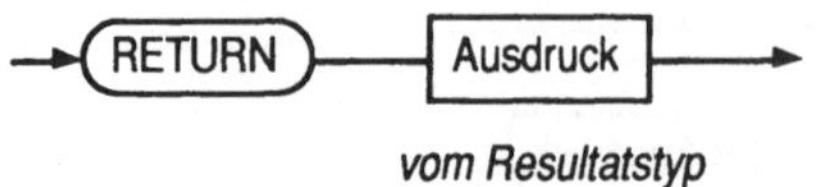

vom Resultatstyp

38-12 RETRY Anweisung

 nur im Ausnahmebehandlungsteil

39 Variable (Var)
   Komponenten Variable (Komp Var)
   (A Var, AZ Var, B Var, CH Var, G Var, P Var, PROZ Var, R Var,
   REC Var, SET Var, ST Var)

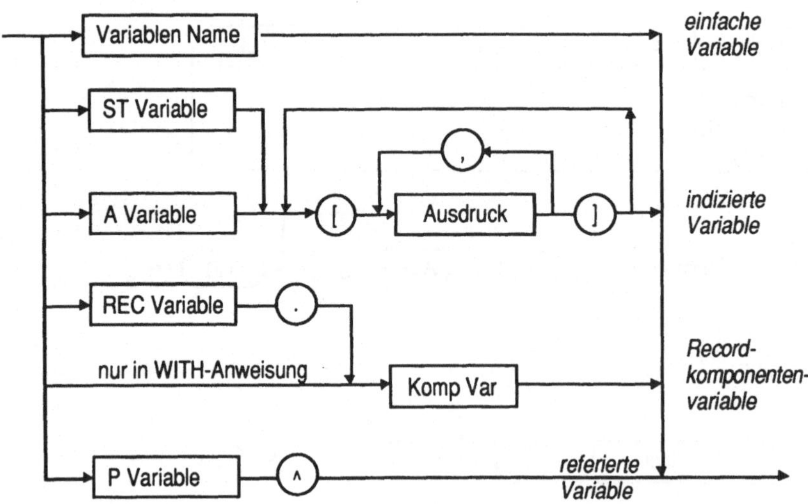

40 G Konstante

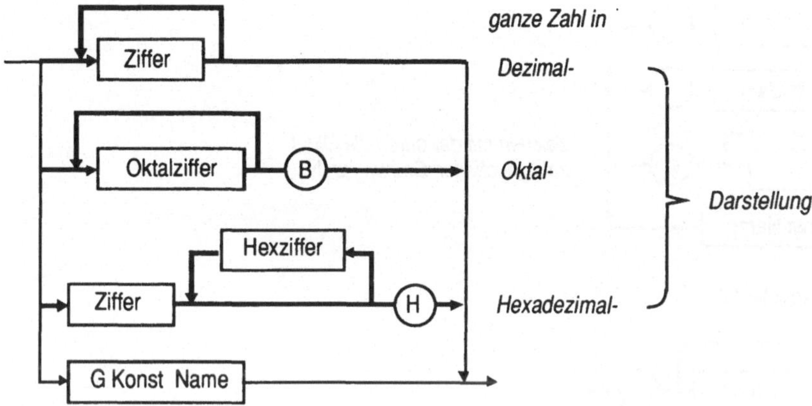

41 R Konstante

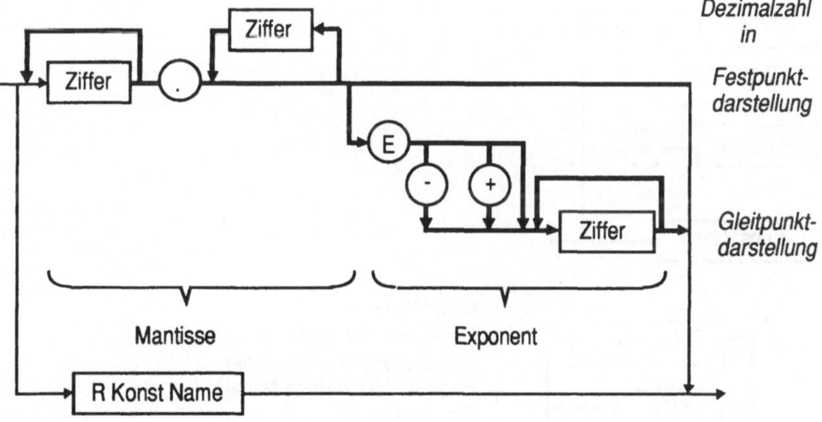

42 B Konstante

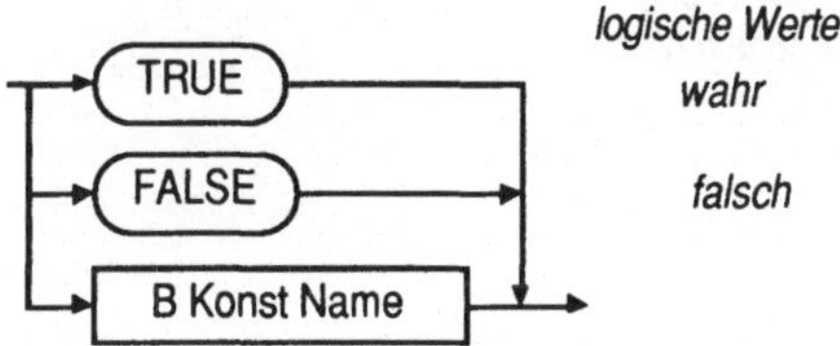

43 CH Konstante

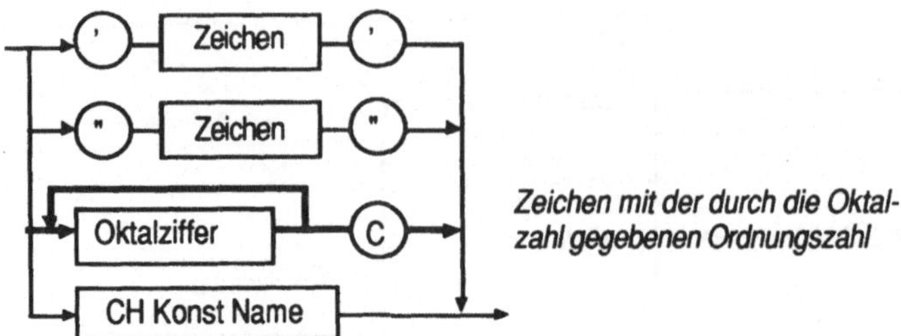

*Zeichen mit der durch die Oktal-
zahl gegebenen Ordnungszahl*

44 String (ST Konstante)

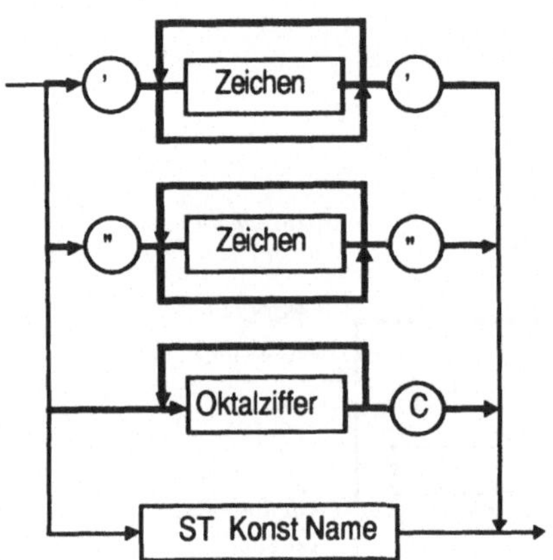

45 Name

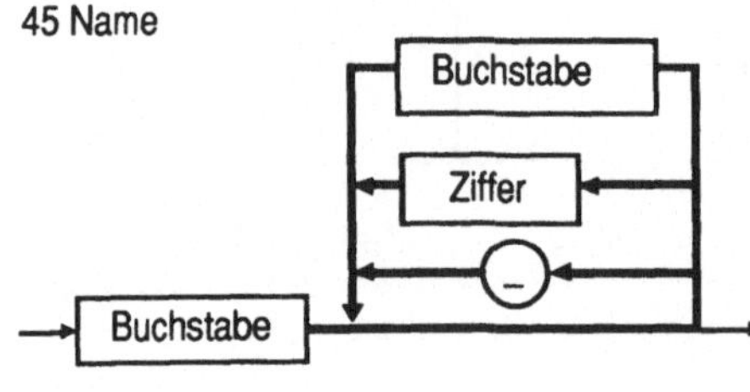

*Modul Name
Konstanten Name (Konst Name)
Variablen Name (Var Name)
Prozedur Name (Proz Name)
Typ Name
Index Typ Name
Prozedur Typ Name
Parameter Name
Komponenten Name*

45a Vollständiger Name

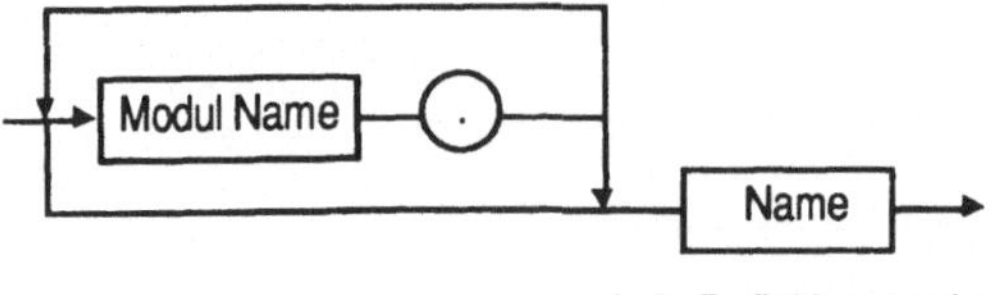

kein Definitionspunkt

46 Zeichen

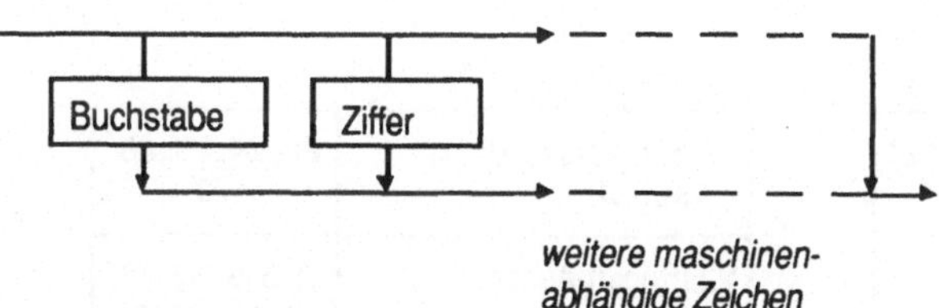

47 Buchstabe

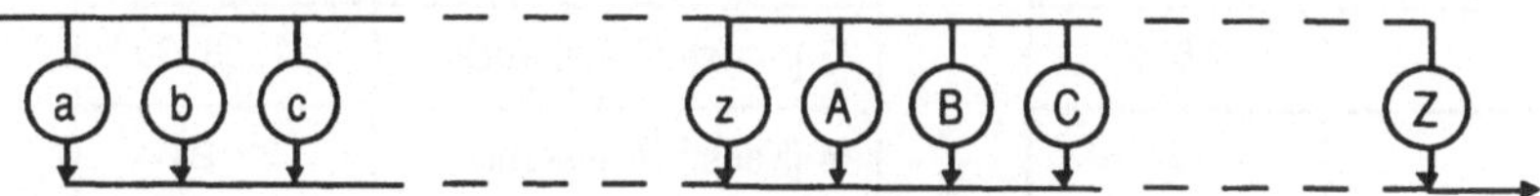

48 Hexadezimalziffer (Hexziffer)

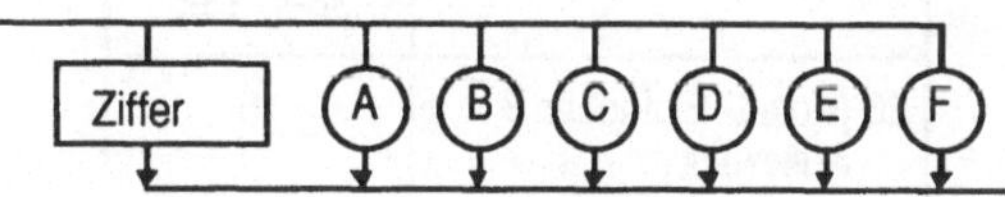

49 Ziffer

50 Oktalziffer

E Hierarchie der Syntaxdiagramme

Syntaxdiagramm	verwendet in
1 Übersetzungseinheit	-
2 Programmodul	1
3 Definitionsmodul	1
4 Block	2,5,12
4a Blockrumpf	4
5 Modulvereinbarung	4
6 Import	2,3,5
7 Export	5
8 Objektliste	6, 7
9 Konstantendefinition	3, 4
10 Typdefinition	3, 4
11 Variablenvereinbarung	3, 4
12 Prozedurvereinbarung	4
13 Prozedurkopf	3, 12
14 Formale Parameterliste	13
15 Typ	10, 11, 15
16 Index Typ	15
17 Komponente	15, 17
18 Auswahl	17, 38-3
19 Prozedur Typ	15
20 Formale Typliste	19
21 Standardfunktionsaufruf	23, 24, 26, 28, 29
22 [Konst] Ausdruck	2, 5, 9, 16, 18, 27, 30, 32, 34, 37, 38-1, 38-3, 38-7, 38-11b, 39
23 [Konst] G Ausdruck	22, 23, 30
24 [Konst] R Ausdruck	22, 24
24a [Konst] CX Ausdruck	22, 24a
25 [Konst] B Ausdruck	22, 26, 38-2, 38-4, 38-5
26 [Konst] Einfacher B Ausdruck	25
27 [Konst] Vergleich	25
28 [Konst] CH Ausdruck	22
29 [Konst] AZ Ausdruck	22
30 [Konst] A Ausdruck	22
31 [Konst] ST Ausdruck	22
32 [Konst] REC Ausdruck	22
33 [Konst] SET Ausdruck	22, 27, 33
34 [Konst] SET Konstruktor	33
35 [Konst] P Ausdruck	22, 27
36 [Konst] PROZ Ausdruck	22
37 Aktuelle Parameterliste	23, 24, 24a, 26, 28, 29, 30, 31, 32, 33, 35, 38-10

38 Anweisung	4a, 38-2, 38-3, 38-4, 38-5, 38-6, 38-7, 38-8
38-1 Wertzuweisung	38
38-2 IF-Anweisung	38
38-3 CASE-Anweisung	38
38-4 WHILE-Anweisung	38
38-5 REPEAT-Anweisung	38
38-6 LOOP-Anweisung	38
38-7 FOR-Anweisung	38
38-8 WITH-Anweisung	38
38-9 EXIT-Anweisung	38
38-10 Prozeduraufruf	38
38-11a RETURN-Anweisung (für Proz.)	38
38-11b RETURN-Anweisung (für Funktionsproz.)	38
38-12 RETRY Anweisung	38
39 Variable	23, 24a, 24, 26, 28, 29, 30, 31, 32, 33, 35, 36; 37, 38-1, 38-8, 39

40 G Konstante	23
41 R Konstante	24
42 B Konstante	26
43 CH Konstante	28
44 String	31
45 Name	2, 3, 5, 6, 8, 9, 10, 11, 12, 13, 14, 15, 16, 17, 19, 20, 23, 24, 24a, 26, 28, 29, 30, 31, 32, 33, 34, 35, 36, 38-7, 38-10, 39, 40, 41, 42, 43, 44, 45a
45a Vollständiger Name	
46 Zeichen	43, 44
47 Buchstabe	45, 46
48 Hexadezimalziffer	40
49 Ziffer	40, 41, 45, 46, 48
50 Oktalziffer	40, 43, 44, 49

F   Abbildungsverzeichnis

G   Tabellenverzeichnis

H   Beispielverzeichnis

I   Index

J   Literaturverzeichnis

[BPR86]   Blaschek, G.; Pomberger, G.; Ritzinger, F.: *Einführung in die Programmierung mit Modula-2*, Springer, Berlin Heidelberg, 1986.

[FoW86]   Ford, G.; Wiener, R.: *Modula–2, A Software Development Approach*, J. Wiley, New York, 1985.

[ISO90]   ISO/JTC/SC22/WG13 Working Draft 3 of DP 10514-P1151 Modula-2, 1990.

[ISO92]   ISO/IEC JTC1/SC22/WG13 D181 Information technology - Programming Languages - Modula-2, 2nd Committee Draft Standard: CD 10514, Dec. 1992.

[KlU88]   Klatte, R.; Ulrich, C.: *Modula-2, Programmiersprachen im Griff, Band 9*, BI, Mannheim Wien Zürich, 1988.

[OtW86]   Ottmann, T.; Widmayer, P.: *Programmierung mit Pascal*, Teubner, Stuttgart, 1986.

[RSS93a] Richter, R.; Sander, P.; Stucky, W.: *Problem–Algorithmus–Programm, Grundkurs Angewandte Informatik Band II*, Teubner, Stuttgart, 1993.

[RSS93b] Richter, R.; Sander, P.; Stucky, W.: *Der Rechner als System – Organisation, Daten, Programme, Grundkurs Angewandte Informatik Band III*, Teubner, Stuttgart, 1993 (in Vorbereitung).

[Sch87]   Schildt, H.: *Modula-2 Einführungskurs*, McGraw Hill, New York, 1987.

[SSH92]   Sander, P.; Stucky, W.; Herschel, R.: *Automaten, Sprachen, Berechenbarkeit, Grundkurs Angewandte Informatik Band IV*, Teubner, Stuttgart, 1992.

[Wir85]   Wirth, N.: *Programming in Modula-2, 3. Auflage*, Springer, Berlin Heidelberg, 1985.

[Wir86]   Wirth, N.: *Algorithmen und Datenstrukturen mit Modula-2*, Teubner, Stuttgart, 1986.

Grundkurs Angewandte Informatik

Herausgegeben von W. Stucky

Band I: Programmieren mit Modula-2
Von Dr. rer. pol. **Jörg Puchan,** Bausparkasse Schwäbisch
Hall, Prof. Dr. **Wolffried Stucky,** Universität Karlsruhe und
Prof. Dr. **Jürgen Frhr. Wolff von Gudenberg,**
Universität Würzburg
2. Auflage, 1994, 319 Seiten. 16,2 x 22,9 cm.
Kart. DM 36,– / ÖS 281,– / SFr 36,–
ISBN 3-519-12934-5
(Leitfäden der angewandten Informatik)

Band II: Problem – Algorithmus – Programm
Von Dipl.-Wi.-Ing. **Reinhard Richter,** Universität Karlsruhe,
Dipl.-Math. **Peter Sander,** Universität Karlsruhe und
Prof. Dr. **Wolffried Stucky,** Universität Karlsruhe
1993. 290 Seiten. 16,2 x 22,9 cm.
Kart. ca. DM 38,– / ÖS 297,– / SFr 38,–
ISBN 3-519-02935-9
(Leitfäden der angewandten Informatik)

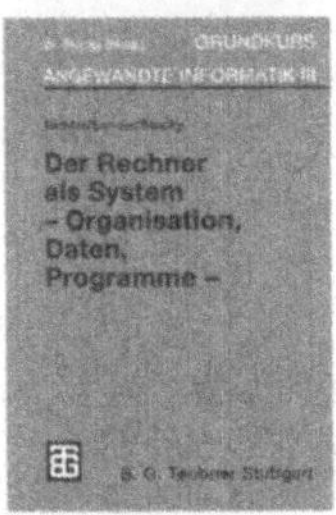

Band III: Der Rechner als System
– Organisation, Daten, Programme –
Von Dipl.-Wi.-Ing. **Reinhard Richter,** Universität Karlsruhe,
Dipl.-Math. **Peter Sander,** Universität Karlsruhe und
Prof. Dr. **Wolffried Stucky,** Universität Karlsruhe
1993. ca. 250 Seiten. 16,2 x 22,9 cm.
Kart. ca. DM 36,– / ÖS 281,– / SFr 36,–
ISBN 3-519-02936-7
(Leitfäden der angewandten Informatik)

Band IV: Automaten, Sprachen, Berechenbarkeit
Von Dipl.-Math. **Peter Sander,** Universität Karlsruhe,
Prof. Dr. **Wolffried Stucky,** Universität Karlsruhe und
Prof. Dr. **Rudolf Herschel,** Ulm
1992. 267 Seiten. 16,2 x 22,9 cm.
Kart. DM 34,– / ÖS 265,– / SFr 34,–
ISBN 3-519-02937-5
(Leitfäden der angewandten Informatik)

Preisänderungen vorbehalten.

B. G. Teubner Stuttgart